医用化学实验

第三版

王学东　马丽英 — 主编

山东人民出版社·济南
国家一级出版社　全国百佳图书出版单位

图书在版编目（CIP）数据

医用化学实验 / 王学东，马丽英主编 .—3 版.—济南：山东人民出版社，2023. 8（2024. 8 重印）
ISBN 978 - 7 - 209 - 13378 - 4

Ⅰ. ①医… Ⅱ. ①王… ②马… Ⅲ. ①医用化学—化学实验—高等学校—教材 Ⅳ. ①R313-33

中国国家版本馆 CIP 数据核字(2023)第 140581 号

医用化学实验（第三版）
YIYONG HUAXUE SHIYAN（DI SAN BAN）
王学东　马丽英　主编

主管单位　山东出版传媒股份有限公司
出版发行　山东人民出版社
出 版 人　胡长青
社　　址　济南市市中区舜耕路 517 号
邮　　编　250003
电　　话　总编室（0531）82098914
　　　　　市场部（0531）82098027
网　　址　http://www. sd - book. com. cn
印　　装　日照报业印刷有限公司
经　　销　新华书店

规　　格　16 开（185mm×260mm）
印　　张　17. 75
字　　数　328 千字
版　　次　2023 年 8 月第 3 版
印　　次　2024 年 8 月第 2 次
ISBN 978 - 7 - 209 - 13378 - 4
定　　价　36. 00 元

编写委员会名单

主　编　王学东　马丽英

副主编　韦柳娅　张　剑　盛继文　邓树娥　李　慧

编　者　（以姓氏笔画为序）

马丽英（滨州医学院）　　王　雷（滨州医学院）
王　斌（潍坊医学院）　　王江云（潍坊医学院）
王学东（潍坊医学院）　　韦柳娅（潍坊医学院）
邓树娥（潍坊医学院）　　边玮玮（潍坊医学院）
刘　赞（潍坊医学院）　　李　慧（潍坊医学院）
李文静（潍坊医学院）　　李振泉（济宁医学院）
张凤莲（潍坊医学院）　　张怀斌（滨州医学院）
张　剑（潍坊医学院）　　郑爱丽（潍坊医学院）
胡　威（滨州医学院）　　秦骁强（潍坊医学院）
盛继文（潍坊医学院）　　潘芊秀（潍坊医学院）

前　言

为深入贯彻党的二十大精神，加强教材建设和管理，编者对《医用化学实验》第二版进行了修订。本次修订重点以《有机化合物命名原则 2017》为标准，对教材中有机化合物的命名进行了修改，对书中错误之处进行了更正，规范了量纲，同时更新了一些数据表格。对第三篇“实验新技术新材料介绍”的内容进行了更新。将党的二十大报告有关内容写进教材，为培养拥护中国共产党领导和我国社会主义制度、立志为中国特色社会主义奋斗终身的有用人才，提供了有力的教材支撑。

本书在保留第二版的基本内容框架、特色和编写风格的同时，突出了以下特点：(1)强化思政教育，坚定理想信念。以习近平新时代中国特色社会主义思想为指导，全面贯彻党的教育方针，落实立德树人根本任务，使教材服务于“培养什么人，怎样培养人，为谁培养人”这一根本任务。根据教材自身特点，有机融入思政教育，激发学生的爱国情怀与培养科学精神。(2)坚持传承创新，突出医药特色。所选实验项目大多在长期的实验教学实践和反复试验的基础上编写而成，实验结果稳定，并详细列出了实验所用器材和试剂，便于实验的准备和材料药品的统计。在保持知识的系统性、完整性、先进性的前提下，实验内容设置上侧重于与医学联系密切的实验项目，增加了先进的仪器设备和实验方法。(3)内容编排新颖，注重技能培养。将基础化学与有机化学实验混编分类，使两者充分融合，便于学生将所学化学知识的前后串联起来并综合应用。同时，为提高学生综合运用知识的能力，编写了设计性实验和实验新技术新材料介绍，使学生熟悉科学研究的基本程序，提升学生的实践能力和创新能力。(4)树立绿色理念，增强环保意识。强调绿色化学理念，培养绿色化学思维，人与自然和谐共生，提高学生的环保意识和高质量发展观念。

修订后的第三版《医用化学实验》,包括四部分内容:(1)化学实验基本知识和基本操作。(2)实验内容。包括物理化学常数测定及模型作业、溶液的配制与性质、有机物的化学性质、定量分析实验、分离与提纯、合成实验、设计性实验,共计五十八个实验。(3)新实验技术新材料介绍。(4)附录。本教材符合高等医学院校临床医学、护理学、麻醉学、口腔医学、医学影像学、预防医学、药学等专业的培养目标和教学大纲要求,主要适用于普通高等医学院校本科临床医学、护理学、麻醉学、口腔医学、医学影像学、预防医学、生物技术、医学检验、生物医学工程、药学等专业的化学实验教学,也可作为化学、化工、中药学、环境科学等专业的实验教材,各校可根据各专业培养目标和教学大纲选用。

编者水平和时间有限,书中有错误、遗漏、不妥之处在所难免,敬请读者提出宝贵意见。

编　者

2023年7月

目 录

第一篇 化学实验基础知识和基本操作

第二篇 实验内容

第三篇 实验新技术新材料介绍

第一篇

化学实验基础知识和基本操作

1.1 医用化学实验基础知识

1.1.1 实验目的与要求

医用化学实验是一门实验性的学科。学生除了通过实验理解和巩固化学基础知识、训练实验技能外，还能培养思维能力，以及实事求是、严肃认真的科学态度。要达到上述目的，必须做到以下几点：

1. 在实验前预习实验内容，明确实验目的、原理、用途和注意事项，熟悉实验的操作过程，安排好实验计划，按要求写出预习报告。

2. 在实验过程中，要严格按照实验方法进行操作，不能随意改变操作方法和试剂用量。

3. 实验中要认真观察，勤于思考。同时要注意安全，爱护仪器，节约药品，保持实验环境的整洁。

4. 要养成及时记录的良好习惯，如实记录实验结果、反应现象和有关数据，要尊重实验结果，实事求是，而不是记录理论上应该观察到的现象。

5. 实验结束后，及时按要求写好实验报告。

1.1.2 实验室规则

为了保证实验的安全和顺利进行，提高学习效率，节约使用实验材料以及保持实验室整洁等，实验时必须遵守下列原则：

1. 实验前做好预习及各项准备工作。

2. 实验开始时应检查仪器是否完好，使用时应小心谨慎，避免损坏。实验完毕，应将仪器洗涤干净，按要求摆放。

3. 药品用量按照实验方法中所指示的量称取或量取，不能随意更改，以免影响实验效果和造成浪费。未经教师许可，不得改变实验方法或做指定内容以外的实验。

4. 在实验室中要保持安静。进行实验时应集中注意力，认真操作，细心观察，避免不必要的谈话和走动，更不得擅自离开实验室。

5. 进行实验时要做到整洁有序，并保持“四洁”(桌面、仪器、水槽和地面整洁)。火柴梗、废纸等物应放入垃圾桶中，绝不可丢入水槽或下水道，也不要随意乱丢。

6. 爱护国家财产，公用仪器及药品用后应放回原处。节约水、电、煤气及消耗物品，水、电、煤气不用时应立即关闭。

7. 同学轮流做值日生。值日生的职责是整理仪器，打扫实验室，检查水、电、煤气，关好门窗等。

1.1.3 实验预习、记录和实验报告的书写

(一)实验预习

实验预习是化学实验的重要环节，写实验预习报告不仅能提高实验课的效率，还能加深学生对理论课内容的理解，提高学生做实验的积极性，锻炼学生的自学能力。这些都在培养学生探究能力和创新能力等方面发挥着重要作用。因此，学生必须在课前认真预习，写好预习报告。实验前应仔细阅读实验教材，并按要求写好预习报告，上实验课时应携带预习报告，交辅导教师审阅。教师可拒绝那些未进行预习的学生进入实验室进行实验。预习报告一般包括以下内容：

1. 实验名称、日期

2. 实验目的

3. 实验原理　用自己的话简明扼要写出，重在理解，不是照抄书本，对特殊实验装置应用铅笔画出仪器装置图。

4. 器材和试剂　对所用仪器的原理、性能、使用方法、仪器使用注意事项进行预习，必要时可参考理论教材。了解实验所用试剂的物理、化学性质，如熔点、沸点与挥发性、相对密度、折光率、可燃性、爆炸极限、毒性强弱及使用时的注意事项等。

5. 操作步骤　应在仔细阅读教材的基础上简写实验步骤，可用符号代替部分文字。通过预习，找出对实验结果影响较大的关键操作。

6. 注意事项　对实验中可能出现的安全问题、仪器使用注意事项、实验操作等有充分的预期和准备，写出防范措施和解决办法。

(二)实验记录

实验记录是培养学生科学素养的重要途径。学生应认真按要求进行实验，仔细观察

实验现象，应实事求是地记录实验现象和实验数据，不能根据理论预测随意修改所得结果。

实验现象包括反应温度变化，颜色变化，是否混浊，有无沉淀、沉淀的颜色及晶型等。

实验数据是使用各种测量仪器得到的数据，应根据所用仪器的精度正确记录有效数字，有效数字的位数既不能少，也不能多，保留几位有效数字是由仪器测量精度决定的，不是人为规定的。

实验过程中的每一个数据都是测量结果，重复测量时，即使数据完全相同，也应认真记录，不能丢掉数据。

实验记录应整洁，发现记录错误需要改动时，应用双斜线划去，在其上方书写正确的数字。

(三)实验报告的书写

实验完成后，应根据要求和实验中的现象与数据记录等，及时认真地写出实验报告。

下面概括介绍一般实验报告的书写内容和格式。

1. 实验名称、日期、室温、天气

2. 实验目的

3. 实验原理　简要地用文字或化学反应式说明，对特殊实验装置，应用铅笔画出实验装置图。

4. 实验步骤　简要书写。

5. 实验结果　应用文字、图表将数据及处理结果表示出来，根据具体实验情况写出计算公式、计算产率等。

6. 结果分析　对实验现象、实验结果、产生的误差等结合理论知识进行讨论分析，以提高分析问题和解决问题的能力。

7. 注意事项

1.1.4　实验室安全知识

化学实验需要使用各种化学试剂及热源、电器、玻璃仪器等设备。不少试剂是易燃、易爆，或者具有一定毒性的物质。不熟悉药品和仪器性能、违反操作规程和麻痹大意就可能发生中毒、火灾、爆炸、触电、割伤或仪器设备损坏等事故。为预防事故的发生和正确处理危险事故，应熟悉实验室安全的基本知识。

1. 进入实验室之前，必须认真预习实验内容，明确实验目的及要掌握的操作技能。了解实验步骤、所用药品的性能及相关的安全问题。

2. 实验开始前应检查仪器是否完整无损，装置是否正确稳妥。若有破损，应及时报告指导老师，征得指导教师同意之后，方可进行实验。

3. 实验进行时，不得擅自离开岗位，要注意观察实验的进行情况，检查装置是否有漏气、仪器是否有破损等现象。

4. 当进行可能发生危险的实验时，要根据实验情况采取必要的安全措施，如戴防护眼镜、面罩或橡皮手套等。

5. 使用易燃、易爆药品时，应远离火源。

6. 实验试剂不得入口。严禁在实验室内吸烟或饮食，严禁把餐具带进实验室，更不能把实验器皿当作餐具。实验结束后要细心漱口、洗手。

7. 要熟悉灭火器材、沙箱以及急救药箱等的放置地点和使用方法，并妥善爱护。安全用具和急救药箱不准移作他用。

8. 一旦发生事故，要及时报告指导教师，并在指导教师指导下进行妥善处理。

1.1.5 常见事故的预防和处理

(一)玻璃割伤

化学实验室中最常见的外伤是玻璃仪器或玻璃管的破碎引发的。使用玻璃仪器时要轻拿轻放，不能对玻璃仪器的任何部位施加过度的压力。安装玻璃仪器时，最好用布片包裹；往玻璃管上连接橡皮管时，最好用水浸湿橡皮管的内口。发生割伤后，应先将伤口处的玻璃碎片取出，再用生理盐水将伤口洗净。对轻伤可用创可贴；伤口较大时，应用纱布包好伤口后将患者送往医院。割破血管，流血不止时，应先止血。具体方法是：在伤口上方 5～10 cm 处用绷带扎紧或用双手掐住，尽快送医院救治。

(二)药品的灼伤与处理

药品灼伤是操作者的皮肤触及腐蚀性化学试剂所致的。这些试剂包括：强酸类试剂，特别是氢氟酸及其盐类；强碱类试剂，如碱金属的氢化物、浓氨水、氢氧化物等；氧化剂类试剂，如浓的过氧化氢、过硫酸盐等；还有如溴、钾、钠等某些单质。为防止药品灼伤，取用危险药品及强酸、强碱和氨水时，必须戴橡皮手套和防护眼镜。

化学药品灼伤时，要根据药品性质及灼伤程度采取相应的措施。①被碱灼伤时，先用大量水冲洗，再用 1%～2%的乙酸或硼酸溶液冲洗，然后再用水冲洗，最后涂上烫伤膏；②被酸灼伤时先用大量水冲洗，然后用 1%～2%的碳酸氢钠溶液冲洗，最后涂上烫伤膏；

③被溴灼伤时应立即用大量水冲洗，再用酒精擦洗或用2%的硫代硫酸钠溶液洗至灼伤处呈白色，然后涂上甘油或鱼肝油软膏；④被金属钠灼伤时，用镊子移走可见的小块，再用乙醇擦洗，然后用水冲洗，最后涂上烫伤膏；⑤以上物质一旦溅入眼睛中，应立即用大量水冲洗，并及时去医院治疗。

(三)防火防爆与灭火

实验室常见的易燃物有苯、甲苯、甲醇、乙醇、石油醚、丙酮等易燃液体，钾、钠等易燃易爆性固体，硝酸铵、硝酸钾、高氯酸、过氧化钠、过氧化氢、过氧化二苯甲酰等强氧化剂，氢气、乙炔等可燃性气体等。某些化合物容易发生爆炸，如过氧化物、芳香族多硝基化合物等，在受热或受到碰撞时均会发生爆炸。含过氧化物的乙醚在蒸馏时也有爆炸的危险。乙醇和浓硝酸混合在一起，会引起极强烈的爆炸等。

为防止火灾和爆炸事故的发生，需要注意以下几点：①热源附近严禁放置易燃物，严禁用一只酒精灯点燃另一只酒精灯，加热设备使用完毕时，必须立即关闭。②不能用敞口容器加热和存放易燃、易挥发的试剂，倾倒或使用易燃试剂时，必须远离明火，最好在通风橱中进行。③蒸发、蒸馏易燃液体时，不许使用明火直接加热，应根据沸点高低分别用水浴、砂浴或油浴等加热。④在蒸发、蒸馏易燃液体过程中，要经常检查实验装置是否破损，是否被堵塞，如发现破损或堵塞应停止加热，将危险排除后再继续实验。要注意，常压蒸馏不能形成密闭系统，减压蒸馏不能将平底烧瓶、锥形瓶、薄壁试管等不耐压容器作为接受瓶或反应器。⑤反应过于猛烈时，应适当控制加料速度和反应温度，必要时采取冷却措施。⑥易燃易爆物若不慎外撒，必须迅速清扫干净，并注意室内通风换气。⑦对易燃易爆废物，不得倒入废液缸和垃圾桶中，应专门回收处理。

实验室起火或爆炸时，要立即切断电源，打开窗户，移走易燃物，然后根据起火或爆炸原因及火势采取正确方法灭火。①地面或实验台着火，若火势不大，可用湿抹布或砂土扑灭。②反应器内着火，可用灭火毯或湿抹布盖住瓶口灭火。③有机溶剂和油脂类物质着火，火势小时，可用湿抹布或砂土扑灭，或撒上干燥的碳酸氢钠粉末灭火；火势大时，必须用二氧化碳灭火器、泡沫灭火器或四氯化碳灭火器扑灭。④电源起火时，立即切断电源，用二氧化碳灭火器或四氯化碳灭火器灭火(四氯化碳蒸气有毒，应在空气流通的情况下使用)。⑤衣服着火，切勿奔跑，应迅速脱衣，用水浇灭；若火势过猛，应就地卧倒打滚灭火，或迅速以大量水扑灭。⑥火势较大时，应采用灭火器灭火。灭火器分二氧化碳灭火器、泡沫灭火器、四氯化碳灭火器等几种。二氧化碳灭火器是化学实验室最常用的灭火器。使用时，一手提灭火器，一手握在喷二氧化碳喇叭筒的把手上，打开开关，二氧化碳即可喷出。这种灭火器，灭火后危害小，特别适用于对油脂、电器及其他较贵重的仪器灭火。泡沫灭火器适用于油类着火，但污染严重，后序处理麻烦；四氯化碳灭火器适用于扑灭电器设备、小范围的汽油、丙酮等着火，不能用于扑灭活泼金属钾、钠的着火；干粉灭火器的主要成分是碳酸氢钠等盐类物质，适用于油类、可燃性气体、电器设备、精密仪器、图书文件等物品的初期火灾。

一旦发生烧伤，应立即用冷水冲洗、浸泡或湿敷受伤部位。如伤势较轻，涂上苦味酸或烫伤软膏即可；如伤势较重，应立即送医院治疗。

（四）安全用电

使用电器时，应防止人体与金属导电部分直接接触，不能用湿手或手握湿的物体接触电源插头。实验后应先关闭仪器开关，再将电源插头拔下。实验中如发现麻手等漏电情况发生，应立即报告指导教师。

（五）防中毒

化学实验所涉及的物质大部分具有毒性。Br_2、Cl_2、F_2、HBr、HCl、HF、SO_2、H_2S、$COCl_2$、NH_3、NO_2、PH_3、HCN、CO、O_3 和 BF_3 等均为有毒气体，具有窒息性或刺激性；强酸和强碱均会刺激皮肤，有腐蚀作用，会造成化学烧伤；无机氰化物、As_2O_3 等砷化物、$HgCl_2$ 等可溶性汞化合物为高毒性物质；大部分有机物如苯、甲醇、CS_2 等有机溶剂、芳香硝基化合物、苯酚、硫酸二甲酯、苯胺及其衍生物等均有较强的毒性。

为避免中毒，最根本的一条是，一切实验室工作都应遵守规章制度。操作中注意以下事项：①进行有毒物质实验时，要在通风橱内进行，并保持室内通风良好。②鉴别气体气味时，可用手轻轻将气流扇向鼻孔，吸入少量即可，切勿直接俯嗅所产生的气体。③只要实验允许，应选用毒性较小的溶剂，如石油醚、丙酮、乙醚等。④尽量避免皮肤与有毒试剂直接接触。⑤使用强腐蚀性试剂，如浓酸、浓碱，应谨慎操作，不要溅到衣服或皮肤上，取用这些试剂时应尽可能戴橡皮手套和防护眼镜。⑥用移液管吸取时，应用洗耳球操作；实验操作的任何时候都不得将瓶口、试管口等对着人的脸部，以防气体、液体等冲出造成伤害。⑦实验过程中如发现头晕、无力、呼吸困难等症状，应立刻离开实验室，必要时到医院就诊。

1.1.6 绿色化学及化学实验绿色化

党的二十大报告指出，当代中国共产党的中心任务之一是以中国式现代化推动中华民族的伟大复兴。中国式现代化是人与自然和谐共生的现代化。大自然是人类赖以生存发展的基本条件，尊重自然、顺应自然、保护自然，是全面建设社会主义现代化国家的内在要求。我们要坚持可持续发展，像保护眼睛一样保护自然和生态环境，坚定不移地走生产发展、生活富裕、生态良好的文明发展道路，实现中华民族的永续发展。教育、科技、人才是全面建设社会主义现代化国家的基础性、战略性支撑。高校化学实验人员必须牢固树立和践行绿水青山就是金山银山的理念，站在人与自然和谐共生的高度，坚持绿色化学理念，努力实现化学实验的绿色化。

(一)绿色化学及绿色化学实验

绿色化学(Green Chemistry)起源于20世纪90年代，是一门"研究包括从源头上做起，采用无毒无害的原料，进行无害排放条件下的高选择性的原子经济性的反应，获得对环境友好的价廉易得的产物的学科"。绿色化学从预防污染的基本思想出发，设计无环境污染或污染尽可能小的，在技术上和经济上可行的化学品或化学过程。它所涉及的化学反应保证每一个原子都参与反应并转化为产物，反应所用的原料、介质、技术、产物对环境是友好无害的，化学工艺的整个流程能够闭环循环，做到零的排放。因此，绿色化学又称环境无害化学(Environmentally Benign Chemistry)、环境友好化学(Environmentally Friendly Chemistry)或清洁化学(Clean Chemistry)。绿色化学提倡使用化学品时遵循"拒用危害品(Rejection)、减量使用(Reduction)、循环使用(Recycling)、回收利用(Reuse)、再生使用(Regeneration)"的"5R"原则。

随着人们环境保护意识的提高及环境保护各项工作的深入，科学实验的环境保护问题越来越被人们重视。绿色化学实验就是以绿色化学的理念和方法为核心和基本原则，对化学实验进行改造，为使实验绿色化而构建的化学实验新方法和新体系。其最终目的是强化实验人员的环保意识，降低实验室的废物排放，提升实验的安全性和环境质量。

(二)实现化学实验绿色化的途径

1. 培养师生的绿色化学意识。化学教师应以身作则，积极学习绿色化学和环境保护的相关知识，关注绿色化学前沿研究，树立绿色化学理念，强化环保责任感，向学生传递系统的绿色化学相关知识与思想，全方位多角度将"绿色化"观念传递给每一位学生，引导其加强环保意识，充分认识到实验成果与环境保护和谐共生的重要性。学生要逐渐培养绿色化学实验习惯，合理适量取用药品，严格规范实验操作，合理处置废弃物和实验产物等。

2. 设计绿色化实验项目和教学方法。实现化学实验绿色化关键在于实验项目的选择和教学方法的设计。高校化学实验应以绿色化学理念为指导进行科学选择。在不影响实验课教学效果的前提下，选择实验项目时，应注意以下几个方面：①化学试剂的绿色化。所用试剂无毒无害。②化学反应的绿色化。所用化学反应具有较高的转化率和较高的选择性，以提高试剂的利用率，避免副产物的发生。③反应产物的绿色化。反应产生的产物和副产物应无毒无害，是环境友好产品，或者以一种环境友好的状态存在，如固态产物等。在教学设计中，可将验证性或单项操作性实验融合在综合性实验中进行，可将使用相同试剂的实验串联起来，可将一个实验项目的产物作为另一个实验项目的原料等，以达到节约试剂，减少污染之目的。

3. 借助虚拟仿真实现化学实验绿色化。虚拟仿真实验是依托虚拟现实、网络通信、多媒体、人机交互等技术，将实验教学与信息技术融合，以虚拟实验环境和实验对象模拟真实实验步骤和流程，让参与者在虚拟的实验环境中进行实验，从而达到实验目的或预期效果的过程。在仿真实验中，参与者可以通过仿真实验平台，模拟进行各种化学实验。比如，可以选择试管、烧杯、酒精灯、铁架台、烧瓶、锥形瓶等虚拟器具，自由搭建实验设备、添加药品，实施化学反应，观察实验现象等。相对于传统实验教学，虚拟仿真实验不受时空、场地、设备、经费、污染等因素限制，可以模拟各种危险、复杂、昂贵的实验过程，从而避免学生在实验中遇到危险和风险，保证实验的安全性和绿色化。当然，虚拟仿真实验必须与实际实验相结合，才能真正提高动手能力和操作水平。

4. 通过微型化实现化学实验绿色化。微型化学实验是在微型的化学仪器装置中进行的化学实验，其试剂用量比相应的常规化学实验节省 90%以上。它是以尽可能少的试剂来获取所需化学信息的实验原理与技术。微型化学实验不是常规实验的简单微缩，而是在微型化的条件下对实验进行的创新性改革。仪器的微型化、试剂的微量化、实验的创新性和绿色化是微型化学实验的基本特征。虽然它的化学试剂用量只为常规实验的几十分之一乃至几千分之一，但其效果却是准确、明显、安全、方便和防止环境污染的。尤其是对毒性大、试剂贵、耗量大、易燃、易爆、污染严重、操作复杂的实验，微型化能显著节约试剂，减少废水、废渣、固体废弃物的产生，符合可持续发展的绿色化实验要求。我国从 20 世纪 90 年代开始进行微型化学实验的研究与应用，现已取得显著进展，已有千余所大、中、小学正在进行微型化的化学实验教学。

贯彻绿色化学理念，营造绿色化学实验环境，不仅仅是教师的责任，也是每一位学生需要承担的社会责任。让我们一起努力，实现化学实验绿色化，为人与自然和谐共生的中国式现代化发展贡献自己的力量!

1.1.7 实验废弃物的处理

科学合理地处理实验废弃物，减少环境污染，也是落实二十大报告精神，坚持精准治污、科学治污、依法治污的要求。化学实验室产生的部分废弃物为有毒物质，直接排放将污染环境，损害人体健康。废弃物必须经过适当的处理后才能排放。有毒固体废弃物不能直接倒入垃圾桶，应集中收集后，由学校送有关单位统一处理。对无机酸类废液，用过量含碳酸钠或氢氧化钙水溶液或废碱互相中和，中和后用大量水冲洗。对无机碱类废液，先用浓盐酸中和，再用大量水冲洗。含重金属离子的废液，集中收集后，由学校送有关单位统一处理。合成实验的产品经指导老师验收后放入回收瓶，纯化后用于其他有关实验。所有回收的有机溶剂均应放入指定的回收瓶，可循环利用的单一溶剂经纯化后，用于其他实验；对无法利用的混合溶剂集中收集后，由学校送有关单位统一处理。

1.1.8　化学试剂的分类和取用

（一）化学试剂的分类

根据纯度不同，常用的化学试剂可分成不同规格。我国生产的试剂一般分为 4 个等级，其规格和适用范围见表 1.1.8.1。

表 1.1.8.1　常用化学试剂的规格和适用范围

试剂规格	名称	英文名称	符号	瓶签颜色	适用范围
一级	保证试剂或优级纯试剂	guaranteed reagent	GR	绿色	用作基准物质，主要用于精密的研究和分析鉴定
二级	分析试剂或分析纯试剂	analytical reagent	AR	红色	主要用于一般科研和定量分析鉴定
三级	化学纯试剂	chemical pure	CP	蓝色	用于要求较高的有机和无机化学实验，也常用于要求较低的分析实验
四级	实验试剂	laboratory reagent	LR	棕色、黄色或其他颜色	主要用于普通的化学实验和科研，有时也用于要求较高的工业生产

此外，还有一些特殊要求的试剂，如指示剂、生化试剂、超纯试剂（如电子纯、光谱纯）等。这些在瓶签上都有注明。应当根据实验的要求，分别选用不同规格的试剂。

一般说来，在无机化学实验中，化学纯级别的试剂已够用，个别的实验中要使用分析纯级别的试剂，而分析化学实验对试剂级别要求较高，一般都在分析纯级别以上。在分析工作中，选用试剂的纯度要与所用方法相当，实验用水、操作器皿等要与试剂的等级相适应。若试剂都选用 GR 级的，则不宜使用普通的蒸馏水或去离子水，而应使用经两次蒸馏制得的重蒸馏水。所用器皿的质地也要求较高,使用过程中不应有物质溶解,以免影响测定的准确度。

选用试剂时,要注意节约原则,不要盲目追求纯度高,应根据具体要求取用。优级纯和分析纯试剂,虽然是市售试剂中的纯品,但有时由于包装或取用不慎而混入杂质,或运输过程中发生变化,或储藏日久而变质,故还应具体情况具体分析。对所用试剂规格有所怀疑时应该进行鉴定。在特殊情况下,市售的试剂纯度不能满足要求时,分析者应自己动手精制。

(二)化学试剂的取用

取用试剂时,不能用手接触化学药品。应根据用量取用试剂,不必多取,这样既可以节约药品,也能取得好的实验结果。对于公用试剂,取完后一定要及时把瓶塞盖严,并将试剂瓶放回原处。

1. 固体试剂的取用

(1)固体试剂应用干净的药匙取用,每种试剂专用一个药匙。用过的药匙须洗净、擦干后才能再用,以免沾污试剂。

(2)取出试剂后,一定要把瓶盖盖严,注意不要混淆不同试剂的瓶盖,并将试剂瓶及时放回原处。

(3)取用固体试剂时,必须注意不要取多。取多的药品,不能倒回原瓶,可放在指定容器中供他人使用。

(4)要求取用一定质量的固体试剂时,可把固体放在干净的称量纸或表面皿上称量。具有腐蚀性或易潮解的固体不能放在称量纸上,而应放在玻璃容器内进行称量。

(5)向试管中加入固体药品时,应先用药匙或对折的纸片将固体药品送至试管约 2/3 处,再将其与试管一同竖起,将固体药品送入试管底部,如图 1.1.8.1(a),1.1.8.1(b)。加入块状固体时,应将试管倾斜,使其沿管壁慢慢滑下,以免碰破管底,如图 1.1.8.1(c)。

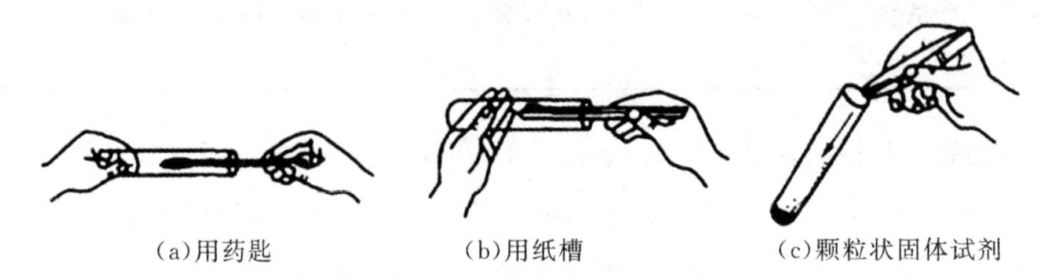

(a)用药匙　(b)用纸槽　(c)颗粒状固体试剂

图 1.1.8.1　向试管中加入固体试剂

(6)有毒药品要在教师指导下取用。

2. 液体试剂的取用

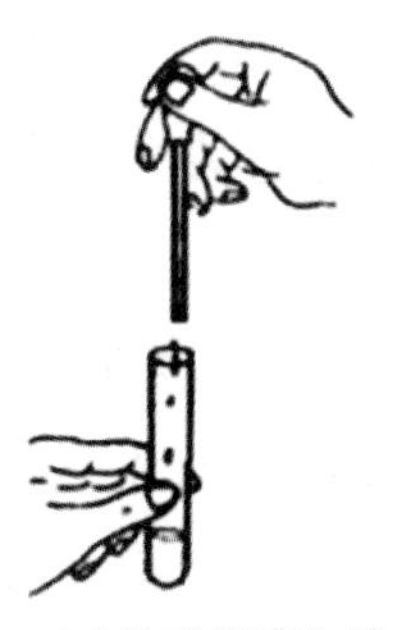
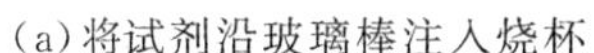

(a)将试剂沿玻璃棒注入烧杯　(b)将试剂沿试管壁倒入试管　(c)往试管滴加液体

图 1.1.8.2　液体试剂的取用

(1)从试剂瓶中取出液体试剂,用倾注法。取下瓶盖仰放桌面,手握住试剂瓶上贴签的一面(若两面均有标签,手握空白的一面),倾斜瓶子,让试剂慢慢倒出,沿洁净的玻棒注入烧杯中[如图 1.1.8.2(a)所示],或沿着洁净的试管壁流入试管[如图 1.1.8.2(b)所示]。然后将试剂瓶边缘在容器壁上靠一下,再加盖放回原处。

已取出的试剂不能再倒回试剂瓶。倒入容器的液体不应超过容器容量的 2/3;往试管中加入液体时,则以不超过试管容量的 1/2 为宜。

(2)从滴瓶中取用液体试剂,要用滴瓶中的滴管。使用时,用中指和无名指夹住滴管颈部提出滴管,使管口离开液面,用拇指和食指紧捏滴管上部橡皮胶头,赶出空气,然后伸入滴瓶中,放开手指,吸入试剂。用滴管从试剂瓶中取少量试剂,则需用附置于试剂瓶旁的专用滴管取用。将试剂滴入试管中时,必须将它悬空地放在靠近试管口的上方,然后挤捏橡皮胶头,使试剂滴入管中,不得将滴管伸入试管中,如图 1.1.8.2(c)。如需从没有配滴管的试剂瓶中取少量液体试剂时,应用公用滴管,使用前滴管一定要洁净、干燥。

使用滴管时主要应注意不要洒落溶液。溶液洒落的主要原因有两个:一是滴管的胶头老化开裂,已经无法使滴管密封而产生泄漏;二是滴管折断,滴管口变粗,如果溶液的表面张力较小(如各种有机溶剂),也易发生洒落。为防止滴管的胶头老化,滴管不应横置,横置易使溶液进入胶头,加速胶头的老化、龟裂。如有溶液洒落,应分析原因并及时更换滴管或滴管胶头。

(3)在进行某些实验(如在试管里进行反应)时,无须准确地量取试剂,所以不必每次都用量筒,只要学会估计取用的液体的量即可。例如用滴管取用液体,1 mL 相当于 15～20 滴;3 mL 液体约占一个小试管容量(10 mL)的 1/3;5 mL 液体约占一个小试管容量的 1/2,一个大试管容量的 1/4 等。

(4)定量取用液体试剂时,可使用量筒或移液管。取多的试剂不能倒回原瓶,可倒入指定容器内供他人使用。

1.1.9 有效数字及计算规则

(一)有效数字

有效数字(Significant Figure)是指实际上能测量到的数字,包括测得的全部准确数字和一位可疑数字。有效数字既能表达数值大小,又能表明测量值的准确度。例如滴定管读数为 24.02 mL,共四位有效数字,其中“24.0”是准确的,而末位的“2”是可疑数字,是测试者估计出来的,表明滴定管能精确到 0.01 mL,它可能有±0.01 mL 的误差,溶液的实际体积应为 24.02 mL±0.01 mL 范围内的某一数值。

确定有效数字位数时应注意:(1)“0”处在末尾和中间时,是有效数字。例如,分析天平称得的物体质量为 7.1560 g,其中“0”是有效数字。(2)“0”处在数字之前时,只起定位作用,不是有效数字。例如,0.012(两位有效数字)。(3)数值 3600 等有效数字位数不确定,需要使用科学计数法。例如:3.6×10^3(两位有效数字),3.60×10^3(三位有效数字)。(4)对数、负对数的有效数字位数仅取决于小数部分的位数。例如,pH=13.15 为两位有效数字。(5)表示分数、倍数的数字,或一些定义单位出现的数是确切数,不受有效数字位数限制。

(二)计算规则

1. 修约

当各测定值和计算值的有效位数确定后,要对它后面的多余的数字进行取舍,这一过程称为“修约”,通常按“四舍六入五留双”规则进行处理。即:当约去数为 4 时舍弃,为 6 时则进位;当约去数为 5 而后面无其他数字时,若保留数是偶数(包括 0)则舍去,是奇数则进位,使整理后的最后一位为偶数。如 13.015 和 13.025 取四位有效数字,结果均取 13.02。若 5 的后面还有数字,则应进位。如 18.045001 取四位有效数字,结果为 18.05。

2. 加减运算

加减运算中,有效数字取舍以小数点后位数最少的数字为准。例如,0.0231、24.57 和 1.16832 三个数相加,其结果是:0.02+24.57+1.17=25.76。

3. 乘除运算

乘除运算中,有效数字取舍以有效数字位数最少的为准。例如,0.0231、24.57 和 1.16832 三个数相乘,其结果是:$0.0231\times24.6\times1.17=0.665$。

使用计算器处理结果时,只对最后结果进行修约,不必对每一步的计算数字进行取舍。

(王学东　潘芊秀　马丽英　李文静)

1.2 医用化学实验基本操作

1.2.1 常用玻璃仪器简介

化学实验中的玻璃仪器分为普通玻璃仪器和标准磨口仪器两种。

(一)普通玻璃仪器

常见的普通玻璃仪器有试管、烧杯、烧瓶等,如图 1.2.1.1 所示。

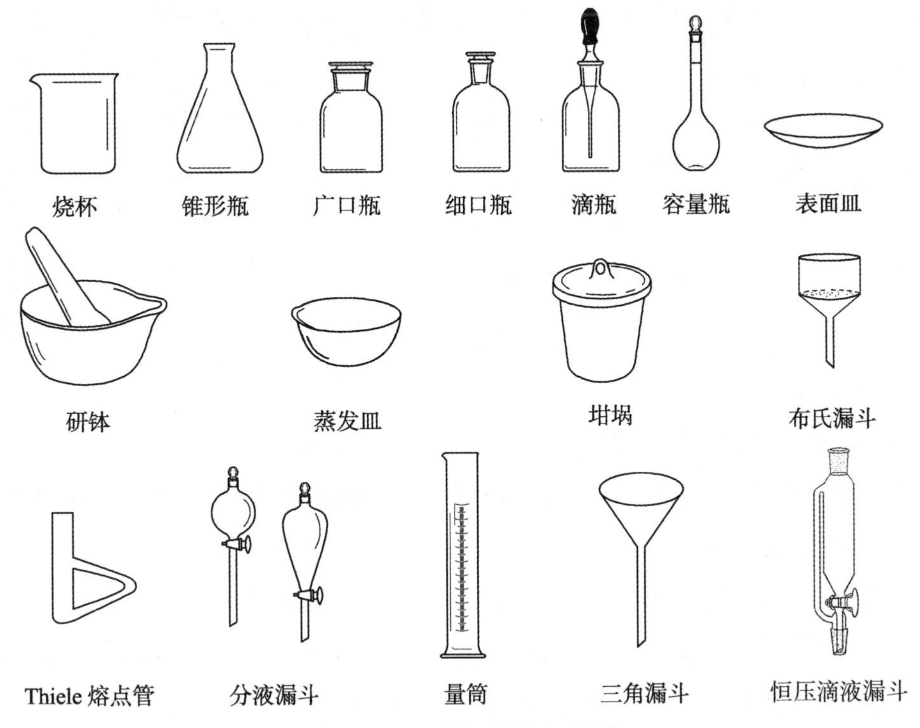

图 1.2.1.1　常用普通玻璃仪器

(二)标准磨口仪器

有机实验中通常使用标准磨口玻璃仪器,也称磨口仪器。它与相应的普通玻璃仪器的区别在于各接头处加工成通用的磨口,即标准磨口。内外磨口之间能互相紧密连接,因而不需要软木塞或橡皮塞。凡属于同类型规格的接口,均可任意互换,这不仅可节约配塞子和钻孔的时间，避免反应物或产物被塞子沾污，而且装配容易，拆洗方便，并可用于减压等操作，使工作效率大大提高。

标准磨口仪器的标号通常用数字来表示，该数字是指磨口最大端直径的毫米整数。化学实验中常用的有 $\phi10$，$\phi14$，$\phi19$，$\phi24$，$\phi29$，$\phi34$，$\phi40$，$\phi50$ 等。有时也用两组数字来表示，另一组数字表示磨口的长度。例如 14/30，表示此磨口直径最大处为 14 mm，磨口长度为 30 mm。相同编号的磨口、磨塞可以紧密连接。有时两个玻璃仪器，因磨口标号不同无法直接连接时，我们则可借助不同标号的磨口接头（或称变径）使之连接。

化学实验中常用的标准磨口仪器，如图 1.2.1.2 所示。

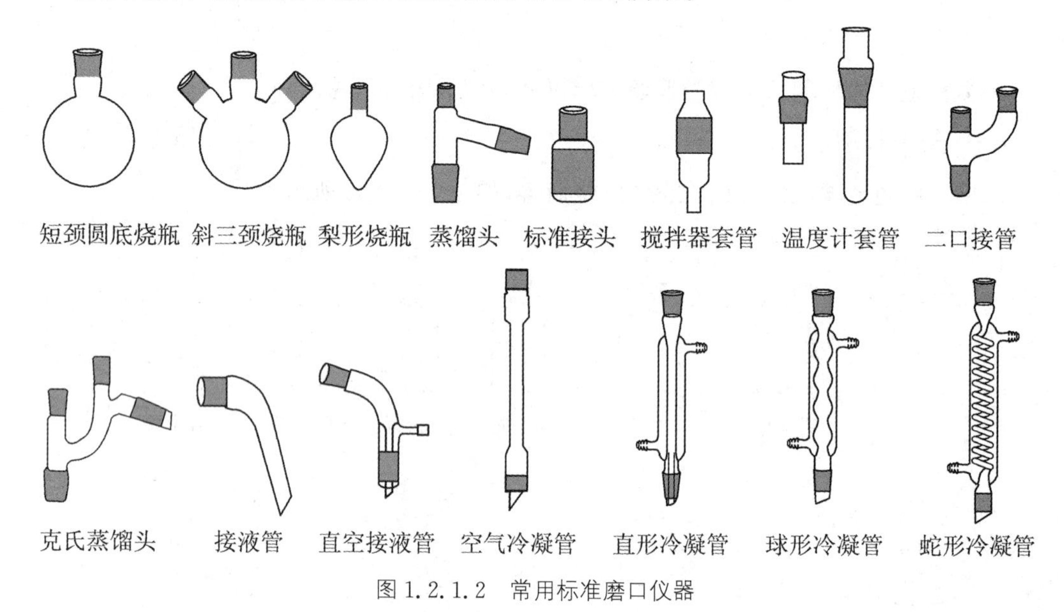

图 1.2.1.2 常用标准磨口仪器

使用标准磨口仪器时应注意：

1. 磨口必须清洁，不得沾有固体物质，使用前须用软布或卫生纸揩拭干净，否则会使磨口对接不严密，甚至损坏磨口。

2. 常压下使用磨口仪器时，一般无须涂抹润滑剂，以免沾污反应物或产物。若反应物中有强碱，则必须要涂抹凡士林，以免磨口连接处因碱腐蚀粘牢而无法拆开。在进行减压蒸馏时，标准磨口仪器必须涂真空脂。从内磨口涂有润滑剂的仪器中倾出物料前，应先将磨口表面的润滑剂用有机溶剂擦拭干净（用脱脂棉或滤纸蘸石油醚、乙醚、丙酮等易挥发的有机溶剂），以免物料受到污染。

3. 用后应立即拆卸洗净，散件存放。否则，对接处会粘牢，很难拆卸。

4. 安装磨口仪器时注意相对角度，不能在角度有偏差时硬性装拆。应将磨口和磨塞轻轻地对旋连接，切不能用力过猛，不能使磨口连接处受到歪斜的应力，否则仪器易破裂。

5. 洗涤磨口时，应避免用含硬质磨料的去污粉擦洗，以免损坏磨口。

6. 当磨口仪器需要烘干时，须先将磨口处所涂抹的油脂、凡士林等润滑剂擦拭和洗涤干净，否则，磨口处的润滑剂会因烘烤而变成棕黑色杂物，从而影响磨口质量。

(三)玻璃仪器的安装与拆卸

在进行有机制备和纯化实验时，一般用标准磨口仪器组装成各种实验装置，我们以常压蒸馏装置为例，说明安装实验装置时需注意的几个要点：

1. 整个装置的高度应以热源为基础，首先固定圆底烧瓶和蒸馏头的位置，然后以圆底烧瓶为基准，按从下到上、从左到右的原则依次连接其他仪器。

2. 调整铁架台铁夹的位置，使冷凝管的中心线和蒸馏头的中心线成一直线后，方可将蒸馏头与冷凝管紧密连接起来，最后再装上接液管和接收瓶。

3. 不允许铁架台上的铁夹直接和玻璃仪器接触，以防夹破仪器，所用铁夹必须用石棉布、橡皮等作衬垫，铁夹应该放在仪器背面。

4. 常压下的蒸馏装置必须与大气相通。

5. 蒸馏装置安装好后应检查是否符合要求，标准是：从正面观察，蒸馏头与冷凝管同轴，从侧面观察整套装置应处于同一平面上。

6. 在同一实验桌上安装两台装置时，应遵守热源位置相邻或接收瓶位置相邻的原则，绝不允许一台装置的热源位置与另一台装置的接收瓶处于相邻的位置，以防发生火灾。

拆卸仪器装置时，应按照与安装时相反的顺序逐个拆卸仪器。首先关闭电源或熄灭煤气灯和关闭水阀门，然后移走接收瓶，最后移走冷凝管、温度计、蒸馏头和烧瓶。

1.2.2 玻璃仪器的洗涤、干燥和保养

(一)玻璃仪器的洗涤

使用洁净的仪器是实验成功的重要条件，也是化学工作者应有的良好习惯。洗净的玻璃仪器在倒置时，器壁应不挂水珠，内壁应被水均匀润湿，形成一层薄而均匀的水膜。如果有水珠，说明仪器还未洗净，需要进一步进行清洗。

1. 一般洗涤

仪器清洗最简单的方法是用毛刷蘸上去污粉或洗衣粉刷洗，再依次用清水、蒸馏水冲洗干净。洗刷时，不能用秃顶的毛刷，也不能用力过猛，否则会戳破仪器。有时去污粉的微小粒子黏附在器壁上不易洗去，可用少量稀盐酸摇洗一次，再用清水、蒸馏水冲洗。如果对仪器的洁净程度要求较高，可再依次用蒸馏水、去离子水淋洗 2～3 次。用蒸馏水淋

洗仪器时，一般用洗瓶进行喷洗，这样可节约蒸馏水和提高洗涤效果。

2. 铬酸洗液洗涤

对一些形状特殊的精密容量仪器，例如滴定管、移液管、容量瓶等的洗涤，可选择用铬酸洗液。若普通玻璃仪器内有焦油状物质和碳化残渣，用去污粉、洗衣粉、强酸或强碱洗刷不掉时，也可用铬酸洗液。

使用铬酸洗液时，尽量把仪器中的水倒净，让洗液充分地润湿有残渣的地方(用洗液浸泡一段时间或用热的洗液进行洗涤效果更佳)。洗液可以反复使用，用后应立即倒回洗液试剂瓶内。使用铬酸洗液时应注意安全，不要溅到皮肤和衣服上。

3. 特殊污垢的洗涤

对于某些污垢用通常的方法不能除去时，则可通过化学反应将黏附在器壁上的物质转化为水溶性物质后，再行清洗。几种常见的污垢的处理方法见表1.2.2.1。

表1.2.2.1 常见污垢的处理方法

污垢	处理方法
沉积的金属，如银、铜	用 HNO_3 处理
沉积的难溶性银盐	用 $Na_2S_2O_3$ 洗涤，Ag_2S 用热、浓 HNO_3 处理
黏附的硫黄	用煮沸的石灰水处理
高锰酸钾污垢	用草酸溶液处理(沾附在手上也可用此法)
瓷研钵内的污迹	用少量食盐在研钵内研磨后倒掉，然后用水洗
有机反应残留的胶状或焦油状有机物	视情况用低规格或回收的有机溶剂浸泡，或用稀 NaOH 或浓 HNO_3 煮沸处理
一般油污及有机物	用含 $KMnO_4$ 的 NaOH 溶液处理
被有机试剂染色的比色皿	用体积比 1∶2 的盐酸一酒精溶液处理

4. 超声波洗涤

在超声波清洗器中放入需要洗涤的仪器，再加入合适洗涤剂和水，接通电源，利用声波的能量和振动，就可把仪器清洗干净，既省时又方便。

(二)玻璃仪器的干燥

每次实验后应养成立即把玻璃仪器洗净、倒置使之干燥的习惯，以便下次实验使用。洗净的玻璃仪器常用下列几种方法干燥：

1. 晾干

不急用的仪器，可洗净控去水分后，倒置在干净的实验柜内或仪器架上，任其自然干燥。

2. 烘干

将仪器洗净控去水后，放入电烘箱内烘干，烘箱温度通常保持在100～120℃。带磨塞的仪器在烘干时，应先将磨塞拔出。有刻度的量具如移液管、容量瓶、滴定管等和不耐热的吸滤瓶等不宜放在烘箱中烘干。烘干的仪器最好等烘箱冷却到室温后再取出。热玻璃仪器切勿碰水，以防炸裂。

3. 有机溶剂快速干燥

对于急于干燥的有刻度量具或不适于放入烘箱的较大的仪器，可将少量乙醇、丙酮等低沸点溶剂倒入已控去水分的仪器中，转动仪器使器壁上的水和有机溶剂互相溶解、混合，然后将溶剂倒出，用电吹风吹除残留的大部分溶剂，再用热风吹至完全干燥。

4. 热空气浴烘干

一些常用的烧杯、蒸发皿等仪器可放在两层石棉铁丝网的上层，仪器口朝下，用小火加热下层石棉铁丝网进行烘干。试管可以用试管夹夹住后，试管口向下，在火焰上来回移动，直至烤干。

(三)常用玻璃仪器的保养

玻璃仪器的种类很多，用途各不相同，必须掌握它们的性能、使用和保养方法，才能正确使用，提高实验效果，避免产生不必要的损失。下面介绍几种常用的玻璃仪器的保养：

1. 温度计

温度计水银球部位的玻璃很薄，容易破损，使用时要特别小心：(1)不能把温度计当搅拌棒使用；(2)所测温度不能超过其测量范围；(3)不能把温度计长时间放在高温的溶剂中，否则会使水银球变形，读数不准。

温度计用后要让它慢慢冷却，特别在测量高温之后，切不可立即用水冲洗，否则会导致温度计破裂或水银柱断裂。冷却时，温度计应悬挂在铁架上，洗净擦干后，放回温度计盒内，盒底垫上一小块棉花。

2. 磨口仪器

需长期保存的磨口仪器要在瓶塞间垫一张纸片，以免日久粘住。长期不用的滴定管要擦洗掉凡士林，用皮筋拴好活塞后在仪器盒内垫纸保存。容量瓶最好在洗净前就用橡皮筋或小线绳把瓶塞和管口拴好绑在一起，以免打破塞子或互相弄混。分液漏斗的旋塞、活塞等因不属于标准磨口部件，所以不能分开存放，应在磨口间夹上纸条，整套存放。

3. 容量瓶

容量瓶使用完毕应立即用水冲洗干净；如长期不用，磨口处应洗净擦干，并用纸片将磨口隔开。

4. 带刻度的计量仪器

不能用加热的方法进行干燥，以防影响其准确度。

5. 厚壁玻璃仪器等

厚壁玻璃仪器（如抽滤瓶）不能用来加热，薄壁的锥形瓶、平底烧瓶不能在减压环境下使用；广口容器（如烧杯、广口瓶）不可存放易燃液体；不得代替试管进行化学反应。

6. 成套仪器

如索氏提取器等用完要立即洗净，放在专门的纸盒里保存。

总之，实验结束后，对所用的玻璃仪器都要清洗干净，按要求保管，要养成良好的工作习惯，不要在仪器里遗留油脂、酸液、腐蚀性物质（包括浓碱液）或有毒药品，以免造成后患。

1.2.3 滴定分析常用仪器及使用

（一）称量瓶

1. 规格　有高型、低型两种，如图 1.2.3.1 所示。

2. 用途　称量瓶是带有磨口塞的筒形玻璃瓶，一般用于准确称量一定量的固体，多用于递减法称量试样。因其配有磨口塞，可以防止瓶中的试样吸收空气中的水分和 CO_2 等，适用于称量易吸潮的试样。低型瓶也可用于测定水分。

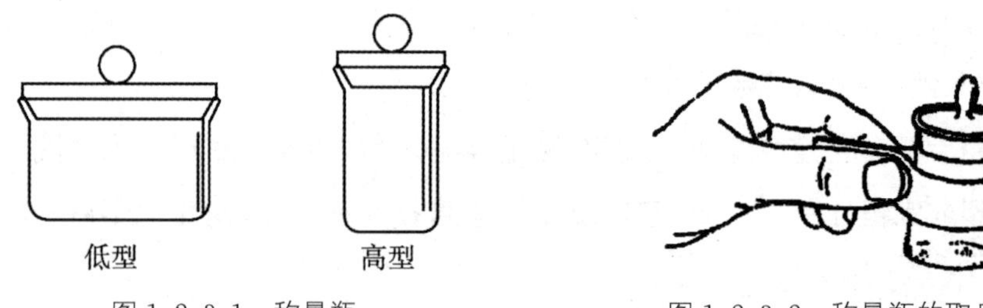

图 1.2.3.1　称量瓶　　图 1.2.3.2　称量瓶的取用

3. 使用方法　使用时，用纸带套住称量瓶拿到接受器上方，用纸片夹住盖柄，打开瓶盖（盖亦不要离开接受器口上方），将瓶口慢慢向下倾斜，用瓶盖轻敲瓶口边缘，使试样落入容器中。当倒出的试样接近所需质量时，一边继续用盖轻敲瓶口，一边逐步将瓶身竖直。盖好瓶盖，将称量瓶放回原干燥器中。如图 1.2.3.2 所示。

（二）锥形瓶

1. 规格　锥形瓶有无塞和具塞两种，按容积分，常见的有 50、100、250、500（mL）等，如图 1.2.3.3 所示。

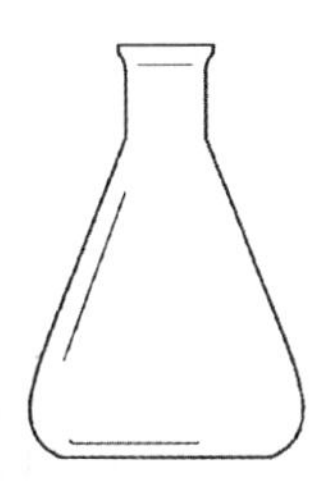

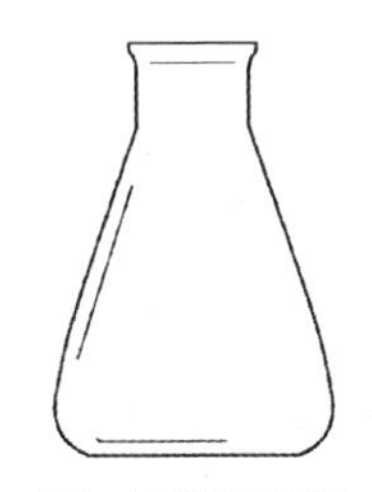

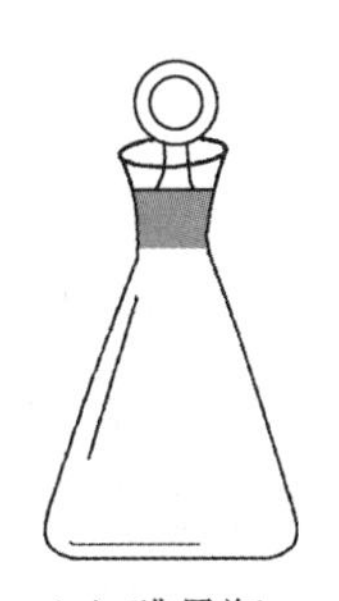

（a）细颈锥形瓶　（b）宽颈锥形瓶　（c）碘量瓶

图 1.2.3.3　锥形瓶

2.用途　锥形瓶是用来加热或振荡的反应容器。在滴定分析中，用作反应容器，进行滴定反应。具有塞子的锥形瓶和碘量瓶可防止挥发性物质逸出。

(三)吸管和移液器

1.吸管

(1)规格　吸管一般分无分度吸管、分度吸管两种。无分度吸管常称移液管，它的中部膨大，上下两端细长，上端刻有环形标线，膨大部分标有使用温度及体积，有 1、2、5、10、25、50、100(mL)等规格。分度吸管通称吸量管，有 0.1、0.5、1、2、5、10、25(mL)等规格，且刻有 0.1～0.001(mL)的分度值，如图 1.2.3.4 所示。

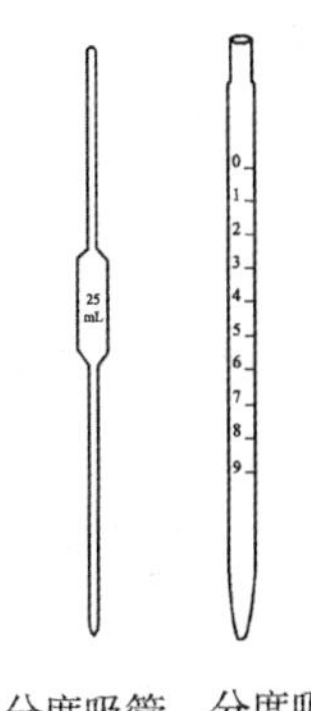

无分度吸管（移液管）　分度吸管（吸量管）

图 1.2.3.4　吸管

(2)用途　移液管和吸量管都是用于准确移取一定体积溶液的量出式玻璃量器(量器上标有“Ex”字)。

移液管只能量取某一定量的液体;吸量管是具有分刻度的玻璃管，可用于移取非固定量的溶液，一般只用于量取小体积的溶液，并可精确到 0.01 mL。

(3)使用方法

①使用前，将吸管依次用洗液、自来水、蒸馏水洗涤干净。先用滤纸将吸管下端内外的水吸净，然后取用少量所要移取的溶液，将吸管内壁润洗 2～3 次，以保证移取的溶液浓度不变。

②在使用移液管吸取溶液时，一般用右手的大拇指和中指拿住管颈标线上方的玻璃管，将下端插至溶液液面下 1～2 cm 的深度，插入太深会使管外黏附溶液过多，影响量取溶液体积的准确性;太浅往往会产生空吸。

左手拿洗耳球，先把球内空气压出，然后把洗耳球的尖端插在移液管顶口，慢慢松开洗耳球使溶液吸入管内。当液面升高到刻度以上时移去洗耳球，迅速用右手食指按住管口,将移液管提离液面,然后稍松食指,使液面下降,直到溶液的弯月面与标线相切,立刻用食指压紧管口。

将接收容器稍倾斜,小心地把移液管移入容器中,保持移液管垂直,管尖与容器上方内壁接触。松开食指,让溶液自然地沿器壁流下,流完后再等待 10～15 s,取出移液管。一般情况下切勿把残留在管尖内的溶液吹出,因为在校正移液管时,已考虑了所保留的溶液体积,并未将这部分液体体积计算在内,如图 1.2.3.5 所示。

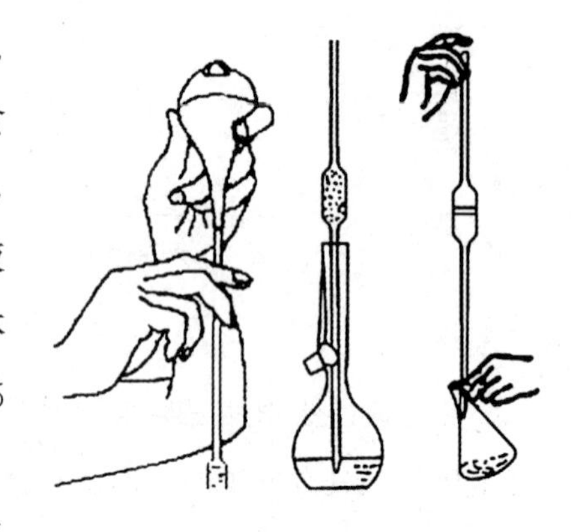

图 1.2.3.5　移液管的取、放液体操作

③吸量管吸取溶液的方法与移液管相似,不同之处在于吸量管能吸取不同体积的液体。用吸量管取溶液时,一般使液面从某一分刻度(最高线)落到另一分刻度,使两分刻度之间的体积恰好等于所需体积。

须注意,凡吸量管上刻有"吹"字的,使用时必须将管尖内的溶液吹出,不允许保留。另外,刻度有自上而下排列,还有从下而上排列,读取刻度时要十分注意。

移液管使用后,应洗净放在移液管架上。移液管和吸量管都不能放在烘箱中烘烤,以免引起容积变化而影响测量的准确度。

2.定量及可调移液器

(1)规格　移液器由连续可调的机械装置和可替换的吸头组成,不同型号的移液器吸头有所不同,实验室常用的移液器根据最大吸用量有 0.5、1.0、2.5、5.0、10、25、50、100、1000(μL)等规格(图 1.2.3.6)。

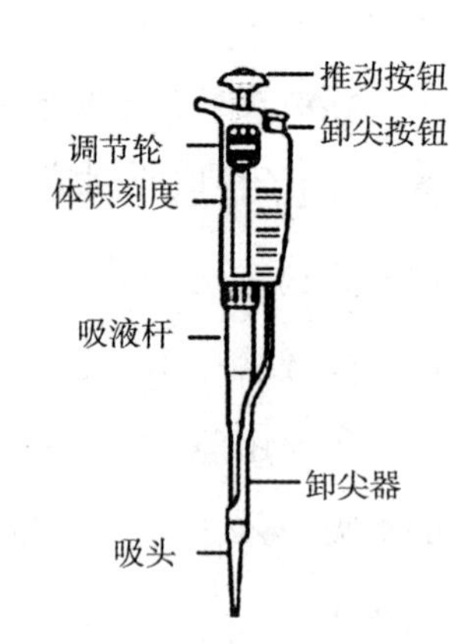

图 1.2.3.6　移液器

(2)用途　移液器又名微量加样器或移液枪,是一种连续可调、计量和转移液体的量出式量器,根据是否可调可分为定量移液器和可调移液器。定量移液器是指一支移液器的容量是固定的,而可调移液器的容量在其标称容量范围内连续可调。

(3)使用方法

①根据所需取液量选择相应移液器及吸头。

②旋转移液器调节轮设定移液量(切勿超过最大或最小量程)。

③手持移液器,将吸头插入吸液杆顶端,在轻轻用力下压移液器同时,左右微微转动,上紧即可(如有必要,可用手辅助套紧吸头,但要防止由此可能带来的污染)。

④将移液器推动按钮压至第一挡，将吸头垂直插入待测液体液面下 2～3 毫米，慢慢释放按钮吸取液体。释放液体时，将吸头紧贴容器壁，轻轻压下推动按钮至第一挡位置，约一秒钟后，继续将按钮压至第二挡将吸头中液体全部放干。

⑤改变吸取溶液时应更换吸头，使用完毕后要卸载吸头并将移液器放回移液器支架。

(四)容量瓶

1.规格　容量瓶是一细颈梨形的平底瓶，由无色或棕色玻璃制成，带有磨口玻璃塞或塑料塞，颈部刻有标线，瓶上标有使用温度和体积。常用容量瓶有 10、25、50、100、250、500、1000、2000(mL)等规格。

2.用途　容量瓶是测量容纳液体体积的一种量入式量器(量器上标有“In”字)。常用于直接法配制标准溶液(将精密称量的物质准确地配成一定物质的量浓度的溶液)或将准确体积的浓溶液稀释成准确体积的稀溶液，此过程称为“定容”。

3.使用方法

(1)检查

使用前要检查容量瓶是否漏水。检查方法是:放入自来水至标线的附近，盖好瓶塞，瓶外水珠用布擦拭干净。左手按住瓶塞，右手拿住瓶底，将瓶倒立 1～2 min，观察瓶塞周围是否有水渗出。如果不漏，将瓶直立，把瓶塞转动约 180°后，再倒立检查 1 次。因有时瓶塞与瓶口不是任何位置都密合，所以检查两次很有必要。

(2)配制

配制溶液前先将容量瓶洗净。如果是用固体物质配制标准溶液，先将准确称取的固体物质置于小烧杯中溶解，再将溶液转入容量瓶中(热溶液应冷却至室温后，才能稀释至标线，否则将造成体积误差)。转移时，要使玻璃棒的下端靠在瓶颈内壁上，使溶液沿玻璃棒及瓶颈内壁流下，溶液全部流完后将烧杯沿玻璃棒上移，同时直立，使附着在玻璃棒与烧杯嘴之间的溶液流回烧杯中。然后用蒸馏水洗涤烧杯 2～3 次，洗涤液一并转入容量瓶，这一过程称为溶液的定量转移。用蒸馏水稀释至容积 2/3 处，摇动容量瓶，使溶液混合均匀，继续加蒸馏水，加至近标

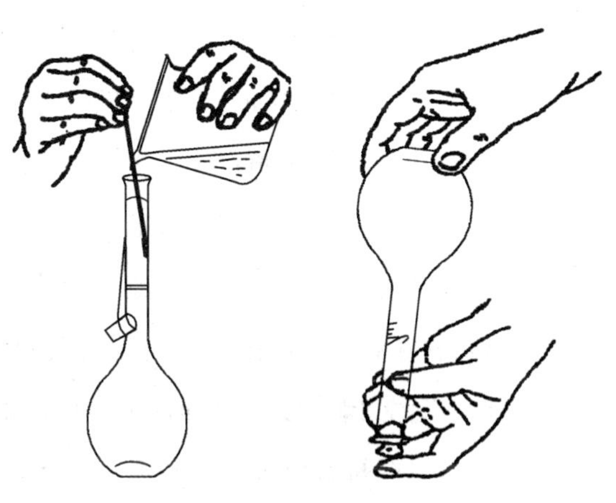

图 1.2.3.7　容量瓶的使用

线时，要慢慢滴加，直至溶液的弯月面最低点与标线相切为止。随即盖紧瓶塞，使容量瓶倒转，并振荡数次，使溶液充分混合均匀。如图 1.2.3.7 所示。

如果把浓溶液定量稀释，则需要用移液管吸取一定体积的浓溶液移入容量瓶中，按上述方法稀释至标线，摇匀。

(3)注意事项

需避光的溶液应使用棕色容量瓶配制。容量瓶不能长期存放溶液，不可将容量瓶当作试剂瓶使用，尤其是碱性溶液会侵蚀瓶塞，使之无法打开。如需将溶液长期保存，应转移到试剂瓶中备用，试剂瓶要先用少量配好的溶液冲洗 2～3 次，然后全部转入。

用过的容量瓶应及时洗净，晾干。在瓶口与玻璃塞之间垫以纸条，以防下次使用时打不开瓶塞，容量瓶不能用火直接加热或在烘箱中烘烤；如急需使用干燥的容量瓶时，可将容量瓶洗净后，用乙醇等易挥发的有机溶剂荡洗后晾干或用电吹风的冷风吹干。

(五)滴定管

1. 规格　滴定管分为两种，具有玻璃活塞的滴定管称为酸式滴定管，用乳胶管(管内有一小玻璃球)与刻度管连起来的滴定管称为碱式滴定管。

2. 用途　酸式滴定管用来测量除碱性以及对玻璃有腐蚀作用以外的溶液的体积，碱式滴定管用来测量碱性和还原性溶液的体积。

3. 读数　读数不准是滴定误差的主要来源之一。由于溶液的表面张力，滴定管内的液面呈弯月形，无色水溶液弯月面清晰，应读与弯月面下缘相切的刻度，且视线应与之水平。有色溶液应读取弯月面上缘所切刻度。

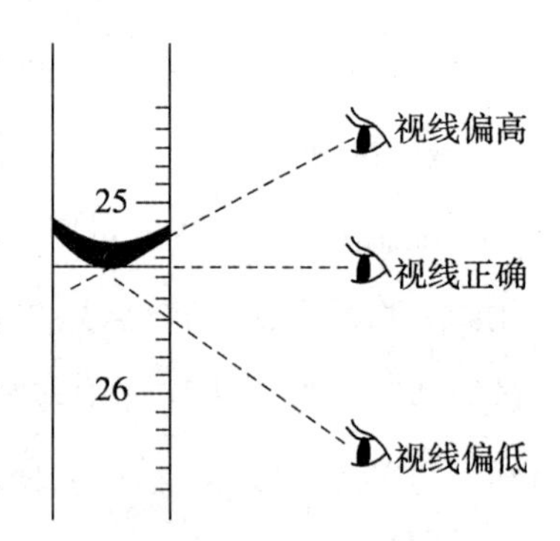

图 1.2.3.8　滴定管的读数

读数时，将滴定管从滴定管架上取下，用右手拇指和食指捏住滴定管上部无刻度处，使滴定管保持垂直(注入或流出溶液后，需静置 1～2 分钟)再读数。为使读数准确，可用一黑白纸板衬在滴定管后面。若使用白底蓝线滴定管应读取弯月面与蓝色尖端的交点相对应的刻度。如图 1.2.3.8 所示。

滴定时，最好每次均从“0.00”毫升开始，或从接近零的刻度开始，以消除滴定管刻度不均带来的误差。在同一次滴定中，初读数应使用同一种读数方法。读数应该读到小数点后第二位，如 20.92 毫升。

4.使用方法

(1)酸式滴定管

①检漏

先将活塞关闭,在滴定管内充满水,将滴定管夹在滴定管夹上。放置两分钟,观察管口及活塞两端是否有水渗出;将活塞转动 180°,再放置两分钟,看是否有水渗出。若前后两次均无水渗出,活塞转动也灵活,即可使用。

漏水处理:取下玻璃活塞,用滤纸或纱布擦干活塞及活塞槽。用手指将少量凡士林抹在活塞粗的一端,沿圆周涂一薄层,尤其在孔的近旁,不能涂多。将少量凡士林涂在活塞槽内壁上,涂完以后将活塞插入槽内,插时活塞孔应与滴定管平行,然后转动活塞,从外面观察活塞与活塞槽接触的地方是否呈透明状态,转动是否灵活,并检查活塞是否漏水。如不合要求则需要重新涂凡士林。

若活塞孔或玻璃尖嘴被凡士林堵塞,可将滴定管充满水后,将活塞打开,用洗耳球在滴定管上部挤压、鼓气,一般情况下可将凡士林排出。若还不能把凡士林排出,可将滴定管尖端插入热水中温热片刻,然后打开活塞,使管内的水突然流下,将软化的凡士林冲出,并重新涂抹、试漏。

②装液

在滴定管内加入所装溶液约 5～6 mL,然后两手平端滴定管,慢慢转动,使溶液流遍全管,打开滴定管的活塞,使润洗液从管口下端流出,如此润洗 2～3 次,以保证溶液装入后的浓度不变,减少误差。装液时要直接将滴定液从容器中加到滴定管中,不要再经过漏斗等其他容器,以免污染滴定溶液。

③排除气泡

将滴定管充满溶液后,检查滴定管下端有无气泡存在,若有气泡,则右手拿滴定管上部无刻度处,并使滴定管倾斜 30°,左手迅速打开活塞,使溶液冲出管口,反复数次,即可达到排除气泡的目的。

④滴定操作

滴定最好在锥形瓶或碘量瓶中进行,必要时可在烧杯中进行。滴定时将滴定管固定在滴定管架上。

使用酸式滴定管时,左手握滴定管活塞处,拇指在前,食指和中指在后,三指拿住活塞柄,手指稍微弯曲,轻轻向内扣住活塞,注意手心悬空不可触及活塞,以免触动活塞而造成漏液。操作方法如图 1.2.3.9 所示。

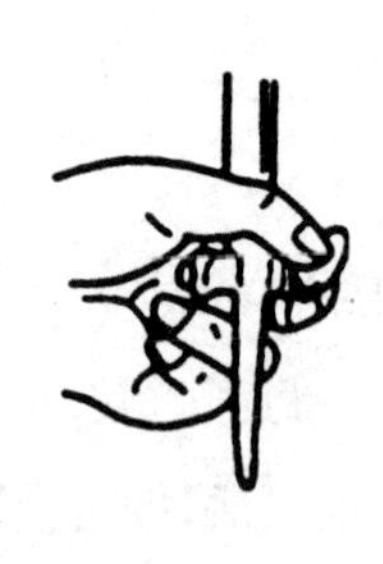

图 1.2.3.9 酸式滴定管的操作

用右手拇指、食指和中指拿住锥形瓶，其余两指在下侧辅助握瓶。左手握滴定管，滴加溶液的同时要摇动锥形瓶，使滴下去的溶液尽快混合均匀。右手摇瓶时，应微动腕关节，使溶液向同一方向旋转，注意不要使瓶口碰撞滴定管，滴定速度一般控制在每秒 3～4 滴。当瓶中溶液局部变色，摇动后消失时，即为接近终点，此时应加一滴摇一摇，待需摇 2～3 次后颜色才能消失时，临近终点。可用洗瓶冲洗锥形瓶内壁口，若仍未呈现终点颜色，可控制活塞流出半滴，用锥形瓶内壁将其沾落，用洗瓶冲洗锥形瓶内壁，直到出现终点颜色。为了便于观察终点颜色变化，可在锥形瓶下面衬一张白纸或白瓷板。

(2)碱式滴定管

①检漏

检查橡皮管是否老化、变质；玻璃珠是否适当，玻璃珠过大，则不便操作，过小，则会漏水。在滴定管中装满蒸馏水至零刻度，放置 2 分钟，观察液面是否下降。

漏水处理：可将橡皮管中的玻璃珠稍加转动，或略微向上推或向下移动一下，若处理后仍然漏水，则需要更换玻璃珠或橡皮管。

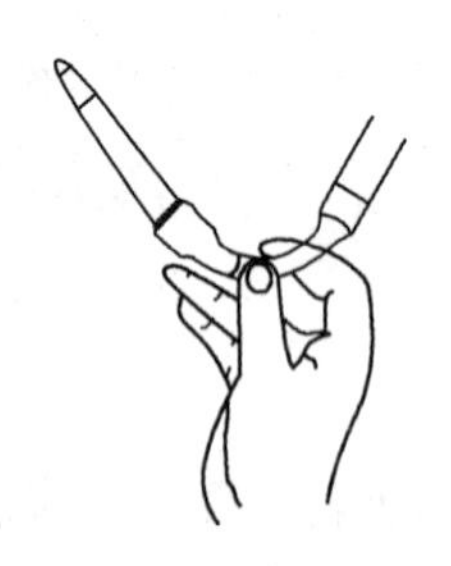

图 1.2.3.10 碱式滴定管排气泡法

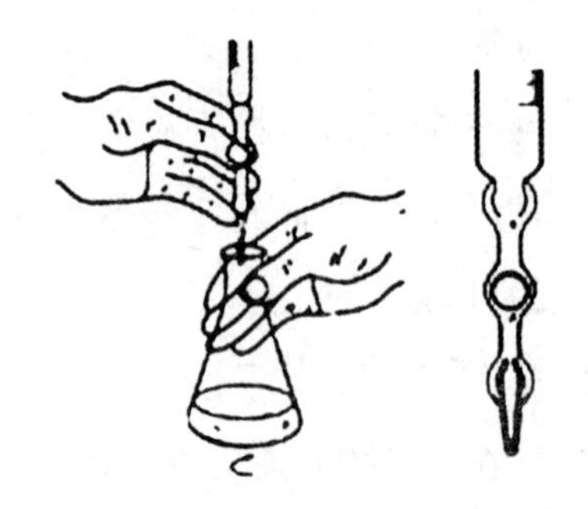

图 1.2.3.11 碱式滴定管的操作

②装液和排气泡

洗净的滴定管先用待装溶液洗涤 3 次，用量依次为 10、5、5(mL)左右。滴定管装入操作溶液后，应先观察出口下端的滴头和乳胶管内是否存在气泡。若有气泡，则将胶管向上弯曲，右手拇指和食指捏住玻璃珠向一侧捏挤胶管，使溶液从管口涌出，以便排出气泡（如图1.2.3.10所示），然后调节管内液面至“0.00”毫升或接近零刻度处备用。

③滴定操作

滴定时，将滴定管固定在滴定管架上，右手持锥形瓶，左手控制滴定管中溶液的流速。用左手拇指和食指捏住玻璃球上半部分或一侧，捏挤乳胶管，使玻璃球与乳胶管之间形成缝隙，溶液便可流出，边滴边摇（如图1.2.3.11所示）。通过调整捏力的大小调节流量，但不宜用力过猛，致玻璃球上下移动，以免松开手时进入空气。滴定完毕，若滴头下端有空气时，轻轻挤压玻璃球上侧，使其微微下移，排出下端空气后再读数。

滴定时，注意不要捏挤玻璃珠下部胶管，以免空气进入而形成气泡，影响读数。需要使用半滴溶液时，轻轻捏挤胶管，使溶液悬挂在出口管嘴上，形成半滴，用锥形瓶内壁将其沾落，用洗瓶吹洗锥形瓶内壁，摇匀即可。

到达终点滴定结束后，应弃去滴定管内剩余的溶液，不要将其倒回原瓶中。依次用自来水、蒸馏水冲洗数次，倒立夹在滴定管架上，便于下次使用。

1.2.4 固液分离和沉淀洗涤

溶液与沉淀的分离方法有三种：倾析法、过滤法、离心分离法。

（一）倾析法（Decantation）

当沉淀的相对密度较大或结晶的颗粒较大，静止后能很快沉降至容器底部时，可用倾析法将沉淀上部的溶液倾入另一容器中而使沉淀与溶液分离，操作如图1.2.4.1所示。如需洗涤沉淀时，向盛沉淀的容器内加入少量水或洗涤液，将沉淀搅动均匀，待沉淀沉降到容器的底部后，再用倾析法分离。反复操作两三次，即能将沉淀洗净。如果要把沉淀转移到滤纸上，可先用洗涤液将沉淀搅起，将悬浮液倾倒滤纸上，这样大部分沉淀就可从烧杯中移走，然后用洗瓶中的水冲下杯壁和玻璃棒上的沉淀，再行转移。

图1.2.4.1 倾析法

（二）过滤法（Filtration）

过滤法是固液分离较常用的方法之一。溶液和沉淀的混合物通过过滤器（如滤纸）时，沉淀留在过滤器上，溶液则通过过滤器，过滤后所得的溶液叫作滤液。溶液的黏度、温度、过滤时的压力及沉淀物的性质、状态、过滤器孔径大小都会影响过滤速度。溶液的黏度越大，过滤越慢；热溶液比冷溶液容易过滤；减压过滤比常压过滤快。如果沉淀呈胶体状态时，易穿过一般过滤器（滤纸），应先设法将胶体破坏（如用加热法）。常用的过滤方法有常压过滤、减压过滤和热过滤三种。

1. 常压过滤

使用玻璃漏斗和滤纸进行过滤。滤纸按用途分定性、定量两种;按滤纸的空隙大小,又分快速、中速、慢速三种。

过滤时,把一圆形或方形滤纸对折两次成扇形(方形滤纸需剪成扇形),展开使之呈锥形,且恰能与60°角的漏斗相密合,如图1.2.4.2所示。如果漏斗的角度大于或小于60°,应适当改变滤纸折成的角度,使之与漏斗相密合。滤纸边缘应略低于漏斗边缘,然后在三层滤纸的那边将外两层撕去一小角,用食指把滤纸按在漏斗内壁上,用少量蒸馏水润湿滤纸,再用玻璃棒轻压滤纸四周,赶走滤纸与漏斗壁间的气泡,使滤纸紧贴在漏斗壁上。过滤时,漏斗要放在漏斗架上,并使漏斗管的末端紧靠接受器内壁。先倾倒溶液,后转移沉淀。转移时应使用玻棒,应使玻棒接触三层滤纸处,漏斗中的液面应低于滤纸边缘,如图1.2.4.3所示。如果沉淀需要洗涤,应待溶液转移完毕,再将少量洗涤液倒入沉淀上,然后用玻璃棒充分搅动,静置一段时间,待沉淀下沉后,将上层清液倒入漏斗。洗涤两三遍,最后把沉淀转移到滤纸上。

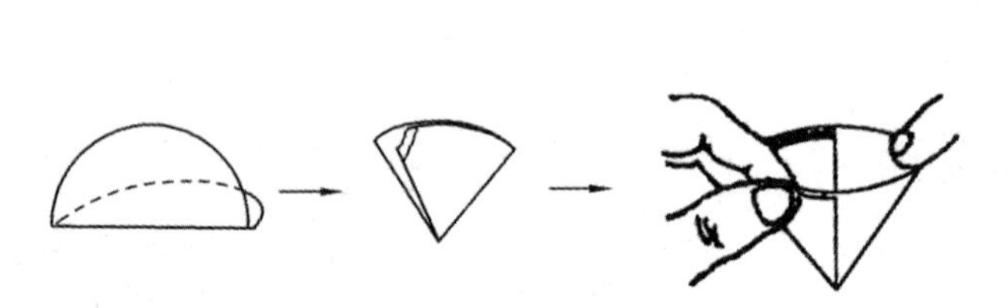

图1.2.4.2　滤纸的折叠方法

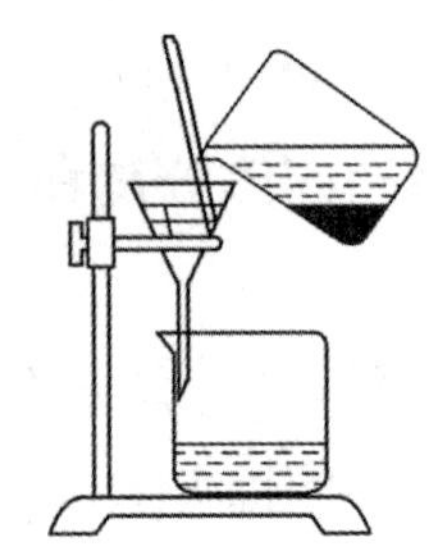

图1.2.4.3　常压过滤

2. 减压过滤

减压过滤(简称“抽滤”)可缩短过滤时间,并可把沉淀抽得比较干燥,但它不适用于胶状沉淀和颗粒太细的沉淀的过滤。利用水泵中急速的水流不断将空气带走,从而使吸滤瓶内的压力减小,在布氏漏斗内的液面与吸滤瓶之间造成一个压力差,提高了过滤的速度。在连接水泵的橡皮管和吸滤瓶之间安装一个安全瓶,用以防止关闭水阀或水泵后流速改变引起的自来水倒吸入吸滤瓶。在停止过滤时,应先从吸滤瓶上拔掉橡皮管,然后再关闭自来水龙头,以防止自来水倒吸入瓶内。抽滤用的滤纸应比布氏漏斗的内径略小,但又能把瓷孔全部盖没。将滤纸放入并润湿后,慢慢打开自来水龙头,先稍微抽气使滤纸紧贴,然后用玻璃棒往漏斗内转移溶液,注意加入的溶液不要超过漏斗容积的2/3。开大水龙头,等溶液抽完后再转移沉淀。继续减压抽滤,直至沉淀抽干。滤毕,先拔掉橡皮管,再关水龙头。用玻璃棒轻轻揭起滤纸边缘,取出滤纸和沉淀,滤液则由吸滤瓶的上口倾出。洗涤沉淀时,应关小水龙头或暂停抽滤,加入洗涤剂使其与沉淀充分接触后,再开大水龙头将沉淀抽干。在有强碱、酸、酸酐、氧化剂等存在时，由于它们能腐蚀普通滤纸，故不能使用布氏漏斗抽滤，可改用砂芯漏斗抽滤（如图 1.2.4.4 所示）。砂芯漏斗又称玻砂滤器，其滤板是用玻璃粉末在高温下熔结而成的。按照滤板微孔的孔径，由大至小共分为六级，分别用 G1 至 G6（或 1 号至 6 号）来表示。G1 型的孔径最大，G6 型孔径最小。G3 型相当于中速滤纸，用于过滤粗晶形沉淀物。较细的晶形或胶状的沉淀物一般选用 G4 型或 G5 型。使用砂芯漏斗，需要用抽气法过滤，其抽滤操作比较方便。

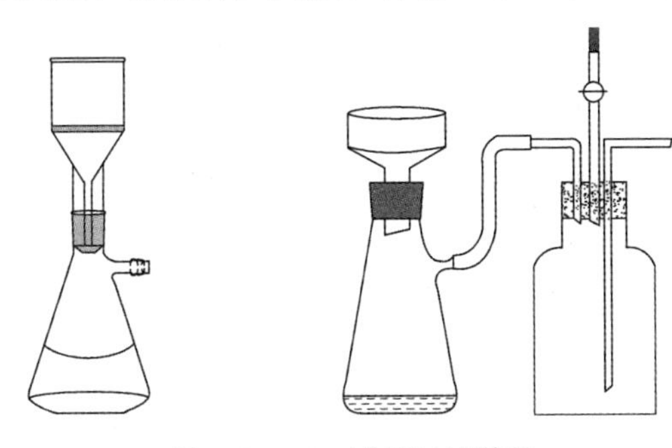

图 1.2.4.4　减压过滤装置

3. 热过滤

当溶质的溶解度对温度极为敏感易结晶析出时，可用如图 1.2.4.5 所示热滤漏斗过滤（热过滤）。把玻璃漏斗放在金属制成的外套中，底部用橡皮塞连接并密封，夹套内充水至约 2/3 处，灯焰放在夹套支管处加热。这种热滤漏斗的优点是能够使待滤液一直保持或接近其沸点，尤其适用于滤去热溶液中的脱色炭等细小颗粒的杂质。缺点是过滤速度慢，在目前的使用中已受到限制。

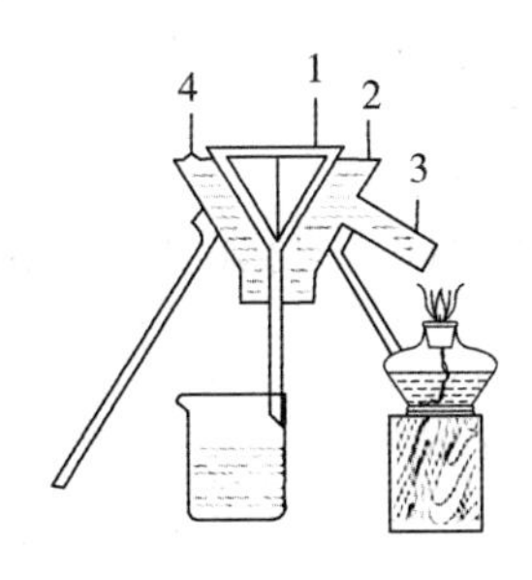

1. 玻璃漏斗　2. 铜制外套　3. 铜支管　4. 注水孔

图 1.2.4.5　热过滤

(三)离心分离法(Centrifugal Separation)

当被分离的沉淀量很少时，使用一般的方法过滤后，沉淀会粘在滤纸上，难以取下，这时可以用离心分离。实验室内常用电动离心机进行分离。电动离心机使用时，将装试样的离心管放在离心机的套管中，套管底部先垫些棉花。为了使离心机旋转时保持平稳，几个离心管应放在对称的位置上，如果只有一个试样，则在对称的位置上放一支离心管，管内装等量的水。电动离心机转速极快，要注意安全。放好离心管后，应盖好盖子。先慢速后加速，停止时应逐步减速，最后任其自行停下，决不能用手强制它停止。离心沉降后，要将沉淀和溶液分离时，左手斜持离心管，右手拿毛细滴管，把毛细滴管伸入离心管，末端恰好进入液面，取出清液。在毛细滴管末端接近沉淀时，要特别小心，以免沉淀也被取出。沉淀和溶液分离后，沉淀表面仍含有少量溶液，必须经过洗涤才能得到纯净的沉淀。为此，往盛沉淀的离心管中加入适量的蒸馏水或洗涤用的溶液，用玻棒充分搅拌后，进行离心分离。用吸管将上层清液取出，再用上述方法操作2～3遍。

图 1.2.4.6　离心机

1.2.5　干燥

干燥是有机化学实验室常用的基本操作之一。对实验得到的有机化合物通常需要测定其物理常数，如测定其沸点、熔点、折光率等。为确保测定结果的准确性，一般需先对样品进行干燥处理，除去少量水分。对液体有机物在蒸馏前也应进行干燥处理，以减少前馏分，避免物料的损失。有时也可通过干燥破坏某些液体有机物与水形成的共沸混合物。另外有许多有机反应会受少量水分的严重干扰，需要在“绝对”无水的条件下进行，不但所有的物料及溶剂需要干燥，而且还要保证反应体系的充分干燥，防止空气中的湿气进入反应容器中，如在格式试剂的制备实验中，试剂干燥与否是决定实验成败的关键。因此，在有机化学实验中，试剂和产品的干燥具有十分重要的意义。

(一)液体有机物的干燥

根据作用原理的不同，干燥方法可分为物理干燥法和化学干燥法两种。

1. 物理干燥法

物理干燥法有吸附、分馏、共沸蒸(分)馏等。常用的吸附剂有分子筛、离子交换树脂等。

离子交换树脂是一种不溶于水、酸、碱和有机物的高分子聚合物，可制成细小的球状粒子，内有很多空隙，能吸附水分子。吸附水分子后的树脂在加热至150℃以上时，可将吸附的水分释出，重新恢复吸附功能，可循环使用。分子筛是多水硅铝酸盐的晶体，因取材及处理方法不同有若干类型和型号，晶体内部有许多与外界相通的、孔径大小均一的孔道和大量的孔穴，它允许体积小于孔径的分子进入，而把体积大于孔径的分子阻于其外，从而达到将不同大小的分子“筛分”的目的。选用合适型号的分子筛，浸入待干燥的液体中，密封放置一定时间后分离，即可除去液体中的少量水分或其他溶剂。吸附水分子后的分子筛可经加热超过 350℃进行解吸，活化后可重新使用。分子筛干燥的主要优点是选择性高，干燥效果好，可在 pH 5～10 的介质中使用。

表 1.2.5.1 常用分子筛的吸附作用

类型	孔径/nm	能吸附分子	不能吸附分子
3A	0.32～0.33	H_2、N_2、O_2、H_2O	C_2H_2、C_2H_4 CO_2、NH_3 及更大分子
4A	0.42～0.47	CH_3OH、C_2H_5OH、CH_3NH_2、CH_3Cl、CH_3Br、C_2H_2、CO_2、He、Ne、CS_2、NH_3 及可被 3A 吸附的分子	
5A	0.49～0.55	C_3～C_{14} 直连烷烃、C_2H_5Cl、C_2H_5Br，以及能被 3A、4A 吸附的物质	$(n-C_4H_9)_2NH$ 及更大的分子
13X	0.90～1.0	小于 1 nm 的各种分子	$(C_4H_9)_3N$

2. 化学干燥法

化学干燥法是将干燥剂直接加入待干燥的液体中，利用干燥剂与液体中的水分发生作用而除去水分达到干燥目的。按作用原理不同可将干燥剂分成两类：第一类是能与水可逆地结合生成含不同数目结晶水的化合物，其特点是干燥容量较大，干燥效能差，不能除去全部水分，如无水氯化钙、无水硫酸镁等，在蒸馏前应将干燥剂滤除。第二类是与水发生不可逆化学反应的物质，其特点是干燥容量很小，干燥效能很高，除水彻底，如金属钠、五氧化二磷、氧化钙等。干燥后不必滤除，直接蒸馏即可。目前实验室中应用最为广泛的是第一类干燥剂。

(1)干燥剂的选择

干燥液体有机化合物时，通常只需将适量的干燥剂与液体有机化合物充分混合，使干燥剂仅与有机液体中的水发生作用而除水。因此，所选的干燥剂必须是不与被干燥成分发生反应或催化作用，不溶于有机液体。例如醇类、胺类易与氯化钙形成配合物，因而不能用氯化钙来干燥。强碱性干燥剂，如氢氧化钾、氢氧化钠，能催化某些醛类或酮类发生缩合、自动氧化等反应，也能使酯和酰胺发生水解反应。氢氧化钾、氢氧化钠还能显著地溶于低级醇中，使用中都应加以注意。适宜各类有机物使用的常用干燥剂见表 1.2.5.2 所示。

表 1.2.5.2 各类有机化合物常用干燥剂

化合物类型	常用干燥剂
烃	$CaCl_2$、Na、P_2O_5
卤代烃	Na_2SO_4、$MgSO_4$、$CaCl_2$、CaH_2、P_2O_5
醇	Na_2SO_4、$MgSO_4$、K_2CO_3、CaO、Mg
醚	$CaCl_2$、Na、P_2O_5
醛	Na_2SO_4、$MgSO_4$
酮	Na_2SO_4、$MgSO_4$、K_2CO_3、$CaCl_2$
酸、酚	Na_2SO_4、$MgSO_4$
酯	Na_2SO_4、$MgSO_4$、K_2CO_3
胺	K_2CO_3、CaO、NaOH、KOH

在使用干燥剂时，还要考虑干燥剂的吸水容量和干燥效能。吸水容量是在一定温度下单位重量的干燥剂所能吸收水的最大量；干燥效能是指干燥剂的可逆水合反应达到平衡时液体的干燥程度，它常用平衡时结晶水的蒸气压来表示。例如，硫酸钠形成 10 个结晶水的水合物，其吸水容量达 1.25，氯化钙最多能形成 6 个结晶水的水合物，其吸水容量为 0.97。两者在 25℃时结晶水的蒸气压分别为 0.26 kPa 和 0.04 kPa。因此，硫酸钠的吸水量较大，但干燥性能差；而氯化钙的吸水量较小，但干燥性能强。干燥液体有机化合物的原则是先用吸水量大的第一类干燥剂除去有机液体中大部分的水，然后再用干燥性能强的第二类干燥剂彻底干燥。

(2)干燥剂的用量

根据实际操作情况(如萃取分离是否彻底等)和水在液体化合物中的溶解度估算含水量，再根据干燥剂的吸水容量和需要干燥的程度，估算所需要的干燥剂的最低需用量，而实际所用干燥剂的量往往是其最低需用量的数倍。一般对于含亲水基团的(如醇、醚、胺等)化合物，干燥剂过量要多些，不含亲水基团的化合物(如烃、卤代烃等)可过量少些。当然，干燥剂也不是用得越多越好，因为过多的干燥剂也会吸附一部分被干燥成分，造成不必要的损失。一般干燥剂的用量是每 10 毫升液体加入 0.5～1 克干燥剂。但由于液体中的水分含量不同，干燥剂的效能和质量不同，很难规定具体的使用数量，在实际操作中，其用量主要是个人根据经验来判断。通常采用“少量多次，分批加入”的方法加干燥剂。在加了一定量的干燥剂 30 min 后，若干燥剂附着瓶壁，相互粘结成块状，晶体棱角模糊，说明干燥剂的用量不足，需继续补加。有时在干燥前，液体混浊，干燥后变为澄清。应该注意，澄清并不一定说明它不含水，澄清与否主要与水在该化合物中的溶解度有关。

温度对干燥剂效能有较大影响。温度越高，水的蒸气压越大，第一类干燥剂的效能越低，因而常在室温下用这种干燥剂进行干燥，在蒸馏前必须将干燥剂过滤掉；温度能加速化学反应的进行，温度越高，第二类干燥剂的吸水作用越强，因而在使用第二种干燥剂时常需要加热回流来提高干燥效果。

干燥的时间对干燥的效果影响也很大。第一类干燥剂与水的反应常是多步连续的可逆反应，这些反应在室温下达到平衡需要较长的时间，因此常需要将其与液体有机物的混合物长时间均匀混合(通常在室温下放置过夜)，以便发挥其最大的效能。在使用第二类干燥剂时，常需要将其与液体有机物加热回流至少 30 min，然后蒸馏出液体有机物即可彻底除去其中微量的水分，剩余的干燥剂可以连续使用。

(3)操作步骤与要点

①首先把被干燥液体中的水分尽可能除净，不应有任何可见的水层或悬浮水珠。

②把待干燥的液体放入锥形瓶中，取颗粒大小合适(如无水氯化钙，应为黄豆粒大小并不夹带粉末)的干燥剂，放入液体中，用塞子盖住瓶口，轻轻振摇，经常观察，判断干燥剂是否足量，静置(1～2 小时，最好过夜)，并时时加以震摇。

③把干燥好的液体滤入蒸馏瓶中，然后进行蒸馏。

(二)固体有机化合物的干燥

干燥固体有机化合物，主要是为除去残留在固体中的少量低沸点溶剂，如水、乙醚、乙醇、丙酮、苯等。由于固体有机物的挥发性比溶剂小，所以采取蒸发和吸附的方法来达到干燥的目的。固体的干燥方法很多，需根据所含溶剂和固体的性质来选择，常用的方法有以下几种：

1. 室温晾干

对热稳定性较差且不易吸潮的固体有机物或结晶中吸附有易燃和易挥发的溶剂，如乙醚、石油醚、丙酮等时，可先将样品转移至表面皿或滤纸上，铺成薄薄一层，再用一张滤纸覆盖以免灰尘玷污，然后在室温下放置即可。

2. 加热烘干

对于热稳定化合物，可将化合物在低于其熔点的温度下进行干燥。实验室常用红外灯、恒温烘箱等干燥。在烘干过程中，要注意控制温度并经常翻动固体。另需注意的是，由于溶剂的存在，结晶可能在较其熔点低得多的温度下就开始熔化，因此必须注意控制温度。

3. 干燥器干燥

对于热稳定性差或易吸湿的固体，可采用干燥器（真空）干燥。用干燥器干燥时要使用干燥剂，干燥剂与被干燥固体互不接触，固体中的水分或溶剂逐渐被干燥剂吸收而得到干燥。因此，对干燥剂的选择主要是考虑样品所含的溶剂是否能有效被干燥剂吸收，如氧化钙可吸水或酸，五氧化二磷可吸水等，表 1.2.5.3 列出了干燥器中常用的干燥剂。

表 1.2.5.3 干燥器常用干燥剂

干燥剂	可吸收的溶剂
石灰	水、醋酸等
无水氯化钙	水、醇
固体氢氧化钠	水、醋酸、氯化氢、酚、醇
浓 H_2SO_4	水、醋酸、醇
五氧化二磷	水、醇
石蜡片	醇、醚、石油醚、苯、甲苯、氯仿、四氯化碳
硅胶	水

(1)普通干燥器（如图 1.2.5.1）

为一磨砂口密封的容器，干燥剂放在底部，被干燥固体内置于瓷盘上。

(2)真空干燥器（如图 1.2.5.2）

其与普通干燥器相似，只是顶部有带活塞的导气管，可接真空泵抽真空，干燥效率较普通干燥器好。

图 1.2.5.1 普通干燥器

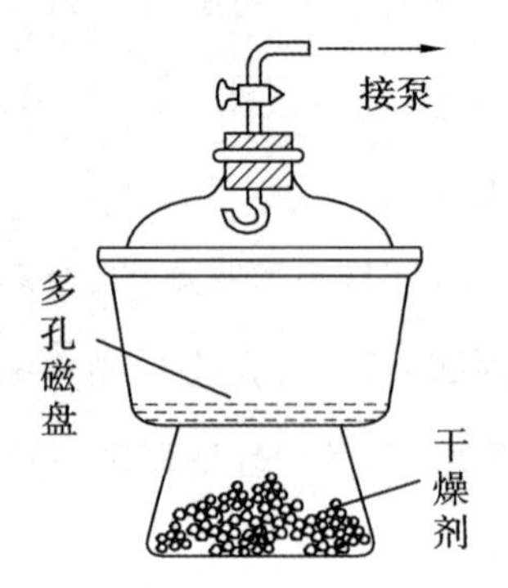

图 1.2.5.2 真空干燥器

(3)真空恒温干燥器（干燥枪）（如图 1.2.5.3）

对于用其他干燥方法不能达到要求的样品，可以使用真空恒温干燥器。其优点是干燥效率高，但只适用于少量样品的干燥。

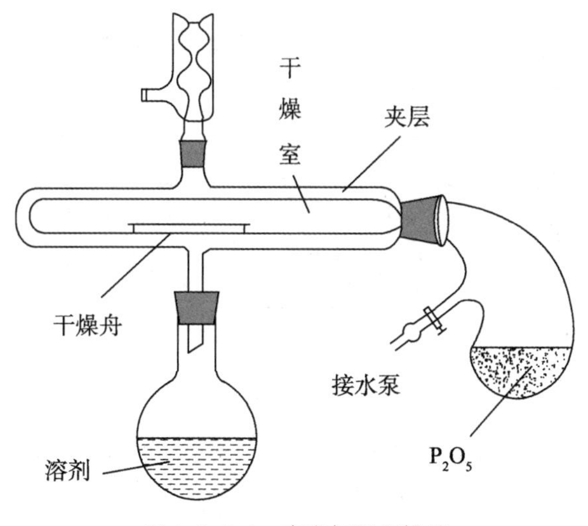

图 1.2.5.3　真空恒温干燥器

(4)真空冷冻干燥

真空冷冻干燥技术是将湿物料或溶液在较低的温度(−10～−50℃)下冻结成固态，然后在真空(1.3～13Pa)下使其中的水分不经液态直接升华成气态，最终使物料脱水的干燥技术。

冷冻干燥的优点：真空冷冻干燥在低温、低压下进行，而且水分直接升华，因此赋予产品许多特殊的性能。如真空冷冻干燥技术对热敏性物质亦能脱水比较彻底，且经干燥的产品十分稳定，便于长时间贮存。由于物质的干燥在冻结状态下完成，与其他干燥方法相比，物质的物理结构和分子结构变化极小，其组织结构和外观形态被较好地保存。在真空冷冻干燥过程中，物质不存在表面硬化问题，且其内部形成多孔的海绵状，因而具有优异的复水性，可在短时间内恢复干燥前的状态。由于干燥过程是在很低的温度下进行，而且基本隔绝了空气，因此有效地抑制了热敏性物质发生生物、化学或物理变化，并较好地保存了原料中的活性物质，以及保持了原料的色泽。

(三)气体的干燥

在有机实验中常用气体有 N_2、O_2、H_2、Cl_2、NH_3、CO_2，有时要求气体中含很少或几乎不含 CO_2、H_2O 等，在使用前要进行干燥；有时在进行反应或蒸馏无水溶剂时，为避免空气中水汽的侵入，也需要对进入反应系统或蒸馏系统的空气进行干燥。

气体的干燥方法有冷冻法和吸附法两种，冷冻法是使气体通过冷阱，气体受冷而使大部分水汽冷凝下来留在冷阱中，从而达到干燥的目的。吸附法是使气体通过吸附剂或干燥剂，使其中的水汽被吸附或与干燥剂作用而达到干燥目的。干燥剂的选择原则与液体干燥时的干燥剂选择原则相似。常用气体干燥剂列于表 1.2.5.4。

表 1.2.5.4　气体干燥常用干燥剂

干燥剂	可干燥气体
石灰、碱石灰、固体氢氧化钠(钾)	NH_3,胺类
无水氯化钙	H_2、HCl、CO_2、CO、SO_2、N_2、O_2、低级烷烃、醚、烯烃、卤代烃
P_2O_5	H_2、N_2、O_2、CO_2、SO_2、烷烃、乙烯
浓 H_2SO_4	H_2、N_2、HCl、CO_2、Cl_2、烷烃
$CaBr_2$、$ZnBr_2$	HBr

干燥气体常用仪器有干燥管、干燥塔、U 型管、各种洗气瓶(常用来盛液体干燥剂)等。

1.2.6　加热

加热是促进和控制有机化学反应常用的操作技术。有的反应在室温下难以进行或反应较慢,常需加热来加快化学反应。另外,在其他一些基本操作过程中如溶解、蒸馏、回流、重结晶等,也会用到加热操作。

加热时,可根据所用物料的不同和反应特性,选择以下各种热源和加热方法。

(一)热源

1. 酒精灯　酒精灯的加热温度可为 400～500℃,适用于加热温度不太高的实验。一般用温度较高的外焰加热。

2. 煤气灯　煤气灯(如图 1.2.6.1)加热最高可达 1000℃,煤气灯的火焰温度可随调节通气量的增减而不同,多用于加热高沸点溶液。当加热烧杯、烧瓶等玻璃仪器时,必须垫隔石棉网。

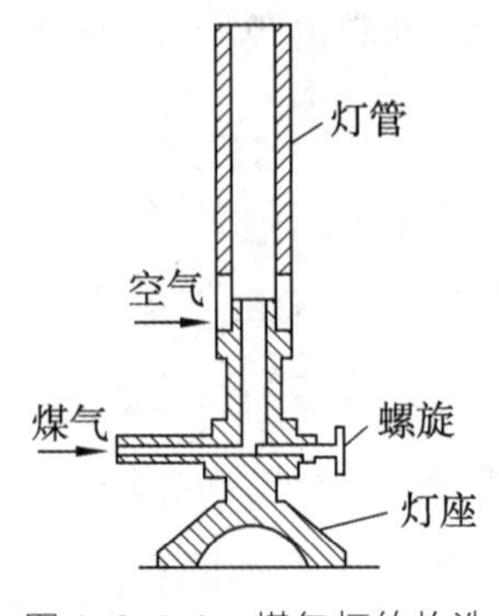

图 1.2.6.1　煤气灯的构造

使用完毕，应先关闭煤气管道开关，使火焰熄灭，再将螺旋阀旋紧。煤气中含有大量的 CO，应注意切勿让煤气逸散到室内，以免发生中毒或引起火灾。若容器中有低沸点易燃的溶剂，则不能用煤气灯直接加热，须水浴加热。

3. 电热套　电热套(如图 1.2.6.2)是有机化学实验室中常用的一种热源，是属于比较好的空气浴加热方式，它是由玻璃纤维和电热丝织成的碗状半圆形的加热器。加热温度的高低可由相应的控制装置调节，可以加热到 400℃，一般 80～250℃进行的反应可以使用电热套。电热套具有无明火不易引起火灾、加热均匀、热效率高等特点，可以加热和蒸馏易燃有机物，也可加热沸点较高的化合物，适用范围较广，使用方便。但要注意，被加热的容器大小应与电热套的规格相符，玻璃仪器应与电热套内壁间保持约 1～2 cm，使中间间隙充满热空气。使用时，不可将药品洒在电热套内，以免药品挥发而污染环境或腐蚀电热丝。

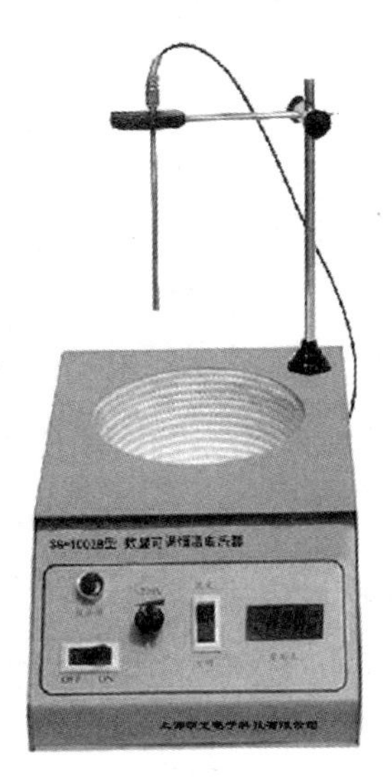

图 1.2.6.2　电热套

4. 微波炉　利用微波炉辐射出高频率(300～300000 MHz)的电磁波对物质进行加热，在微波作用下的化学反应速率较传统的加热方法快几倍甚至上千倍，具有易于操作、热效率高、节能等特点。自 1986 年以来，微波在有机合成方面发展迅速，也已涉及有机化学的方方面面，展现了它广泛的应用前景。

(二)加热方法

玻璃仪器一般不能用火焰直接加热，以免加热不均匀造成有机物的分解和仪器的损坏；也不可用火焰直接加热沸点较低、易燃的有机溶剂。故有机化学实验室中，常用各种热浴来加热，通过相应的传热介质(如水、油、沙等)来传导热，这都属于间接加热法。

1. 通过石棉网加热　这是实验室最简单的加热方式。将石棉网放在铁圈或三脚架上，用酒精灯或煤气灯火焰从下方加热。受热的烧瓶与石棉网之间应留有一定的空隙，防止局部过热。因该方法加热不够均匀，在减压蒸馏和低沸点易燃物的蒸馏中，不宜采取此加热方式。

2. 水浴加热　若加热温度在 80℃以下，可选择水浴加热。将盛有样品的玻璃仪器放在水浴中，加热时热浴的热水面应略高于容器中的液面。若水浴长时间加热，水浴中的水会大量蒸发，因此应往水浴锅里补充水。为了减少水的蒸发，可用水浴锅所配的环形圆圈将其覆盖，也可在水面上加几片石蜡，使石蜡熔化后铺在水面上。对于加热像乙醚等低沸点易燃溶剂时，应预先加热好水浴。另外，在水中加入各种无机盐（如 $NaCl$，$CaCl_2$ 等）使之饱和，则水浴温度可提高到 100℃以上。

3. 油浴加热　加热温度在 100～250℃时可选择油浴，常用的油类有植物油、液体石蜡、甘油、硅油等。油的种类决定着油浴所能达到的最高温度。例如，甘油和邻苯二甲酸二丁酯的混合液适用于加热到 140～180℃；植物油如菜油、花生油和蓖麻油，可以加热到 220℃，常在植物油中加入 1%的对苯二酚等抗氧剂，以增加其热稳定性；液体石蜡也可加热到 220℃，但温度稍高则易燃烧；硅油和真空泵油在 250℃以上时较稳定，是理想的传热介质，但其价格较贵。

应当指出，要在油浴中放置温度计（温度计不要触及锅底），以便于调节和控制温度（反应烧瓶内的温度一般要比油浴低 20℃）。油浴中所用的油不能溅入水中，防止加热时产生爆溅。特别注意，油浴加热过程中，要防止火灾和油蒸气污染环境。

4. 沙浴加热　使用沙浴加热温度可达 350℃。一般将容器半埋在清洁、干燥的细沙中加热。沙浴的缺点是，沙对于热的传导能力较差且散热较快，温度不宜控制，故容器底部的沙要薄些，使之宜受热，而周围沙层要厚些，使热不易散失。在实验室中，沙浴一般较少使用。

5. 盐浴加热　盐浴加热范围为 150～500℃。盐浴加热一般使用熔融的盐作为传热介质，例如，使用等质量的 $NaNO_3$ 和 KNO_3 在 218℃熔化后的混合物，但须小心，因为熔融的盐若触及皮肤，会引起严重的烧伤。

另外，在非均相反应中，加热过程中还常伴随使用搅拌操作，如手工搅拌或振荡、电动搅拌、磁力搅拌等。无论用何种方法加热，都要遵守相关的安全事项，尽量做到加热均匀稳定，并且减少热损失。

1.2.7　萃取与洗涤

萃取是分离和提取有机化合物常用的基本操作之一。利用物质在两种互不相溶的溶剂中的溶解度不同来分离物质，据此原理从混合物中提取所需要的物质叫作萃取，而洗掉不需要的少量杂质就叫作洗涤。萃取与洗涤，原理相同但目的不同，洗涤实际上也是一种萃取。因此，本部分内容仅阐述萃取的操作方法，洗涤操作方法可参照进行。

萃取操作一般分为两种情况，即液液萃取和固液萃取。本部分仅阐述液液萃取，以说明萃取的基本原理和基本操作方法。

(一)基本原理

设溶液由有机化合物 X 溶解于溶剂 A 而成，现如果要从其中萃取出 X，我们可选择一种对 X 溶解度极好且与溶剂 A 不相混溶且不起化学反应的溶剂 B。把溶液放入分液漏斗中，加入溶剂 B，充分振荡。由于 A 与 B 不相混溶，静置一段时间后，分为两层。此时 X 在 A、B 两相间的浓度比，在一定温度和压力下为一常数，叫作分配系数，以 K 表示，这种浓度比关系称作分配定律。用公式表示：$K=C_A/C_B$。

其中的 C_A 和 C_B 分别表示 X 两溶剂中的浓度，单位 $g \cdot cm^{-3}$。注意，分配定律适用于所选用的溶剂 B 不与 X 起化学反应。

依照分配定律，要节省溶剂而提高萃取的效率，用一定量的溶剂 B 一次加入溶液中萃取，则不如把这个量的溶剂分成几份多次萃取效率高。

(二)萃取操作

1. 萃取剂的选择

选择有机溶剂做萃取剂时，要注意下面几点：(1)溶剂本身在水中的溶解度即溶剂与水接触时的损失大小，根据相似相溶原理，考虑被萃取物在两溶剂中的溶解度大小；(2)该萃取剂应具有一定的界面张力，振荡之后液滴容易聚结，且两溶剂存在一定密度差，有利于静置后的分层；(3)萃取剂应具有良好的化学稳定性，不容易分解和聚合；(4)从环保和节约的角度考虑萃取剂最后的回收，一般选择低沸点溶剂。

2. 分液漏斗的使用

(1)准备与检查　选用的分液漏斗，其容积应为被萃取液体体积的二倍以上。使用前，先检查分液漏斗上、下口是否漏液。

如果分液漏斗漏液，要在活塞处涂上凡士林。具体方法是，用小棒取一点凡士林涂在活塞的粗端，用手指把粗端涂匀，再在漏斗活塞孔的细端均匀地涂上凡士林(切忌涂的太多，以免堵塞小孔)，把活塞安装上，旋转活塞使凡士林均匀透明，然后套上橡皮筋，防止活塞松动脱落；最后，装入水检查活塞和上口塞子处是否漏水。

(2)装料　向分液漏斗注入液体前，应先关闭活塞；将其架在铁圈内或漏斗架上，使用普通漏斗，将溶液和萃取剂从分液漏斗的上口注入，然后盖好塞子。液体总体积不可超过分液漏斗容积的3/4。

(3)抓握方法　取下分液漏斗后旋紧漏斗塞子，以右手掌顶住后抓住漏斗(如图1.2.7.1)，而漏斗的活塞部分放在左手的虎口内，并用大拇指和食指握住活塞柄向内用力，中指垫在塞座旁边，无名指和小指在塞座另一边与中指一起夹住漏斗，左手掌悬空。

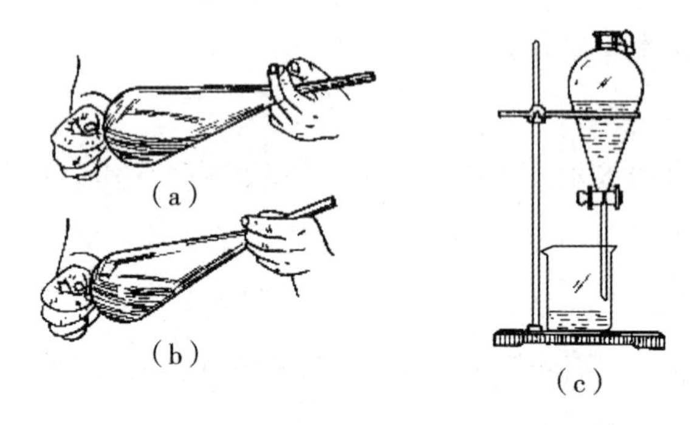

(a)转动萃取　(b)放气　(c)分液

图1.2.7.1　分液漏斗的使用

(4)振荡萃取　将漏斗的活塞部分抬高倾斜，使漏斗内的液体离开活塞部分。开始时轻轻振荡，振荡后漏斗仍保持倾斜状态，慢慢打开活塞(不可对着人)放气，关闭活塞。重复上述"振摇—放气—关闭活塞"的过程，直到没有气体放出为止，此时混合溶解已达平衡。

(5)静置分层　关好活塞，然后将漏斗竖置于铁圈内或漏斗架上，漏斗塞子上的槽对准漏斗上口上的小孔(若漏斗没有孔和槽，可将塞子拿掉)，静置一段时间。密度大的液体在下层。一定先要确认两相完全分层，再进行下一步分开液体的操作。

(6)分离液体　待两相完全分层，先打开顶塞，漏斗的下端要紧靠着接受器的内壁，然后打开活塞，使下层液体流入接受容器中。当液体界面接近活塞时，关闭活塞，轻轻摇转漏斗内的液体，而后静置片刻，待粘留在漏斗内壁上的下层液体聚集到漏斗底部后，再打开活塞放干净下层的液体。注意，原来的上层液体，一定要从分液漏斗的上口，倾出进入另一容器中。

(三)注意事项

1.根据外形不同，分液漏斗有球形、锥形和梨形三种。在有机化学实验中，分液漏斗主要的用途是：(1)分离两种互不相溶且不起反应的液体；(2)从溶液中萃取某种成分；(3)用水或碱或酸洗涤某种产品；(4)用来滴加某种试剂(即代替滴液漏斗)。

2.分液漏斗与一般玻璃相比，价格昂贵而且易碎。切勿把分液漏斗倒置，应把它放在一个铁圈上或漏斗支撑架或其他一些稳定装置上。

3. 用完分液漏斗后，应用水冲洗干净。使用分液漏斗需注意：①不能把活塞上附有凡士林的分液漏斗放在烘箱内烘干；②分离液体时，应将漏斗放在铁圈上或支撑架上进行，不能用手拿着来分液；③上口玻璃塞打开后才能开启活塞；④上层的液体不能从分液漏斗下口放出。特别注意，如长期存放分液漏斗，要将其玻璃塞用薄纸包裹后塞回去。

4. 若实验方案没有提供一定的萃取剂用量，通常采用与被萃取液等体积的萃取剂，萃取剂至少分开各半，两次萃取使用。

5. 从固体混合物中提取所需物质，使用索氏（Soxhlet）提取器是一种高效率的萃取方法。中草药有效成分的提取经常采用这一方法。

延伸阅读

索氏提取器

索氏提取器（如图 1.2.7.2）是由提取瓶、提取管、冷凝器三部分组成的，提取管两侧分别有虹吸管和连接管，各部分连接处要严密不能漏气。

萃取前，先将固体物质研碎，以增加固液接触的面积。然后将固体物质放在脱脂滤纸套内，置于提取器中，提取器的下端与盛有萃取剂（如石油醚）的提取瓶相连，上面接回流冷凝管。加热提取瓶，使萃取剂（石油醚）沸腾，蒸汽通过提取管上升，由连接管上升进入冷凝器，凝成液体滴入提取管内，浸提样品中的被萃取成分。当萃取剂液面超过虹吸管的最高处时，溶有萃取物的萃取剂（石油醚）经虹吸管流入提取瓶中，因而萃取出一部分物质。流入提取瓶内的萃取剂（石油醚）继续被加热气化、上升、冷凝，滴入提取管内，如此循环往复，使固体物质不断为纯的萃取剂所萃取，并将萃取出的物质富集在提取瓶中。

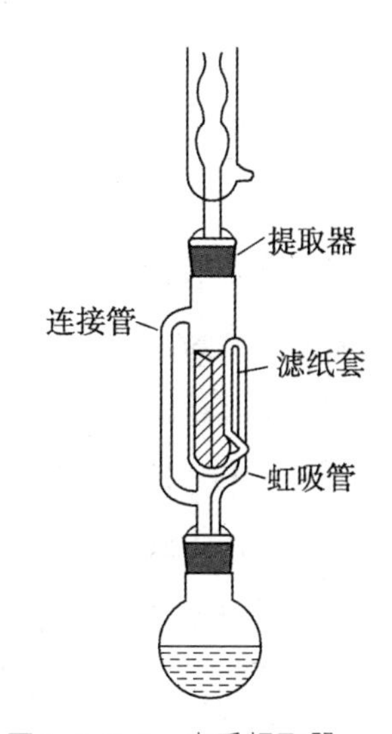

图 1.2.7.2　索氏提取器

这样，利用萃取剂回流及虹吸的原理，使固体物质连续不断地被纯萃取剂所萃取，既节约了萃取剂，又提高了萃取的效率。

（四）思考题

1. 萃取和洗涤有何异同点？萃取时应注意哪些事项？

2. 什么是分配系数？萃取操作中，如何判断萃取溶解达到平衡，可以进行分液操作了？这一标志是什么？

3. 若用有机溶剂萃取某水溶液，当不能确定哪一层是有机溶剂层时，怎样迅速作出判断？

4. 在分离液体的操作时，当两液体界面接近活塞时，关闭活塞后，静置片刻，再打开活塞放干净下层的液体。这样操作的目的是什么？

1.2.8 重结晶

假如第一次得到的晶体纯度不合乎要求，则可将所得晶体溶于适量热溶剂中达到饱和，冷却后因过饱和而结晶，利用溶剂对被提纯物质及杂质的溶解度不同，达到分离提纯的目的，此方法称为重结晶。重结晶的一般过程为：

1. 根据要求选择合适的溶剂。

2. 将不纯固体样品溶于适当溶剂制成热的近饱和溶液。

3. 如溶液含有有色杂质，可加活性炭脱色，将此溶液趁热过滤，以除去不溶性杂质。

4. 将滤液冷却，使结晶析出。

5. 抽气过滤，使晶体与母液分离。洗涤、干燥后测熔点，如纯度不合要求，可重复上述操作。

若杂质较易溶解，溶解结晶时，杂质仍留在母液中；若杂质较难溶解，则通过热过滤可除去杂质；若杂质的溶解度与被提纯物质相似，则重结晶分离杂质较困难，因此选择合适的溶剂是重结晶操作的关键，所选的溶剂必须具备下列条件：

1. 不与被提纯物质起化学反应。

2. 被提纯物的溶解度随温度变化较大。

3. 对杂质的溶解非常大或者非常小（前一种情况是使杂质留在母液中不随被提纯物晶体一同析出，后一种情况是使杂质在热过滤时被滤去）。

4. 容易挥发（溶剂的沸点较低），易与结晶分离除去。

5. 能给出较好的晶体。

6. 无毒或毒性很小，便于操作。

7. 价廉易得。

常用的重结晶溶剂有水、冰乙酸、甲酸、乙醇、丙酮、乙醚、氯仿、苯、四氯化碳、石油醚、二硫化碳等。

当一种物质由于在一些溶剂中的溶解度太大，而在另一些溶剂中的溶解度又太小，不能选择到一种合适的溶剂时，常可用混合溶剂。即把对此物质溶解度很大的和溶解度很小的而又能互溶的两种溶剂混合起来，这样可获得良好的溶解性能。常用的混合溶剂有：乙醇—水、乙醚—甲醇、乙酸—水、乙醚—丙酮等。

要使重结晶得到的产品纯度和回收率均较高，溶剂用量最关键。溶剂用量太大会增加溶解损失，太小在热过滤时会提早析出晶体带来损失。一般可比需要量多加 20%左右的溶剂。

1.2.9 升华

升华是指一种物质从固态不经过液态直接转化为气态的过程，是物质在温度和气压低于三相点时发生的一种物态变化。与升华相反的过程称作凝华，是指物质从气态直接变成固态的过程，如结霜。在化学实验中，常利用升华与凝华过程提纯固态物质。只有在熔点温度以下具有较高蒸气压（高于 2.67 kPa）的物质，才可用升华来提纯。在常压下不易升华的物质，可进行减压升华。

升华操作比重结晶简便，纯化后得到的产品纯度高，缺点是时间较长，产品的损失较大，一般只用于少量（1～2 g）物质的纯化。

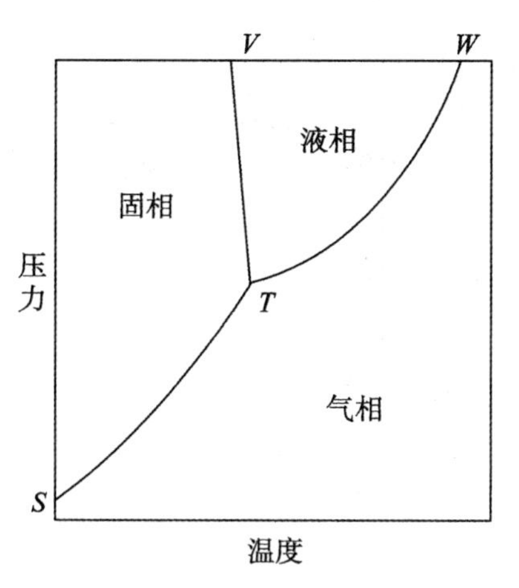

图 1.2.9.1　物质三相平衡图

图 1.2.9.1 为物质的气、液、固三相平衡图。图中 ST 曲线表示固相与气相平衡时固体的蒸气压曲线，TW 是液相与气相平衡时液体的蒸气压曲线，TV 曲线表示固、液两相平衡的温度和压力。三条曲线相交于 T 点，此点即为三相点。三相点时的压力是固、液、气三相时的平衡蒸气压，三相点时的温度和正常熔点的差别非常小（仅有几分之一度）。在三相点以下，物质只有固、气两相。升高温度，固相直接转变成蒸汽；降低温度，气相直转

变成固相。因此，凡是在三相点以下具有较高蒸气压的固态物质都可以在三相点温度以下进行升华提纯，且升华时要注意加热温度必须在熔点以下。

图 1.2.9.2(a)是实验室常用的常压升华装置。使用时，在蒸发皿中放入烘干、粉碎均匀、待精制的粗产物，并在上面覆盖一张刺有小孔的滤纸，在滤纸上倒置一个大小合适的玻璃漏斗，在漏斗颈口处塞些棉花，以减少蒸汽外逸。

在石棉网上慢慢加热蒸发皿，小心调节火焰(或用电热套加热)，控制浴温低于被升华物质的熔点，使其慢慢升华。蒸气通过滤纸小孔上升，遇到冷的漏斗内壁，即凝结为晶体，附在滤纸上或漏斗壁上。必要时可用湿布冷却漏斗外壁。

升华大量物质可在烧杯中进行，如图 1.2.9.2(c)所示，烧杯上放置烧瓶，然后烧瓶中通水进行冷却。烧杯下用热源加热，蒸汽遇水冷却、析出附着在烧瓶底部。

在空气或惰性气体流中进行升华的装置如图 1.2.9.2(b)所示。在锥形瓶上装一个打有两个孔的塞子，其中一个孔插入玻璃管，以导入气体；另一孔连接一个接液管，接液管大口端伸入圆底烧瓶中，烧瓶口塞一点玻璃毛或棉花。开始升华时即通入气体，带出升华的物质，其遇到冷水冷却的烧瓶内壁便凝结。

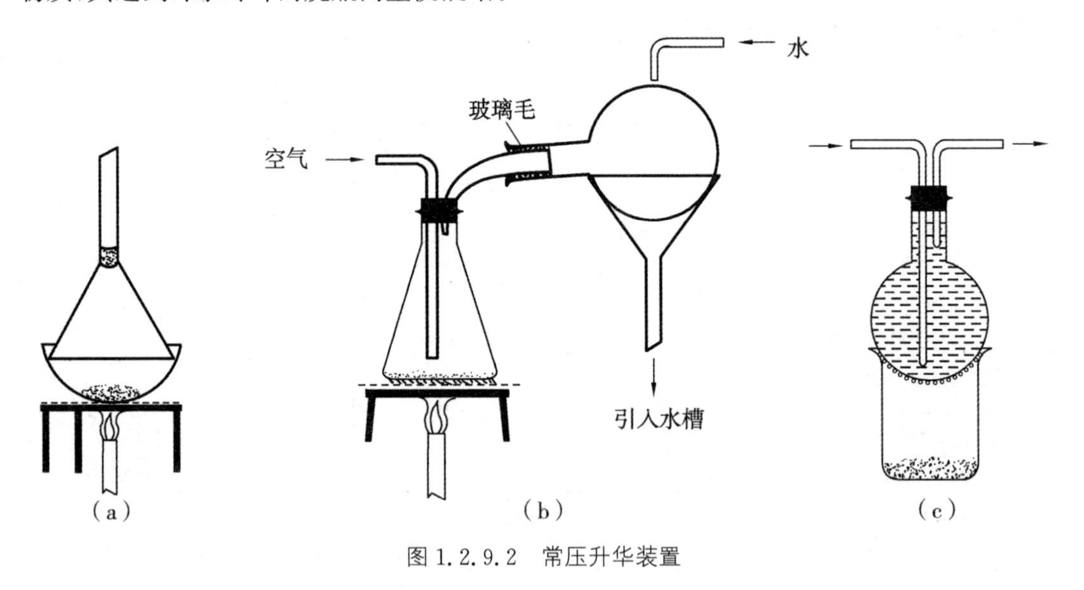

图 1.2.9.2 常压升华装置

减压升华装置如图 1.2.9.3 所示，可用水泵或油泵减压。根据升华样品的量选择合适的减压升华容器，将样品放入，其上放置“指形冷凝器”(又称“冷凝指”)，接通冷凝水后，打开水泵，进行抽气，同时加热，在减压条件下，物质进行升华凝结在冷凝指的外壁。升华结束后慢慢使体系接通大气，以免空气把冷凝指上的晶体吹落，在取出冷凝指时也要小心轻拿。

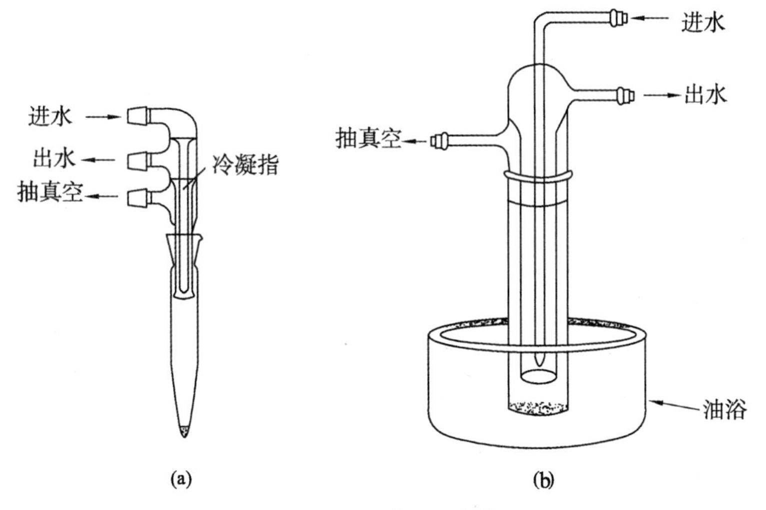

图 1.2.9.3　减压升华装置

（王斌　刘赞　李振泉　秦骁强　王江云　王学东）

第二篇

实验内容

2.1 物理化学常数测定及模型作业

物质的熔点、沸点、折光率及比旋光度是有机化合物的重要物理性质，通过对这些物理常数的测定，可以对物质进行初步鉴定。各种平衡常数的测定也给深入理解平衡常数的概念和化合物的性质提供了实验依据。

实验一 镁原子量的测定

一、实验目的

1. 通过镁相对原子质量的测定，学会用置换法测定金属元素的相对原子质量的方法。
2. 熟悉理想气体状态方程式和分压定律的应用。
3. 掌握测量气体体积的基本操作技术。
4. 掌握电子天平的使用方法。

二、实验原理

金属从稀酸中置换出氢气时，生成氢气的质量与消耗掉金属的质量存在定量关系。用过量的稀硫酸与已知准确质量 $m(\mathrm{Mg})$ 的金属镁反应，在一定温度和压力下测出被置换出的氢气体积 $V(\mathrm{H_2})$，由理想气体状态方程便可计算出氢气的质量 $m(\mathrm{H_2})$。

$$p(\mathrm{H_2})V(\mathrm{H_2})=n(\mathrm{H_2})RT=\frac{m(\mathrm{H_2})}{M(\mathrm{H_2})}RT$$

$$m(\mathrm{H_2})=\frac{p(\mathrm{H_2})V(\mathrm{H_2})M(\mathrm{H_2})}{RT}$$

式中，$p(\mathrm{H_2})$ 为氢气的分压，单位为 kPa；$p(\mathrm{H_2})=p(\text{大气})-p(\mathrm{H_2O})$，$p(\mathrm{H_2O})$ 为水的饱和蒸气压；$M(\mathrm{H_2})$ 为氢气的摩尔质量；R 为气体常数，其值为 8.314 $\mathrm{kPa\cdot L\cdot mol^{-1}\cdot K^{-1}}$；$T$ 为热力学温度，$T=273.15+t$；$V(\mathrm{H_2})$ 为置换出的氢气体积，单位为 L。

利用镁与氢气相互置换时的质量关系，就可计算出镁的摩尔质量 $M(\mathrm{Mg})$。

$$Mg + H_2SO_4 = MgSO_4 + H_2\uparrow$$

$$\frac{m(Mg)}{M(Mg)} \qquad \frac{m(H_2)}{M(H_2)}$$

$$M(Mg) = \frac{m(Mg)}{m(H_2)} \times M(H_2)$$

$$M(Mg) = \frac{RTm(Mg)}{[p(大气) - p(H_2O)] \cdot V(H_2)} \times 10^3$$

三、器材与药品

(一)器材

50 mL 量气管　试管　漏斗　橡胶管　铁架台　蝴蝶夹　细砂纸　电子天平

(二)药品

2 $mol \cdot L^{-1}$ H_2SO_4　镁条

四、实验步骤

1.用电子天平准确称取 3 份已擦去表面氧化膜的镁条,每份 0.02～0.03 g(准确称量至小数点后 4 位)。

2.按图 2.1.1.1 所示装配仪器。往量气管 1 内装水至稍低于刻度“0.00”的位置。上下移动漏斗以赶尽附着在胶管和量气管内壁的气泡,然后把连接反应管和量气管的塞子塞好。

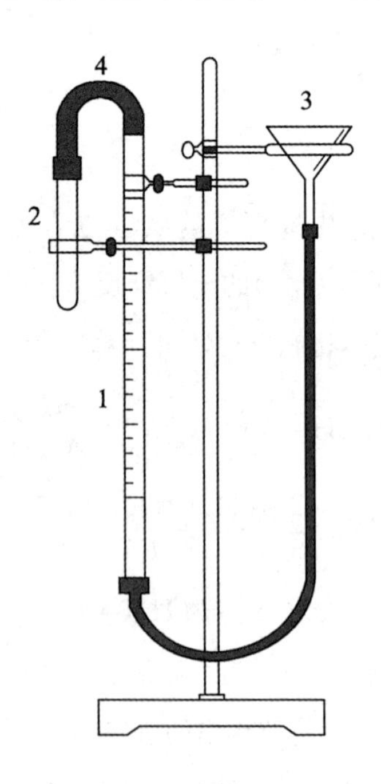

1.量气管 2.反应管(小试管) 3.漏斗 4.胶皮管

图 2.1.1.1　镁原子量测定装置

3. 检漏。把漏斗下移一段距离并固定。如果量气管中的液面只在开始时稍有下降，以后(3～5 min)维持恒定，说明装置不漏气。如果不能保持恒定，则应检查各接口处是否严密。经检查调整后，再重复试验，直至装置不漏气为止。

4. 取下试管，若需要可以再调整一次高度，使量气管内液面保持在 0～5 mL。然后用小漏斗将 3 mL 2 mol·L^{-1} H_2SO_4 溶液注入试管中(切勿使酸沾在试管壁上)。稍稍倾斜试管，将镁条用蒸馏水润湿并贴于试管壁上部。勿使镁条与硫酸接触。装好试管，塞紧橡皮塞，再检查一次是否漏气。

5. 把漏斗移至量气管右侧，使两者的液面保持同一水平，记录量气管的液面高度。

6. 将试管底部稍微抬高，使镁条与硫酸接触。此时，反应产生的氢气进入量气管中，将管中的水压入漏斗内。为避免管内压力过大，在液面下降时，漏斗也相应地向下移动，使管内液面与漏斗中液面保持同一高度。

7. 镁条反应完后，待试管冷却至室温，使漏斗与量气管液面处于同一水平，记录液面高度。1～2 min 后，重复记录一次。若两次读数相等，则表明管内气体温度已与室温相同，记录室温和大气压。用另两份已称重的镁条重复实验。

五、实验结果

室内温度 t/℃ ________

大气压力 P/ kPa ________

t℃时的饱和蒸气压 $p(H_2O)$/ kPa ________

氢气的分压 $p(H_2)$/ kPa ________

实验序号	1	2	3
镁条质量 $m(Mg)$/g			
反应前量气管液面位置/mL			
反应后量气管液面位置/mL			
氢气体积/mL			
氢气的质量 $m(H_2)$/g			
镁的相对原子质量 $M_r(Mg)$			
镁的平均相对原子质量			

六、注意事项

1. 硫酸应过量，保证镁全部反应。

2. 装置不能漏气，保证其气密性。

七、思考题

1. 所称镁条质量太多或太少对实验有何影响？

2. 如果没有赶尽量气管中的气泡，对实验结果有什么影响？

参考学时：4 学时

延伸阅读

电子天平的使用

电子天平是最新一代的天平，是根据电磁力平衡原理，直接称量，全量程不需砝码。放上称量物后，在几秒钟内即达到平衡，显示读数，称量速度快，精度高。电子天平的支承点用弹性簧片，取代机械天平的玛瑙刀口，用差动变压器取代升降枢装置，用数字显示代替指针刻度式。因而，电子天平具有使用寿命长、性能稳定、操作简便和灵敏度高的特点。此外，电子天平还具有自动校正、自动去皮、超载指示、故障报警等功能，具有质量电信号输出功能，且可与打印机、计算机联用，进一步扩展其功能，如统计称量的最大值、最小值、平均值及标准偏差等。电子天平尽管价格较贵，但由于具有机械天平无法比拟的优点，也会越来越广泛地应用于各个领域并逐步取代机械天平。下面以 FA1604 型电子天平为例介绍其使用方法。

一、电子天平的使用方法

1. 水平调节

(1)水平仪气泡的作用

电子天平在称量过程中会因为摆放位置不平而产生测量误差，称量精度越高误差就越大(如：精密分析天平、微量天平)，为此大多数电子天平都提供了调整水平的功能。

电子天平后面都有一个水准泡。水准泡必须位于液腔中央，否则称量不准确。调好之后，应尽量不要搬动，否则，水准泡可能发生偏移，又需重调。电子天平一般有两个调平底座，一般位于后面，也有位于前面的。旋转这两个调平基座，就可以调整天平水平。

(2)水平仪气泡的调整方法

旋转左或右调平底座，把水准泡先调到液腔左右的中间。单独旋转一个左或右调平底座，其实是调整天平的倾斜度，可以将水准泡调到液腔左右的中间，关键是调哪一个调平底座。初学者可以这样判断，先手动倾斜天平，使水准泡达到液腔左右的中间，然后查看调平底座，若哪一个高了或者低了，则调整其中一个调平底座的高矮，就可以使水准泡移动到液腔左右的中间。

同时,旋转两个调平底座,两手幅度必须一致,都须顺时针或者逆时针,让水准泡在液腔左右的中间线前后移动,最终移动到液腔中央,调平底座同时顺时针或者逆时针旋转,则天平倾斜度不变,这样水准泡就不会脱离液腔左右的中间线。只要旋转方向没有问题,就肯定可以达到液腔中央。

2. 预热

接通电源,预热至规定时间后(天平长时间断电之后再使用时,一般需预热20～30 min),开启显示器进行操作。

3. 开启显示器

轻按"ON"键,显示器亮,约2 s后,显示天平的型号或软件版本号,然后显示称量模式"0.0000 g"。读数时应关上天平门。

4. 天平基本模式的选定

天平通常为"通常情况"模式,并具有断电记忆功能。使用时若改为其他模式,使用后一经按"OFF"键,天平即恢复"通常情况"模式。称量单位的设置等可按说明书进行操作。

5. 校准

天平安装后,第一次使用前,应对天平进行校准。因存放时间较长、位置移动、环境变化或未获得精确测量,天平在使用前一般都应进行校准操作。本天平采用外校准(有的电子天平具有内校准功能),由"TAR"键清零及"CAL"键、100 g校准砝码完成。

轻按"CAL"键,当显示器出现"CAL—"时,即松手,显示器就出现"CAL—100",其中"100"为闪烁码,表示校准砝码需用100 g的标准砝码。此时就把准备好"100 g"校准砝码放上称盘,显示器即出现"————"等待状态,经较长时间后显示器出现"100.0000 g",拿去校准砝码,显示器应出现"0.0000 g",若出现不是为零,则再清零,再重复以上校准操作。(注意:为了得到准确的校准结果最好重复以上校准)

6. 称量

天平开机,显示为零后,置称量物于秤盘上,待数字稳定后,即可读出称量物的质量值。

7. 去皮称量

按"TAR"键清零,置容器于秤盘上,天平显示容器质量,再按"TAR"键,显示零,即去除皮重。再置称量物于容器中,或将称量物(粉末状物或液体)逐步加入容器中直至达到所需质量,这时显示的是称量物的净质量。将秤盘上的所有物品拿开后,天平显示负值,按"TAR"键,天平显示"0.0000 g"。若称量过程中秤盘上的总质量超过最大载荷时,天平仅显示上部线段,此时应立即减小载荷。

8. 关机

称量结束后，若较短时间内还使用天平（或其他人还使用天平）一般不用按“OFF”键关闭显示器。实验全部结束后，关闭显示器，切断电源，若短时间内（例如 2 h 内）还使用天平，可不必切断电源，再用时可省去预热时间。若当天不再使用天平，应拔下电源插头。

二、称量方法

常用的称量方法有直接称量法、固定质量称量法和递减称量法。

1. 直接称量法

此法是将称量物直接放在天平盘上直接称量物体的质量。

例如，称量小烧杯的质量，重量分析实验中称量坩埚的质量等，都使用这种称量法。

2. 固定质量称量法

此法又称增量法，此法用于称量某一固定质量的试剂（如基准物质）或试样。这种称量操作的速度很慢，适于称量不易吸潮、在空气中能稳定存在的粉末状或小颗粒（最小颗粒应小于 0.1 mg，以便容易调节其质量）样品。

固定质量称量法应注意：若不慎加入试剂超过指定质量，应用牛角匙取出少量多余试剂至试剂质量符合指定要求为止。严格要求时，取出的多余试剂应弃去，不要放回原试剂瓶中。操作时不能将试剂散落于天平盘等容器以外的地方，称好的试剂必须定量地由表面皿等容器直接转入接受容器，此即所谓“定量转移”。

3. 递减称量法

又称减量法，此法用于称量一定质量范围的样品或试剂。在称量过程中样品易吸水、易氧化或易与 CO_2 等反应时，可选择此法。由于称取试样的质量是由两次称量之差求得，故也称差减法。

（1）从干燥器中用纸带（或纸片）夹住称量瓶后取出称量瓶（注意：不要让手指直接触及称瓶和瓶盖），用纸片夹住称量瓶盖柄，打开瓶盖，用牛角匙加入适量试样（一般为称一份试样量的整数倍），盖上瓶盖。称出称量瓶加试样后的准确质量。

（2）将称量瓶从天平上取出，在接收容器的上方倾斜瓶身，用称量瓶盖轻敲瓶口上部使试样慢慢落入容器中，瓶盖始终不要离开接受器上方。当倾出的试样接近所需量（可从体积上估计或试重得知）时，一边继续用瓶盖轻敲瓶口，一边将瓶身逐渐竖直，使黏附在瓶口上的试样落回称量瓶，然后盖好瓶盖，准确称其质量。

（3）两次质量之差，即为试样的质量。按上述方法连续递减，可称量多份试样。有时一次很难得到合乎质量范围要求的试样，可重复上述称量操作 1～2 次。

（胡威）

实验二　醋酸解离平衡常数的测定

一、实验目的

1. 通过测定醋酸的解离平衡常数，加深对弱电解质解离平衡常数的理解。

2. 学会用 pH 计测量 pH 值的方法。

二、实验原理

醋酸（HAc，acetic acid）是弱电解质，在水溶液中存在质子传递平衡，其实验平衡常数 $K_a^{\ominus}$ 可用醋酸起始浓度 c_r 和平衡时$[H^+]$来计算：

$$HAc \rightleftharpoons H^+ + Ac^-$$

$$K_a^{\ominus}=\frac{[H^+][Ac^-]}{[HAc]}=\frac{[H^+]^2}{c_r-[H^+]}\approx\frac{[H^+]^2}{c_r}$$

测定已知准确浓度的醋酸溶液的 pH 值，求出$[H^+]$，便可计算出解离平衡常数（Dissociation Equilibrium Constant）。为了获得较为准确的实验结果，在一定温度下，可测定一系列不同浓度的 HAc 溶液的 pH 值，求得相应的 $K_a^{\ominus}$ 值，取其平均值，即为该温度下 HAc 的实验解离平衡常数。

三、器材与药品

（一）器材

DELTA 320 pH 计　50 mL 容量瓶　25 mL 移液管　5 mL 刻度吸管　50 mL 烧杯　滤纸片

（二）药品

0.2××× $mol \cdot L^{-1}$ HAc 溶液　pH＝4.01 标准缓冲溶液　pH＝6.86 标准缓冲溶液　蒸馏水

四、实验步骤

（一）配制不同浓度的醋酸溶液

准确量取 2.50 mL、25.00 mL 浓度为 0.2×××$mol \cdot L^{-1}$ HAc 溶液于两个 50 mL 容量瓶中，用蒸馏水稀释至刻度，摇匀，并编号。

（二）测定不同浓度醋酸溶液的 pH 值

用干燥的 50 mL 烧杯，分别取 25 mL 上述两种浓度的 HAc 溶液及不经稀释的原始 HAc 溶液，按照浓度由稀到浓的顺序分别用 pH 计测定 pH 值，并记录温度，测得数据填入下表中。

五、实验结果

按下列表中要求，计算出有关数据及 HAc 的解离平衡常数。

表 2.1.2.1　HAc 溶液相关数据　（温度：　℃）

HAc 溶液编号	1	2	3
c(HAc)			
测得的 pH 值			
$[H^+]$			
$K_a^\ominus$			
$K_a^\ominus$ 平均值			

六、注意事项

1. 使用 pH 计时，注意保护电极并认真填写仪器使用记录。

2. 用 pH 计测定不同浓度 HAc 溶液的 pH 值时，按由稀到浓的顺序。

七、思考题

1. pH 计使用之前，为什么要进行校正？为何选择磷酸盐标准缓冲溶液进行校正？

2. 不同浓度的 HAc 溶液的解离度 α 是否相同，为什么？

3. 测定不同浓度 HAc 溶液的 pH 值时，为什么按由稀到浓的顺序？

参考学时：4 学时

延伸阅读

DELTA 320 pH 计使用说明

一、主要调节示意图

（一）输入输出连接

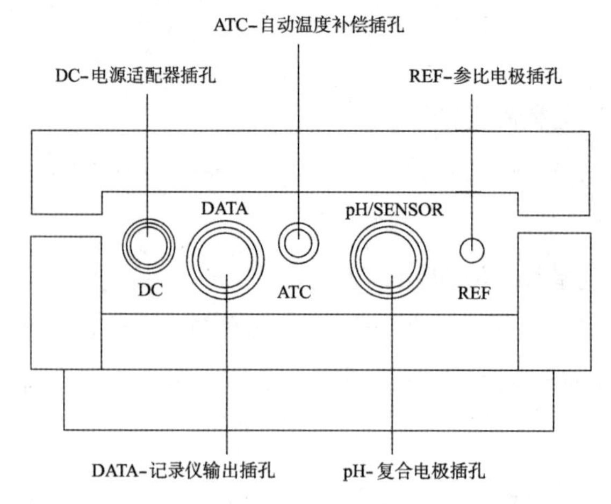

图 2.1.2.1　DELTA 320 pH 计输入输出连接图

1. 将短路环从 pH 插孔上取下，并将之夹在插孔的外端以便保存。将电极插在相应的插孔上。

2. 如果使用 ATC 温度插头（电极自身复合的 ATC 或者单独的 ATC 探头），请插在 ATC 插孔上。

3. 如使用参比电极，请插入参比电极插孔。

4. 将电源适配器连接 DC 插孔上，接通电源。

（二）显示屏和按键说明

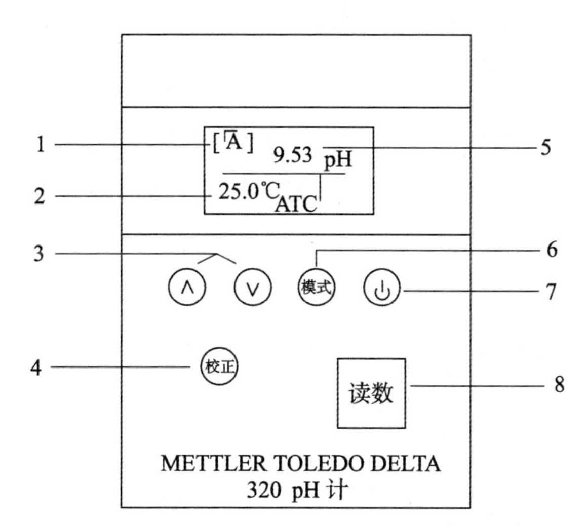

1. 自动终点判别图标　2. 显示 ATC/MTC 温度　3. 增加或者减少设定值　4. 开始电极校正　5. 测量结果　6. 短按，在 pH/mv 测量之间切换；长按，进入 Prog 程序　(1)设定手动温度补偿温度值　(2)设定缓冲溶液组别　7. 电源开关　8. 短按，开始/终止测量读数；长按，打开/关闭自动终点判别功能

图 2.1.2.2　DELTA 320 pH 计显示屏

二、使用方法

（一）校正

1. 设定校正组

有三组标准缓冲溶液可供选择：

标准缓冲溶液组 1(b=1)，pH 4.00、7.00、10.01；

标准缓冲溶液组 2(b=2)，pH 4.01、7.00、9.21；

标准缓冲溶液组 3(b=3)，pH 4.01、6.86、9.18。

按下列步骤选择缓冲溶液组：

(1)在测量状态（测量过程中，或者测量结束后）下，长按“模式”，进入 Prog 状态。

(2)按“模式”进入 b=2（或者 b=1、3 等）。

(3)按“∧”或者“∨”键修改为 b=1(或者 b=2、3 等),LED 会逐一显示该缓冲溶液组内的缓冲溶液 pH 值。

(4)按“模式”确认。

(5)按“读数”退回到正常测量状态。

2. 校正

如果使用 ATC 探头(或含 ATC 的电极),缓冲溶液温度会被测定并补偿;如果不使用 ATC 探头,320 pH 计则采用手动温度设定的温度值。手动温度设定 MTC 参见(三)。

(1)一点校正:将电极浸入标准缓冲溶液中,按“校正”开始,到达终点时(pH 自动判定终点)显示屏上显示相应的校正结果。按“读数”退回到正常的测量状态。

(2)两点校正:在一点校正过程结束时,不要按“读数”,继续第二点校正操作,将电极放入第二种标准缓冲溶液中,按“校正”。当到达终点时显示屏上会显示相应的电极斜率和电极性能状态图标,按“读数”退回到正常的测量状态。

(二)测定 pH 值

1. 如果显示屏上显示“mV”,按“模式”键切换到 pH 测量状态。

2. 拧下电极保湿帽,用蒸馏水清洗电极,并用滤纸片将水吸干(不要擦拭电极以免产生极化)。

3. 将电极放入待测溶液中,并按“读数”开始测量,测量时小数点在闪烁。显示屏上会动态显示测量的结果。

4. 使用自动终点判断方式,显示屏上出现“A”图标,当仪表判断测量结果达到终点后,会有“ ⌐”显示,测量自动终止。

5. 测量结束后,再按“读数”,重新开始新一次测量。

(三)手动温度设定 MTC

1. 在测量状态下按“模式”2 秒,进入 Prog 设定程序。

2. 显示屏上显示上次设定的 MTC 温度值,按“∧”或者“∨”键,可修改温度值。

3. 按“模式”确认。

4. 按“读数”退回到正常测量状态。

(四)电极使用指导

1. 电极使用过程中,应将电极置于电极架上,切勿放在桌面上或其他位置。

2. 在将电极从一种溶液移入另一溶液之前,要用蒸馏水或下一个被测溶液清洗电极,用纸巾将水吸干,切勿擦拭电极。

3. 小心使用电极，切勿将之用作搅拌器；拿放电极时切勿接触电极膜。

4. 测定小体积样品时，要确保电极头部能浸没。

5. 实验结束后，务必清洗电极，吸干水，拧上保湿帽。切勿使电极填充液干涸，以免导致电极的永久损伤。

6. 在仪器使用记录本上填写仪器和电极使用情况。

（边玮玮）

实验三　配位化合物的组成和稳定常数的测定

一、实验目的

1. 了解等摩尔系列法测定配合物组成和稳定常数的原理和方法。

2. 熟悉磺基水杨酸合铁（Ⅲ）配合物的组成特点。

3. 掌握分光光度计的使用方法。

二、实验原理

磺基水杨酸（2-羟基-5-磺酸基苯甲酸，$C_7O_6H_6S$，简式为 H_3R）可以与 Fe^{3+} 形成稳定的有色配位化合物。在 pH 为 9～11 时，可以形成 3∶1 的黄色配合物；在 pH 为 4～9 时，生成红色的 2∶1 配合物；在 pH 为 2～3 时，形成 1∶1 的配合物，配合物溶液呈红褐色。

本实验是用 $HClO_4$ 溶液控制溶液的 pH 值，测定 pH 为 2～3 时形成的磺基水杨酸合铁（Ⅲ）配离子的组成及其表观稳定常数 $K'_{稳}$。此时，磺基水杨酸与 Fe^{3+} 以 1∶1 配位，反应式如下：

$$Fe^{3+} + H_2R^- \rightleftharpoons [Fe(HR)]^+ + 2H^+$$

常用分光光度法测定配合物的组成。根据朗伯—比尔（Lambert-Beer）定律：

$$A = \varepsilon bc$$

式中 A 是溶液的吸光度；c 是溶液的物质的量浓度；b 是液层厚度；ε 是摩尔吸光系数，（单位为 $L \cdot mol^{-1} \cdot cm^{-1}$），它是各种有色物质在一定波长下的特征常数。当条件测定一定时，溶液的吸光度（A）与有色物质的浓度成正比。据此，选择一定波长的单色光，可以采用等摩尔系列法（又称 Job 法）测定一系列不同组分溶液的吸光度。

所谓等摩尔系列法，是指在每份溶液中保持金属离子浓度 c_M 与配体浓度 c_L 之和不变的前提下，改变 c_M 与 c_L 的相对量（金属离子 M 和配体 L 的总的物质的量保持不变，而 M 和 L 的摩尔分数连续变化），配制一系列溶液，测定其吸光度。只有当溶液中配体与金属离子的物质的量之比与配合物组成相一致时，配离子的浓度才能达到最大，其吸光度值 A 也最大（在所测溶液中，磺基水杨酸为无色，Fe^{3+} 浓度很稀，近乎无色，对光几乎不吸收）。以吸光度 A 为纵坐标，配体摩尔分数 X_L 为横坐标绘图（如图 2.1.3.1），配合物的组成 n 就等于最大吸收峰处金属离子与配体摩尔分数之比。

$$n=\frac{X_L}{1-X_L} \tag{1}$$

X_L 和$(1-X_L)$分别为最大吸收峰处的配体摩尔分数和金属离子摩尔分数。

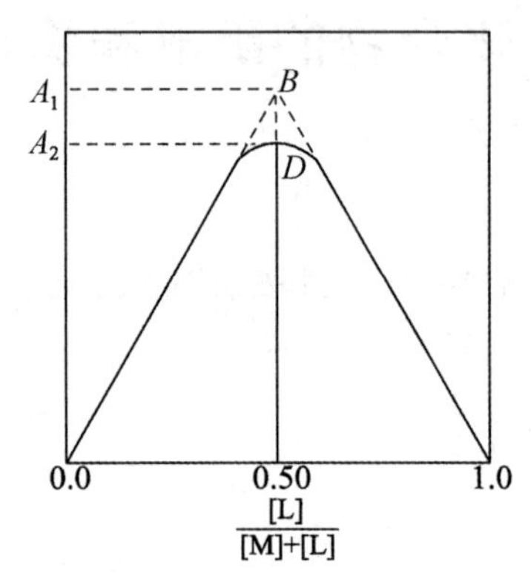

图 2.1.3.1 等摩尔系列法

将图 2.1.3.1 中曲线两侧的直线部分延长并相交于 B 点，可认为是金属离子 M 与配体 L 全部生成配合物 ML_n 时的吸光度(A_1)，但由于 ML_n 有部分解离，而实际测得最大吸光度为 D 处(A_2)，因此，配合物的离解度 α 为：

$$\alpha=\frac{A_1-A_2}{A_1}\times 100\% \tag{2}$$

若在书写中忽略电荷，配位平衡为

$$ML_n \rightleftharpoons M+nL$$

	ML_n	M	nL
起始浓度	c_r	0	0
平衡浓度	$c_r-c_r\alpha$	$c_r\alpha$	$nc_r\alpha$

配合物的表观稳定常数为：

$$K'_{稳}=\frac{[ML]}{[M][L]}=\frac{1-\alpha}{n^n c_r{}^n \alpha^{n+1}} \tag{3}$$

c_r 为最大吸光度处 ML_n 的起始浓度，也是组成 ML_n 的金属离子的浓度。

$$当\ n=1\ 时\quad K'_{稳}=\frac{1-\alpha}{c_r\alpha^2} \tag{4}$$

三、器材与药品

(一)器材

吸量管　100 mL 容量瓶　722 型(或 721 型)分光光度计　比色管

(二)药品

0.01 mol·L^{-1} $HClO_4$　0.0100 mol·L^{-1} 磺基水杨酸　0.0100 mol·L^{-1} Fe^{3+}

四、实验步骤

(一)配制 0.0010 mol·L^{-1} Fe^{3+}溶液和 0.0010 mol·L^{-1} 磺基水杨酸溶液

0.0010 mol·L^{-1} Fe^{3+}溶液的配制:准确移取 0.0100 mol·L^{-1} Fe^{3+}溶液 10.00 mL 于 100 mL 容量瓶中,用 0.01 mol·L^{-1} $HClO_4$ 溶液稀释至刻度,摇匀备用。

使用同样方法,由 0.0100 mol·L^{-1} 磺基水杨酸溶液配制 0.0010 mol·L^{-1} 磺基水杨酸溶液。

(二)配制等摩尔系列溶液

按表 2.1.3.1 用量分别准确移取 0.01 mol·L^{-1} $HClO_4$① 溶液、0.0010 mol·L^{-1} Fe^{3+}溶液和 0.0010 mol·L^{-1} 磺基水杨酸溶液,逐一注入 11 支 25 mL 比色管中,摇匀。

表 2.1.3.1　摩尔系列溶液的配制

溶液编号	1	2	3	4	5	6	7	8	9	10	11
$HClO_4$/mL	10.00	10.00	10.00	10.00	10.00	10.00	10.00	10.00	10.00	10.00	10.00
Fe^{3+}/mL	10.00	9.00	8.00	7.00	6.00	5.00	4.00	3.00	2.00	1.00	0.00
磺基水杨酸/mL	0.00	1.00	2.00	3.00	4.00	5.00	6.00	7.00	8.00	9.00	10.00
配体摩尔分数	0.0	0.1	0.2	0.3	0.4	0.5	0.6	0.7	0.8	0.9	1.0

(三)测定吸光度

在 500 nm 波长下分别测定上述溶液的吸光度,记录所得数据。以吸光度对磺基水杨酸的摩尔分数作图。

从所得的等摩尔系列图中找出最大吸收处的配体摩尔分数(X_L)和金属离子摩尔分数($1-X_L$),由公式(1)计算出配合物的组成,由公式(2)计算出配合物的解离度,据公式(3)计算出配合物的表观稳定常数。

---

① 实验中高氯酸的作用一方面是控制溶液的酸度,另一方面在溶液中 ClO_4^- 离子对金属离子的配位倾向很小,所以在配合物水溶液的实验中,可利用它调节溶液的离子强度,避免其他阴离子对配位反应的干扰。

五、实验结果

按表中要求，计算出有关数据。

表 2.1.3.2 实验结果记录

溶液编号	1	2	3	4	5	6	7	8	9	10	11
吸光度											
配位数 n											
A_1											
A_2											
解离度 α											
c_r											
$K'_{稳}$											

六、注意事项

1. 使用比色皿时，必须用光学镜头纸擦其透光面。

2. 本实验测定出的稳定常数称为磺基水杨酸合铁(Ⅲ)的表观稳定常数，没有考虑溶液中存在着 Fe^{3+} 的水解和磺基水杨酸的解离平衡，故与实际 $K_{稳}$ 值有差别。若将所测表观稳定常数 $K'_{稳}$ 加以校正，便可与实际 $K_{稳}$ 值相吻合。校正公式为 $\lg K_{稳}=\lg K'_{稳}+\lg a$，当溶液 pH 值在 2.0 左右时，$\lg a=10.3$。

七、思考题

1. 实验中加入一定量的 $HClO_4$ 溶液，其目的是什么？

2. 为什么说溶液中金属离子与配体摩尔分数之比恰好与配离子组成相同时，配离子的浓度为最大？

参考学时：4 学时

（韦柳娅）

实验四 离子交换法测定 $PbCl_2$ 的溶度积

一、实验目的

1. 了解离子交换树脂的性质和用途。

2. 熟悉离子交换法(Ion-exchange Method)测定溶度积的原理和方法。

3. 进一步熟练掌握酸碱滴定的基本操作。

二、实验原理

离子交换树脂(Ion Exchange Resin)是分子中含有活性基团并能与其他物质进行离子交换的高分子化合物。分子中含有酸性基团能与其他物质发生阳离子交换的树脂,称为阳离子交换树脂(Cation Exchange Resin)。含有碱性基团能与其他物质发生阴离子交换的树脂,称为阴离子交换树脂(Anion-Exchange Resin)。离子交换树脂根据其特性,可广泛用于水的净化,离子的定量分析等。本实验使用的是强酸型阳离子交换树脂。

测定饱和 $PbCl_2$溶液中 Pb^{2+} 的浓度,每个 Pb^{2+} 和树脂上的两个 H^+ 发生交换,其反应式表示如下:

$$RSO_3^- Na^+ + H^+ \rightleftharpoons RSO_3H + Na^+$$

$$2RSO_3H + Pb^{2+} \rightleftharpoons (RSO_3)_2Pb + 2H^+$$

当用已知浓度的 NaOH 溶液滴定流出液至 pH=7 时,根据用去的已知浓度的 NaOH 溶液的体积,即可算出被 Pb^{2+} 离子置换出的 H^+ 离子的摩尔数,同时求出 Pb^{2+} 离子的摩尔数,就可进一步算出 $PbCl_2$ 饱和溶液的浓度,从而算出 $PbCl_2$ 的溶度积(Solubility Product)。计算公式为:

$$c(PbCl_2) = \frac{c(NaOH) \times V(NaOH)}{2 \times V(PbCl_2)}$$

根据溶度积原理:$K_{sp}^{\ominus} = [Pb^{2+}][Cl^-]^2$

假设 $PbCl_2$ 在溶液中的溶解度为 S mol·L^{-1},因为$[Cl^-] = 2[Pb^{2+}]$,那么 $K_{sp}^{\ominus} = 4S^3$。

三、器材与药品

(一)器材

50 mL 离子交换柱　碱式滴定管　吸耳球　滴定管架　250 mL 锥形瓶　蝴蝶夹　25 mL 移液管　50 mL 量筒　止水夹　100℃温度计　玻璃棒　脱脂棉

(二)药品

$PbCl_2$ 饱和液　NaOH 标准溶液(自标)　2 mol·L^{-1} HNO_3　溴百里酚蓝指示剂　广泛 pH 试纸　蒸馏水　强酸型阳离子交换树脂(15～50 目)

四、实验步骤

(一)装柱

在离子交换树脂柱底部填入一小块棉花,用蒸馏水润湿。将预处理好的①离子交换树

① 树脂预处理:蒸馏水浸泡 48 小时后,用饱和氯化钠溶液浸泡 18～20 小时,蒸馏水漂洗至排出的水不带黄色。再用 2%～4% 氢氧化钠溶液浸泡 2～4 小时,倾出碱液,冲洗树脂至中性。最后用 2 mol·L^{-1} HNO_3 溶液浸泡 4～8 小时。

脂连同浸泡液一起连续不断地注入交换柱，直到柱体高达 18 厘米。如图 2.1.4.1 所示。装柱过程中，注意树脂层内不应有气泡。若出现气泡，可用一细长玻璃管深入柱内树脂层并上下搅动，将气泡导出。装柱后，柱层上方始终保持有 1 cm 水层，以保证树脂始终浸泡在水或溶液中，防止气泡形成。离子交换柱也可用滴定管代替，但底部需填充一小块脱脂棉团。如图 2.1.4.1 所示。

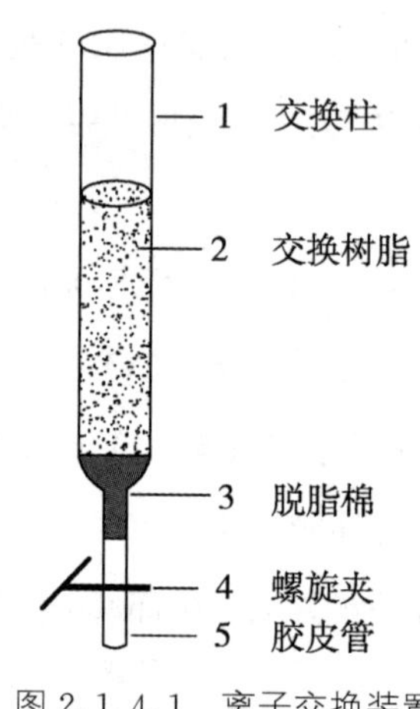

图 2.1.4.1 离子交换装置

(二)洗涤

从管口处注入蒸馏水洗涤树脂，因蒸馏水略偏酸性，洗至流出液的 pH 与蒸馏水的一致，可用 pH 试纸检验。

(三)交换

测定并记录 $PbCl_2$ 饱和溶液温度。

1. 用移液管准确吸取 25.00 mL 饱和 $PbCl_2$ 溶液于柱中。

2. 用锥形瓶接收流出液，调节螺丝夹，使溶液以每分钟 10～15 滴的流速流出，流速不宜过快，否则将影响树脂的交换效果。注意流出液不应有损失。

3. 当柱层上方 $PbCl_2$ 溶液剩 1 cm 时，用 25 mL 蒸馏水分批洗涤柱子。洗涤液也要置于锥形瓶中，不应有损失。同样的，在交换和洗涤过程中，柱顶上方始终保持有足够的水柱。

(四)滴定

于流出液中加入 2 滴溴酚蓝作指示剂，然后用 NaOH 标准溶液滴定流出液，到达滴定终点时溶液由黄色变为蓝色(pH=6.5～7)。准确记录所用 NaOH 溶液的体积。

(五)树脂再生处理

在柱中加 2 $mol \cdot L^{-1}$ HNO_3 溶液 20 mL，让溶液沿柱下移以浸泡树脂，使其转型。

(六)$PbCl_2$溶解度参考数据

表 2.1.4.1　$PbCl_2$ **溶解度参考数据**

温度(℃)	0	15	25	30	35
溶解度($mol\cdot L^{-1}$)	2.42×10^{-2}	3.26×10^{-2}	3.74×10^{-2}	4.2×10^{-2}	4.73×10^{-2}

五、实验结果

表 2.1.4.2　**实验结果**

$PbCl_2$ 饱和溶液温度 (℃)	
$PbCl_2$ 饱和溶液体积 /mL	
标准 NaOH 溶液浓度/$mol\cdot L^{-1}$(自标)	
NaOH 溶液终读数/mL	
NaOH 溶液初读数/mL	
消耗 NaOH 溶液体积/mL	
$PbCl_2$ 饱和溶液溶解度/$mol\cdot L^{-1}$	
$PbCl_2$ 的溶度积 $K_{sp}^{\ominus}$	

六、注意事项

1.脱脂棉松紧度要适中。

2.装柱后,在整个实验过程中,树脂上层始终保持有 1 cm 溶液。

3.树脂层不能有气泡存在,如有气泡应导出。

4.25 mL 蒸馏水至少分 4 批洗涤柱子,流出液也要接入锥形瓶中。

七、思考题

1.用离子交换法测定 $PbCl_2$ 溶度积的原理是什么?

2.为什么要注意液面始终不得低于离子交换树脂的上表面?

3.在交换和洗涤过程中,如果流出液有一小部分损失掉,会对实验结果造成什么影响?

参考学时:4 学时

(边玮玮)

第二篇 实验内容

实验五　化学反应速率及活化能的测定

一、实验目的

1. 验证浓度、温度、催化剂对化学反应速率的影响。

2. 学习测定化学反应速率、速率常数、反应级数及活化能的原理和方法。

3. 掌握用作图法处理实验数据。

二、实验原理

本实验研究过二硫酸铵[$(NH_4)_2S_2O_8$]与碘化钾(KI)的化学反应速率。在水溶液中，$(NH_4)_2S_2O_8$ 与 KI 的氧化还原反应如下：

$$(NH_4)_2S_2O_8+3KI=\!=\!=(NH_4)_2SO_4+K_2SO_4+KI_3$$

或

$$S_2O_8^{2-}+3I^-=\!=\!=2SO_4^{2-}+I_3^- \tag{1}$$

该反应的反应速率 v 与反应物浓度之间的关系可用下式表示：

$$v=k[c(S_2O_8^{2-})]^m[c(I^-)]^n$$

式中 v 是在一定条件下的瞬时速率。若 $c(S_2O_8^{2-})$、$c(I^-)$是起始浓度，则 v 表示起始速率。k 是反应速率常数，m、n 之和是反应的总级数。

为了测定反应速率，我们通常测定在 Δt 时间内 $S_2O_8^{2-}$ 浓度的变化值。其反应的平均速率可以表示为：

$$\bar{v}=-\frac{\Delta c(S_2O_8^{2-})}{\Delta t}$$

鉴于本实验在 Δt 时间内反应物的浓度变化很小，可以用平均速率近似地替代起始时的瞬时速率：

$$v=-\frac{\Delta c(S_2O_8^{2-})}{\Delta t}\approx k[c(S_2O_8^{2-})]^m[c(I^-)]^n$$

为了测出一定时间 Δt 内过二硫酸铵浓度的改变量 $\Delta c(S_2O_8^{2-})$，在过二硫酸铵与碘化钾两溶液混合前，先加入一定体积已知浓度的硫代硫酸钠溶液和淀粉溶液。这样，在反应(1)进行的同时，还进行如下反应：

$$2S_2O_3^{2-}+I_3^- =\!=\!=S_4O_6^{2-}+3I^- \tag{2}$$

反应(2)能瞬时完成，即由反应(1)生成的 I_3^- 立即与 $S_2O_3^{2-}$ 作用，所以反应开始时看不到碘与淀粉作用而显示的蓝色。随着反应的进行，当 $Na_2S_2O_3$ 耗尽时，反应(1)生成的微量碘立即与淀粉作用，使溶液由无色变为蓝色。

由反应式(1)和(2)可看出，$S_2O_8^{2-}$ 浓度减少的量总是等于 $S_2O_3^{2-}$ 减少量的一半，即：

$$-\Delta c(S_2O_8^{2-})=-\frac{\Delta c(S_2O_3^{2-})}{2}=\frac{1}{2}c(S_2O_3^{2-})$$

由于在 Δt 时间内 $S_2O_3^{2-}$ 全部耗尽，所以 $c(S_2O_3^{2-})$实际上就是反应开始时 $Na_2S_2O_3$ 的浓度。在实验测定中，使每份混合溶液中 $Na_2S_2O_3$ 的起始浓度都相同，即 $c(S_2O_3^{2-})$不变。这样，只要记下从反应开始到溶液出现蓝色所需要的时间 Δt，就可求算平均反应速率：

$$\bar{v}=-\frac{\Delta c(S_2O_8^{2-})}{\Delta t}=\frac{c(S_2O_3^{2-})}{2\Delta t}$$

将反应速率方程式 $v=k[c(S_2O_8^{2-})]^m[c(I^-)]^n$ 两边取对数，得：

$$\lg v = m\lg c(S_2O_8^{2-})+ n\lg c(I^-)+\lg k$$

当 $c(I^-)$不变时，测定不同 $c(S_2O_8^{2-})$下的反应速率 v，然后对 $\lg v-\lg c(S_2O_8^{2-})$作图，可得一条直线，斜率即为 m。同理，当 $c(S_2O_8^{2-})$不变时，改变 $c(I^-)$，对 $\lg v-\lg c(I^-)$作图，可得 n。m 和 n 的数值确定之后，就可根据速率方程式计算出反应速率常数 k。

根据 Arrhenius 公式，反应速率常数 k 与反应温度 T 有如下关系：

$$\lg k=\lg A-\frac{E_a}{2.303RT}$$

式中 A 为反应的特征常数，R 为气体常数，T 为绝对温度，E_a 为反应的活化能。

根据 $\lg k=\lg A-\frac{E_a}{2.303RT}$，可测得不同温度下的速率常数 k 值，以 $\lg k\sim\frac{1}{T}$作图，可以得一直线，由斜率($-\frac{E_a}{2.303R}$)求出反应的活化能 E_a。

三、器材与药品

(一)器材

电磁搅拌器　恒温水浴　秒表　温度计　锥形瓶(100 mL×5)　量筒

(二)药品

0.20 mol·L^{-1} $(NH_4)_2S_2O_8$　0.20 mol·L^{-1} KI　0.010 mol·L^{-1} $Na_2S_2O_3$　0.20 mol·L^{-1} KNO_3　0.20 mol·L^{-1} $(NH_4)_2SO_4$　0.02 mol·L^{-1} $Cu(NO_3)_2$　2%淀粉溶液　冰

四、实验步骤

(一)浓度对化学反应速率的影响

在一定温度(或室温)下，按表 2.1.5.1 中实验编号 1～5 的用量，将所需体积的 KI、淀粉、$Na_2S_2O_3$、KNO_3、$(NH_4)_2SO_4$ 溶液放入同一锥形瓶中混匀，在不断搅拌下将所需量的

$(NH_4)_2S_2O_8$ 溶液快速加入混合液中,同时启动秒表。当溶液刚出现蓝色时,立即停表计时,并记录室温,将实验结果填入表 2.1.5.1 中。根据实验结果,计算反应级数和反应速率常数,填入表 2.1.5.2 中。

为了保证溶液离子强度和总体积维持不变,KI 和 $(NH_4)_2S_2O_8$ 的不足量用 KNO_3 和 $(NH_4)_2SO_4$ 补充。

(二)温度对化学反应速率的影响

按表 2.1.5.1 中实验编号 6 的用量量取试剂,将盛有 $(NH_4)_2S_2O_8$ 溶液的烧杯和其余物质混合液的烧杯一并置于冰水浴中冷却。当溶液温度下降至约 0℃时,将其快速混合,同时不断搅拌,记录反应温度和反应时间。在高于室温约 10℃的条件下(借助恒温水浴装置),测出 7 号实验的反应时间。根据实验编号 2(室温条件)、6、7 号实验数据,求出反应的活化能(填入表 2.1.5.3 中)。

如果室温低于 10℃,可以在室温、比室温高出 10℃和高出 20℃三种情况下测定其反应的活化能。为了减少实验误差,反应温度尽量控制在 30℃以下。

表 2.1.5.1 浓度、温度对反应速率的影响

实验编号	1	2	3	4	5	6	7
$V(KI)$/ mL	10.00	5.00	2.50	10.00	10.00	5.00	5.00
V(淀粉溶液)/ mL	2	2	2	2	2	2	2
$V(Na_2S_2O_3)$/ mL	4.00	4.00	4.00	4.00	4.00	4.00	4.00
$V(KNO_3)$/ mL	0.00	5.00	7.50	0.00	0.00	5.00	5.00
$V[(NH_4)_2SO_4]$/ mL	0.00	0.00	0.00	5.00	7.50	0.00	0.00
$V[(NH_4)_2S_2O_8]$/mL	10.00	10.00	10.00	5.00	2.50	10.00	10.00
$c_0(KI)/mol \cdot L^{-1}$							
$c_0[(NH_4)_2S_2O_8]/mol \cdot L^{-1}$							
$c_0(Na_2S_2O_3)/mol \cdot L^{-1}$							
反应温度(℃)							
反应时间(s)							
反应速率 v							

（三）催化剂对化学反应速率的影响

室温下按表 2.1.5.1 中实验编号 2 的用量量取 KI、淀粉、$Na_2S_2O_3$、$(NH_4)_2SO_4$ 溶液，将它们混合后再加入 2 滴 0.02 mol·L^{-1} 的 $Cu(NO_3)_2$ 溶液，在不断搅拌下迅速加入 $(NH_4)_2S_2O_8$ 溶液，计时。与 2 号实验结果比较，做出结论。

五、结果处理

（一）反应级数和反应速率常数的计算

根据 $\lg v = m\lg c(S_2O_8^{2-}) + n\lg c(I^-) + \lg k$，利用表 2.1.5.1 数据，在同一温度下，固定 $c(I^-)$，改变 $c(S_2O_8^{2-})$ 求出一系列反应速率，对 $\lg v - \lg c(S_2O_8^{2-})$ 作图，得直线斜率即为 m；固定 $c(S_2O_8^{2-})$，改变 $c(I^-)$，对 $\lg v - \lg c(I^-)$ 作图，直线斜率为 n；将 m 和 n 代入速率方程式中即可求得反应速率常数 k，填入表 2.1.5.2。

表 2.1.5.2 反应级数和速率常数的计算

实验编号	1	2	3	4	5
$\lg v$					
$\lg c(S_2O_8^{2-})$					
$\lg c(I^-)$					
m					
n					
k					
k(平均)					

（二）活化能的计算

根据 Arrhenius 方程式，由实验编号 2、6、7，测定不同温度时的 k 值，以 $\lg k$ 对 $1/T$ 作图，由直线斜率可求出活化能 E_a，填入表 2.1.5.3。

表 2.1.5.3 反应活化能

实验编号	2	6	7
k			
$\lg k$			
$1/T$			
反应活化能 E_a			

六、注意事项

1. $(NH_4)_2S_2O_8$ 溶液需要现配现用，如果长期放置该溶液易分解。

2. 本实验是利用 $Na_2S_2O_3$ 浓度来衡量反应产生的 I_2 的浓度，从而计算消耗的 $S_2O_8^{2-}$ 浓度，所以准确添加 $Na_2S_2O_3$ 的量是实验成败的关键。

七、思考题

1. 影响化学反应速率的因素有哪些？请解释反应物浓度的增加和温度的升高对化学反应速率的影响。

2. 在实验中添加了 $(NH_4)_2SO_4$ 及 KNO_3 溶液，其作用是什么？

3. 加入定量的 $Na_2S_2O_3$ 和淀粉的目的是什么？其用量多少对实验结果有什么影响？

参考学时：4 学时

（韦柳娅）

实验六　熔点的测定

一、实验目的

1. 掌握熔点测定的原理和意义。

2. 熟悉熔点的测定方法。

二、实验原理

当结晶物质加热到一定温度时，即从固态转变为液态，此时的温度可视为该物质的熔点(Melting Point)。熔点的严格定义应为，在标准压力下，固、液两态达平衡(共存)时的温度。纯净的固态有机化合物一般都有固定的熔点，初熔至全熔其温度差(即熔点距)一般在 0.5～1℃，如果该物质含有杂质，则其熔点往往较纯品低，且熔点距也较大。这对于鉴定纯固态有机化合物具有很大价值。

测定熔点的方法有毛细管熔点测定法和显微熔点测定法。实验室常用毛细管熔点测定法。

三、器材与药品

(一)器材

熔点测定管　毛细管　温度计(150℃)　酒精灯　表面皿　小橡皮圈　玻璃管　铁架台(带铁夹)　输血乳胶管　火柴

(二)药品

液体石蜡　尿素　苯甲酸　尿素和苯甲酸混合物(固体样品均需研细)

四、实验步骤

(一)毛细管封口

将毛细管的一端放在酒精灯火焰边缘部位，慢慢转动加热，玻璃因熔融而封口，转速必须一致，使封口处厚薄均匀(注意检查封口是否严密)。按上述方法封好6根毛细管。

(二)样品的填装

将少量研细的样品①堆置于干净的表面皿上，将毛细管开口的一端插入其中，样品就被挤压入毛细管中。然后将粘在毛细管外面的样品用软纸擦干净，再把毛细管口朝上，投入竖直放在表面皿上的长30～50 cm的玻璃管中，使其自然下落至表面皿上，重复几次，使样品聚在管底。样品要装得均匀、结实，高度为2～3 mm。按上述方法分别装入苯甲酸、尿素、苯甲酸和尿素混合物样品各两根。

(三)仪器的安装

在熔点测定管中倒入液体石蜡，其高度与侧管上口之上沿相平。将熔点测定管夹于铁架台上，管口配好一个带缺口的软木塞，其中插入一支温度计，缺口对准温度计的刻度，便于观察温度。使温度计的水银球位于熔点测定管两叉管中间，把装入样品的毛细管上端用橡皮圈套在温度计上。毛细管下端有样品部分应紧靠在温度计水银球中部，橡皮圈不要触到浴液。如图2.1.6.1所示。

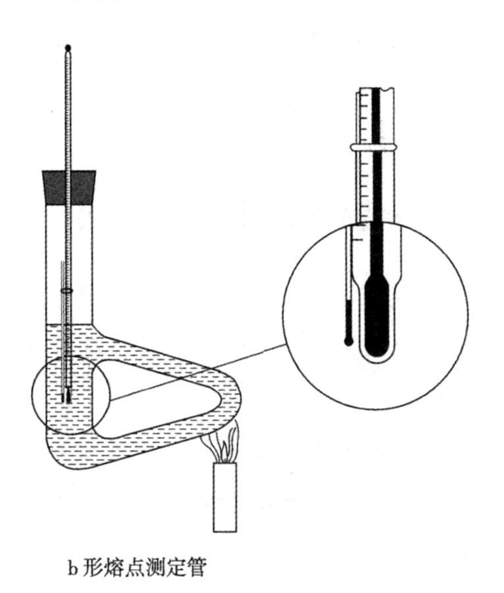

图2.1.6.1　熔点测定装置

① 被测样品必须要干燥并研成极细的粉末，这样才能紧密地填充在毛细管的底部，使导热迅速均匀，结果才准确。

(四)熔点的测定

仪器装好后,用小火在图 2.1.6.1 所示部位加热。先进行粗测,按每分钟 5～6℃的速度加热升高温度,当毛细管中的样品刚出现塌落时,表示样品开始熔化,记下初熔的温度,待样品变得透明时,表示完全熔化,记录下全熔时的温度计的读数,这样可得出不十分准确的熔点。室温下自然冷却,待熔点测定管中液体温度降至低于样品熔点 20～25℃时,再另取一根装好同样样品的毛细管进行精测。开始时升高温度的速度可以稍快,到距离熔点 10～15℃时,调节火焰,使温度上升速度为每分钟 1～2℃(掌握升温速度是准确测定熔点的关键)。仔细观察毛细管中被测物质的变化。记下样品开始塌落和润湿并出现微小液滴时(初熔)和固体完全消失(全熔)的温度,即为被测物质的熔点。例如,某物质在 121.6℃时初熔,122.4℃时全熔,熔点应记录为 121.6～122.4℃。

五、注意事项

1. 毛细管中的样品填装要均匀、结实。

2. 测定熔点时控制好升温速度,开始稍快,接近熔点时渐慢。

3. 注意熔点测定仪器安装的五个位置。

六、思考题

1. 影响熔点测定的因素有哪些?

2. 有 A、B、C 三种样品,其熔点都是 148～149℃,如何判断它们是否为同一物质?

参考学时:4 学时

延伸阅读1

考费勒微量熔点测定法

用毛细管法测定熔点,虽然装置简单,但不能观察样品在加热过程中的转化及其他变化过程。为了克服这些缺点,可用显微微量装置,常用的有考费勒(Kofler)微量熔点测定仪。仪器装置如图 2.1.6.2 所示。

测定熔点时,先将玻璃载片用脱脂棉沾酒精乙醚混合液擦净,放在一个可移动的支持器内,将微量结晶品放在玻璃载片上,使其位于电热板的中心空洞上,用一盖玻片盖住样品,放上桥玻璃及圆玻璃盖。调节镜头,使显微镜焦点对准样品,开启加热器,用可变电阻调节加热速度。当温度接近样品的熔点时,控制温度上升的速度为每分钟 1～2℃。当样品棱角变圆时是熔点的开始,结晶完全消失时是熔点的完成。

测定熔点后,停止加热,用镊子除去圆玻璃盖、桥玻璃及载玻片,将一铝盖放在加热板上加快冷却,然后清洗玻片备用。

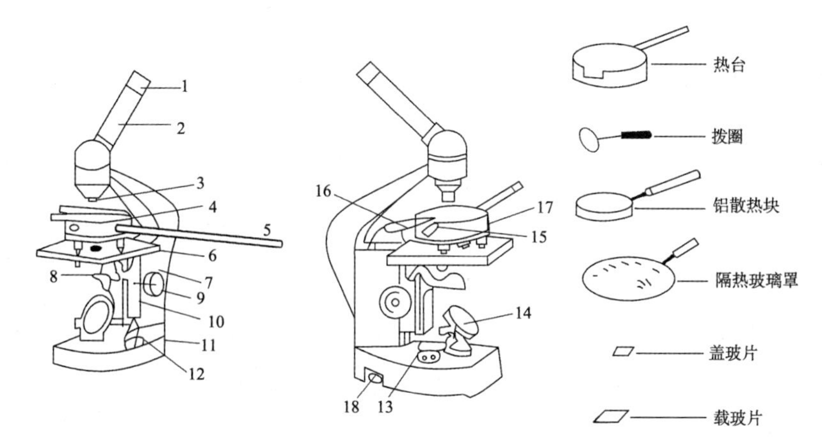

1.目镜 2.棱镜检偏部件 3.物镜 4.热台 5.温度计 6.载热台 7.镜身 8.起偏振件 9.粗动手轮 10.止紧螺钉 11.底座 12.波段开关 13.电位器旋钮 14.反光镜 15.拨动圈 16.上隔热玻璃罩 17.地线柱 18.电压表

图 2.1.6.2 Kofler 仪器装置

延伸阅读2

WRR 熔点仪

WRR 熔点仪是按照药典规定的熔点检测方法而设计的，该仪器利用电子技术实现温度程控，初熔和终熔数字显示。应用了线性校正的铂电阻作检测元件。仪器采用药典规定的毛细管作为样品管，通过高倍率的放大镜观察毛细管内样品的熔化过程，清晰直观，是制药、化工、染料、香料、橡胶等行业理想的熔点检测仪器。

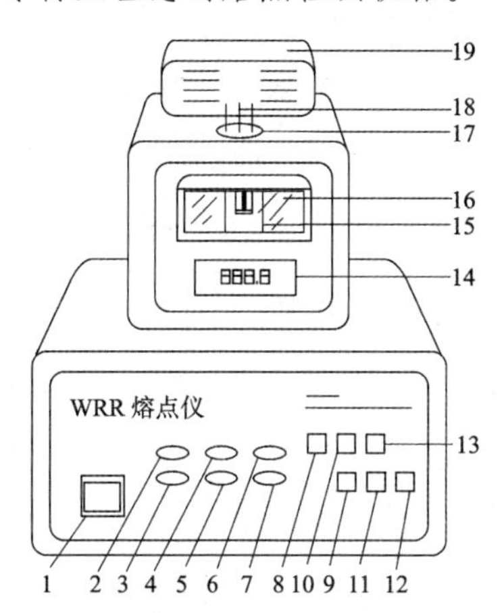

1.电源开关键 2.初熔 1 3.终熔 1 4.初熔 2 5.终熔 2 6.初熔 3 7.终熔 3 8.升温 9.← 10.→ 11.- 12.预置 13.+ 14.液晶显示区域 15.观察窗 16.观察屏 17.毛细管插入口 18.毛细管 19.顶盖

图 2.1.6.3 WRR 熔点仪

一、使用方法

(一)使用前的准备工作

1. 硅油的灌入

用注射器(附件)吸取硅油(附件)10 mL 从溢出口注入,重复 6 次,共需注入 60 mL 硅油,然后将溢油瓶套在溢出口上(如长期测量熔点低于 90℃时,可用蒸馏水代替硅油)。

2. 油浴管的更换

取下溢油瓶,卸下侧板。把手伸进仪器箱体内,一手托住油浴管,一手拉下弹簧,然后竖直向下再水平取出油浴管,取出油浴管时,须小心谨慎,以免玻璃破损。把油浴管装入仪器内,按上述方法的相反次序进行。

(二)熔点测定

1. 通过按键输入所需要的起始温度,设置的起始温度应低于待测物质的熔点(不大于 280℃),根据线性升温速率,选择推荐如表 2.1.6.1。

表 2.1.6.1 起始温度推荐表

速率选择	起始温度低于熔点
0.5℃/min	3℃
1℃/min	3～5℃
1.5℃/min	6～10℃
3℃/min	9～15℃

2. 预置参数。开启电源开关,开机显示为“welcome”,后出现如下画面:

V:X.X　　T:XXX

其中“V:X.X”表示前一次测量输入的升温速率。“T:XXX”表示前一次测量输入的预置温度。若 FLASH 存储器工作不正常,显示“Bad eeprom”,此时显示的升温速率与预置温度为系统内部默认值 V:1.0　T:100℃。通过按键“←”“→”调节升温速率、预置温度的百位、十位、个位数字,通过按键“+”“-”调节增量、减量(选中的修改项为闪烁显示),选择完毕之后按“预置”键完成。设置完成之后画面显示为:

V:X.X　　t:XXX　　T:XXX.X↑

其中“V:X.X”表示为本次测量输入的升温速率。“t:XXX”表示本次测量输入的预置温度。“T:XXX.X”表示现在的实际温度。“↑”闪烁表示现在温度低于预定温度。“—”稳定表示现在温度在设定温度范围内。“↓”闪烁表示现在温度高于设定温度。

此次设定的升温速率、预置温度保存到系统的 FLASH 存储器,以备下次使用。如果

FLASH 存储器工作不正常，显示“Write fault”，表示本次信息未被储存。

3. 仪器预热 20 分钟，温度稳定后，将装有待测物质的毛细管从毛细管插入口内的小孔中置入油浴管中（插入及取出毛细管必须小心谨慎，切勿折断）。

4. 按“升温”键，仪器根据设定的升温速率进入匀速升温阶段。此时画面显示如下：

V：X. X	t：XXX	T：XXX. X↑
F1：		E1：
F2：		E2：
F3：		E3：

F1 表示第一根毛细管的初熔值，E1 表示第一根毛细管的终熔值，F2 表示第二根毛细管的初熔值，E2 表示第二根毛细管的终熔值，F3 表示第三根毛细管的初熔值，E3 表示第三根毛细管的终熔值。

5. 通过观察窗观看毛细管内的样品的熔化过程，出现初熔时，按下“初熔”键，初熔值被记录。出现终熔时，按下“终熔”键，终熔值被记录。初熔、终熔点的键只能按一次。

三根毛细管的初熔、终熔值都记录后，系统自动转 F，本次测量结束（测量者若想提前结束本次测量，按“预置”键，系统自动转 F）。此时画面显示如下：

FR：XXX. X	ER：XXX. X
F1：XXX. X	E1：XXX. X
F2：XXX. X	E2：XXX. X
F3：XXX. X	E3：XXX. X

FR 表示三根毛细管初熔值的平均值，ER 表示三根毛细管终熔值的平均值。

6. 谨慎取出测量完毕的毛细管。

7. 如果要重复测同种样品，那么按“预置”键返回，仪器自动进入起始温度设定，等平衡后重复 3 至 6 的步骤即可。

二、使用注意事项

1. 一般先测量低熔点物质，后测高熔点物质。

2. 样品必须按要求烘干，在干燥和洁净的碾钵中碾碎，用自由落体敲击毛细管使样品填装结实，填装高度应一致。

3. 插入与取出毛细管时，必须小心谨慎，避免断裂。若毛细管不慎断裂，需待炉芯冷却后，使用附件中的通针将其取出。

4. 线性升温速率不同，测定结果也不一致。

5. 毛细管插入仪器前应用软布将外面沾污的物质清除，以免油浴弄脏。

6. 机内有危险的高压配件,不要打开机盖。

7. 仪器工作时黑盖范围内将产生高温,当心烫伤。

(郑爱丽)

实验七　常压蒸馏及沸点的测定

一、实验目的

1. 熟练掌握蒸馏实验装置的安装方法。

2. 掌握蒸馏及测定沸点的操作要领和方法。

3. 了解蒸馏及测定沸点的意义。

二、实验原理

液体受热后,其蒸气压随温度的升高而增大,当增大到与外界压力相等时,液体开始沸腾,这时的温度即为该液体物质的沸点(Boiling Point)。纯净的液态物质在常压下其沸点固定不变,所以沸点是液态物质的一个重要的物理常数。而混合物则不同,没有固定的沸点。沸点的测定常用于鉴定液态有机物质或鉴定其纯度。①

把液体加热变成蒸气,蒸气经过冷凝变成纯净液体的操作过程叫作蒸馏(Distillation)。蒸馏是分离或提纯有机化合物常用的方法之一。

蒸馏时,从第一滴馏出液滴入接收器开始,至该馏分蒸馏完全时的温度范围叫作该馏分的沸程,两温度之差称为沸点距。在一定压力下,纯液态物质具有恒定的沸点,且沸点距很小,一般在0.5～1℃。而混合物一般没有恒定的沸点,沸点距也较大。通过蒸馏操作可以测定液体物质的沸点,粗略判断其纯度。

三、器材与药品

(一)器材

250 mL电热套　100 mL蒸馏烧瓶　蒸馏头　直形冷凝管　50 mL接收瓶　尾接管　长颈漏斗　100℃温度计　温度计套管　50 mL量筒　铁架台　升降台　烧瓶夹　橡胶管

(二)药品

无水乙醇　95%乙醇　沸石

---

① 但应该注意:具有恒定沸点的液态物质不一定都是纯的化合物。因为某些液态物质常与其他组分组成二元或三元共沸混合物,共沸物有恒定的沸点。例如,乙醇和水可形成沸点78.2℃的二元恒沸混合物(含水4.4%),氯化氢与水形成沸点为108.5℃的二元恒沸混合物(含水79.8%)。

四、实验步骤

(一)仪器安装

常压蒸馏实验装置如图 2.1.7.1 所示。主要仪器包括蒸馏烧瓶、冷凝管、接收瓶三部分。仪器安装一般从热源开始,按照“自下而上,从左到右”的顺序进行。

首先,将蒸馏烧瓶固定在铁架台上,蒸馏烧瓶底部离电热套底部 1 cm 左右(必要时放在水浴中,不要触及底部),依次往上安装蒸馏头、带温度计套管的温度计,按图 2.1.7.1 调整温度计位置;其次,将连好橡胶管的冷凝管固定在另一铁架台上(夹住冷凝管的中上部),调整冷凝管的高低和角度,使其与蒸馏头侧管连接好;最后在冷凝管末端连接尾接管和接收瓶。接收瓶最好用木块垫住,便于蒸馏过程中除去或调换接收瓶。

完毕后,再仔细检查一遍整套蒸馏装置安装是否正确、规范,各部件之间要连接紧密,不能漏气。同时,要保证整套仪器内部与大气相通。

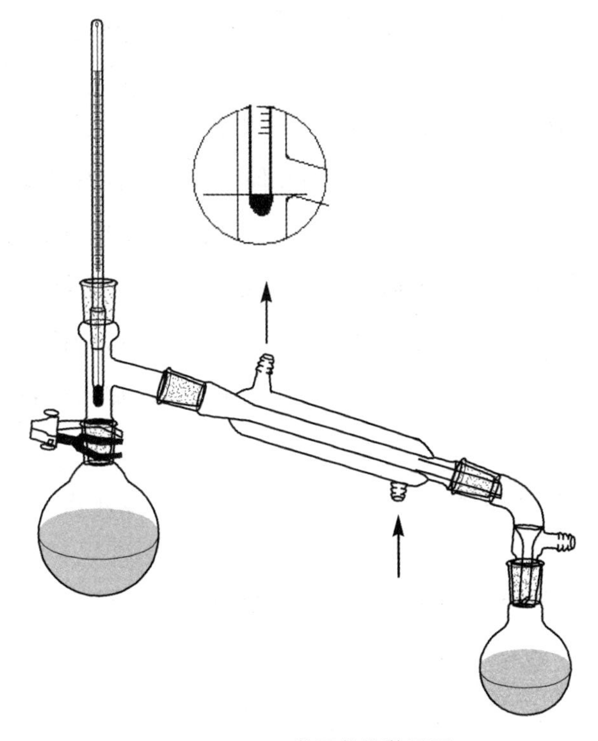

图 2.1.7.1　常压蒸馏装置图

(二)蒸馏操作及沸点的测定

1.取下温度计套管及温度计,用干燥的量筒取 40 mL 无水乙醇,经长颈漏斗缓缓加入蒸馏烧瓶中,并防止乙醇流入蒸馏头侧管,加入 2～3 粒沸石(也可以在安装蒸馏仪器前加入无水乙醇和沸石),再把仪器安装好,轻缓通入冷凝水,调节中等水流,再检查装置的正确性与气密性。

打开电热套电源开始加热，刚开始温度可以上升得快一些，接近沸腾时调节加热电压，使温度慢慢上升，当蒸汽到达温度计水银球时，温度计读数急剧上升，此时应适当调小加热电压，使温度缓慢上升，以保证温度计感应温度的过程达到平衡。平衡后温度计的读数即馏出液的沸点①。

当第一滴蒸馏液滴入接收瓶中时，观察并记录此时的温度，若被测液体为纯净物，此温度即该液体的沸点。调节加热电压，保持蒸馏速度为每秒 1～2 滴，直至蒸馏烧瓶中仅存少量液体时(不要蒸干)，记录最后的温度。起始及最终的温度代表液体的沸程。停止加热，撤掉热源。

待仪器冷却后，关闭冷凝水，按安装仪器相反的顺序拆卸仪器。将收集的乙醇倒入回收瓶中。

2. 另取 95%乙醇 40 mL 同步骤 1 进行蒸馏，并记录结果。

五、注意事项

1. 蒸馏易挥发、易燃物质(如乙醚)不能用明火加热，以避免火灾，可使用水浴。

2. 为了避免在蒸馏过程中出现过热现象和保证沸腾的状态平稳，蒸馏时必须加入沸石(也叫作止暴剂)，沸石一定要在加热前加入。当加热后发现未加沸石或原有沸石失效时，不能匆忙投入沸石，因为这时液体温度较高，投入沸石，可能会引起剧烈的沸腾——暴沸，高温液体有可能冲出瓶口，造成烫伤、起火等事故。所以，应待液体冷却至沸点以下，再加入沸石。若蒸馏中途暂停，再继续蒸馏时，仍需要重新加入沸石，因原有的沸石空隙内已充满了液体。

3. 根据蒸馏液体的体积选择蒸馏烧瓶的容积，一般液体体积不超过蒸馏烧瓶容积的 2/3，也不要少于 1/3。

4. 冷凝管要根据待蒸馏液体的沸点选择，待蒸馏液体的沸点低于 140℃时选用直形冷凝管，高于 140℃时选用空气冷凝管。

5. 应控制好蒸馏速度，不应太快或太慢。加热太猛，蒸馏速度太快，蒸汽过热，测得的沸点偏高；反之，加热不足，蒸馏速度太慢，测得的沸点则偏低。

6. 蒸馏有毒性的液体时，应使用真空尾接管，将毒气引入通风口(或室外)；如果蒸馏系统需避免潮气侵入，应在尾接管处连上干燥管。

---

① 在蒸馏过程中，温度计的水银球上要始终附有冷凝的液滴，以保证气液两相的平衡，这时的温度即为液体的沸点。

7. 蒸馏时烧瓶内的液体不能蒸干，应留少量液体。因为蒸到最后时，烧瓶内液体中的杂质较多，有时会留有过氧化物等易爆物。蒸干会把杂质蒸出，还有可能引起爆炸。

8. 蒸馏烧瓶和直形冷凝管都需要用铁架台和铁夹固定住，不应夹得太紧或太松，以夹住后稍用力尚能转动为宜。

六、思考题

1. 测定物质的沸点和沸点距有什么意义？如果某液体具有恒定的沸点，能否证明它就是纯净物呢？

2. 当加热后有馏出液流出时，才发现冷凝管没有通水，能否马上通水？若不行，该怎么办？

3. 蒸馏时，温度计位置过高或过低，对沸点的测定有何影响？

参考学时：4 学时

（李慧）

实验八　折射率的测定

一、实验目的

1. 掌握折射率的测定方法。

2. 熟悉阿贝折射仪的原理和结构。

二、实验原理

折射率（Refractive Index）同熔点、沸点一样是物质的特性常数，固体、液体和气体都有折射率。它可作为检验物质纯度的一种标准，也可用来鉴定未知物。

折射率的大小不仅与被测物质的结构和入射光的波长有关，而且受温度的影响也较大，所以表示物质的折射率（n）时，应注明入射光的波长和测定时的温度。例如，乙酰乙酸乙酯的折射率 $n_D^{20.5}=1.4180$，表示用钠光源 D 线（波长为 589 nm）在 20.5℃时所测乙酰乙酸乙酯的折射率。

当光线由一种透明介质 A 进入另一种透明介质 B 时，由于光在两种介质中传播速度不同，光的方向就会改变（除非光的方向与两介质的界面垂直），这种现象称为光的折射现象。此时入射角（α）的正弦与折射角（β）的正弦之比为一常数，此常数称为介质 B 的折射率（对介质 A）。折射率可用数学式表示如下：

$$n=\frac{\sin\alpha}{\sin\beta}$$

如果介质A对于介质B是光疏介质(介质A通常为空气),则折射角β必小于入射角α_0。当入射角$\alpha_0=90°$时,$\sin\alpha_0=1$,这时折射角达到最大值,称为临界角,用β_0表示(如图2.1.8.1所示)。则有:

$$n=\frac{1}{\sin\beta_0}$$

介质B不同,临界角也不同。根据临界角的大小,由上式便可计算不同物质的折射率。

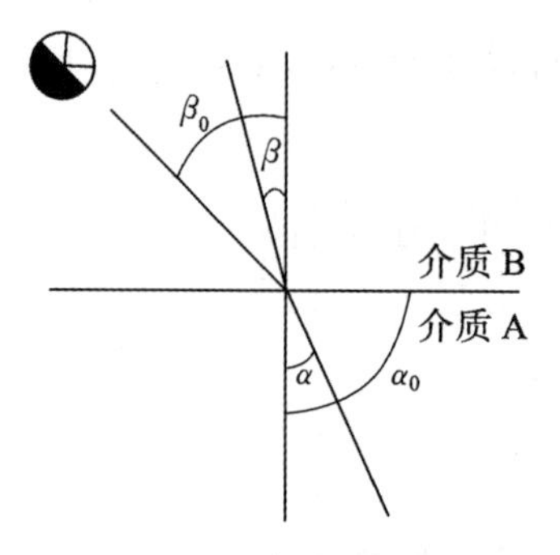

图2.1.8.1 光的折射现象

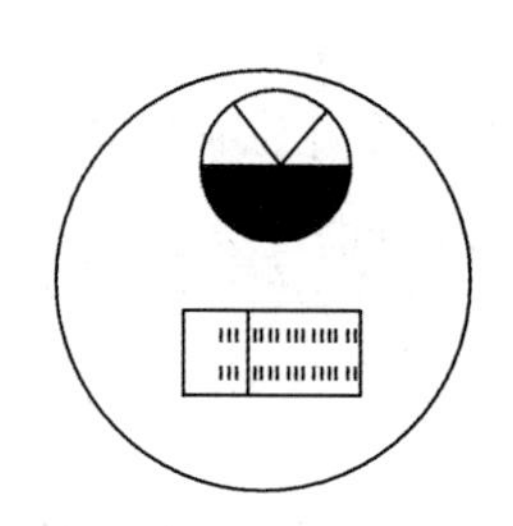

图2.1.8.2 望远与读数视场

为了测定临界角,阿贝折射仪采用了"半明半暗"的方法,即使单色光由0~90°的所有角度从介质A射入介质B,这时介质B中临界角以内的区域均有光线通过,因而是明亮的;而临界角以外的全部区域没有光线通过,因而是暗的。明暗两区界线清楚,如果在介质B上方用一目镜观察就可看见一个界线十分清晰的半明半暗的图像,图像的下方即可读出该物质的折射率(仪器本身已将临界角换算成折射率,如图2.1.8.2所示)。

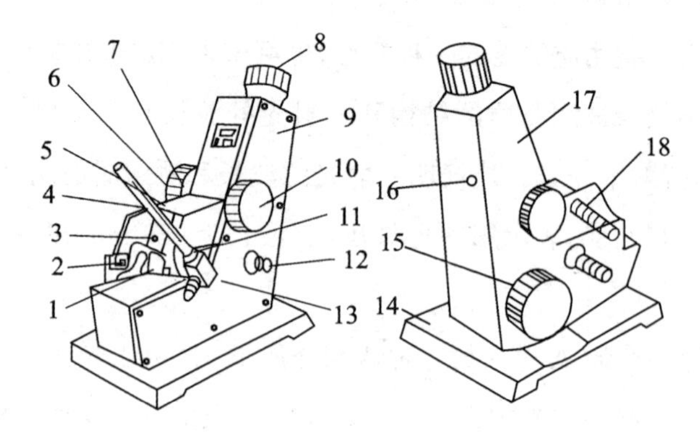

1.反射镜 2.转轴 3.遮光板 4.温度计 5.进光棱镜座 6.色散调节手轮 7.色散值刻度圈 8.目镜 9.盖板 10.棱镜锁紧手轮 11.折射棱镜座 12.聚光镜 13.温度计座 14.底座 15.刻度调节手轮 16.校正螺钉 17.壳体 18.恒温器接头

图2.1.8.3 2WAJ折射仪外形图

三、器材与药品

(一)器材

2WAJ 阿贝折射仪(见图 2.1.8.3)　擦镜纸

(二)药品

无水乙醇　丁香油　乙酸乙酯

四、实验步骤

1.将折射仪置于干净桌面上,与恒温水浴相连,调节至所需温度,恒温。

2.转动棱镜锁紧手轮,分开棱镜,滴加少量无水乙醇润湿上、下棱镜,用擦镜纸顺一个方向把镜面轻轻擦拭干净,风干,将 2~3 滴被测液体均匀地滴于下镜面上,合上棱镜,锁紧。打开遮光板,合上反射镜。

3.调节目镜视度(转动目镜外圈),使叉线成像清晰。

4.旋转刻度调节手轮,在目镜视场中找到明暗分界线,若分界线为彩色,则旋转色散调节手轮使分界线清晰,再微调刻度调节手轮使分界线位于叉线中心。

5.适当转动聚光镜使刻度值清晰,读数。重复操作两次,取平均值。

6.分开上、下棱镜,先用擦镜纸擦净被测液,再按操作 2 擦洗棱镜,然后测其他样品。

7.实验完毕,将棱镜及整台折射仪擦净。

五、注意事项

1.保护镜面,不能用硬物接触镜面。

2.测液体或透明固体时,须合上反射镜,否则找不准视场。

3.滴加被测液体时要均匀,否则会影响测定,对于易挥发液体应快速测定。

4.如果折射仪不与恒温水浴连接,可利用温度升高 1℃,液体有机化合物的折射率约减少 4×10^{-4} 进行换算。

六、思考题

1.阿贝折射仪使用方法和注意事项是什么?

2.折射率的数值与哪些因素有关?

参考学时:2 学时

(王江云)

实验九　旋光度的测定

一、实验目的

1. 熟悉旋光仪的结构和旋光度的测定原理。

2. 掌握旋光度的测定方法。

二、实验原理

能使偏振光的振动平面发生偏转的物质，称为旋光性物质。旋光性物质使偏振光的振动平面偏转的角度叫作旋光度。许多有机化合物，尤其是来自生物体内的大部分天然产物，如氨基酸、生物碱和碳水化合物等都具有旋光性。每一种旋光性物质在一定条件下都有一定的旋光度。

旋光性物质的旋光度数值不仅取决于这种物质本身的结构和配成溶液时所用的溶剂，而且也取决于溶液的浓度、旋光管的长度、测定时的温度和所用光波的波长。因此必须对这些影响因素加以规定，使其成为一常数，通常用比旋光度[α]表示，下式为溶液的比旋光度：

$$[\alpha]_{\lambda}^{t}=\frac{\alpha}{c\times l}$$

式中：α——由旋光仪测得的旋光度；

l——旋光管的长度，以 dm 为单位；

λ——所用光源的波长，通常用的是钠光源($\lambda=589$ nm)，以 D 表示；

t——测定时的温度；

c——溶液的浓度，单位是 $g\cdot mL^{-1}$。

如果被测物质本身是液体，可直接放入旋光管中测定，而不必配成溶液。纯液体的比旋光度用下式表示：

$$[\alpha]_{\lambda}^{t}=\frac{\alpha}{l\times d}$$

上式中的 d 为纯液体的密度，单位是 $g\cdot cm^{-3}$。

像物质的熔点、沸点和折光率等一样，比旋光度是旋光性物质的一个物理常数。通过测定旋光度，不仅可以鉴定旋光性物质，而且可以检测其纯度及含量。

由比旋光度可按下式求出样品的光学纯度(OP)。光学纯度的定义是：旋光性物质的比旋光度除以光学纯试样在相同条件下的比旋光度。

$$光学纯度(OP)=\frac{[\alpha]_D^t 观测值}{[\alpha]_D^t 理论值}\times 100\%$$

测定物质旋光度的仪器称为旋光仪,实验室常用的旋光仪是 WXG—4 小型旋光仪,其外形及光学系统如图 2.1.9.1 和 2.1.9.2 所示。

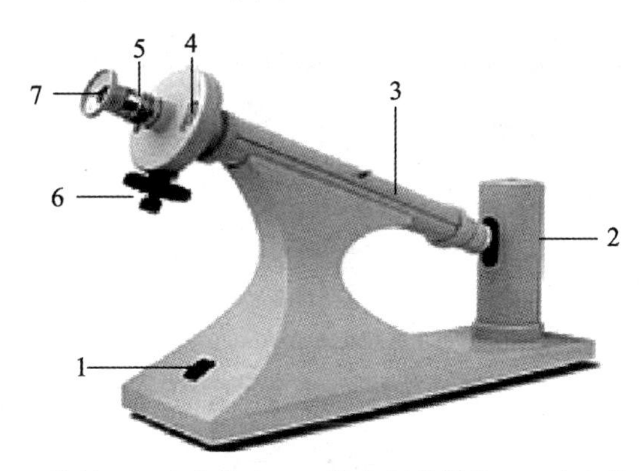

1.电源开关　2.钠光灯　3.镜筒　4.度盘游表　5.视度调节螺旋　6.度盘转动手轮　7.目镜

图 2.1.9.1　WXG—4 小型旋光仪的外形图

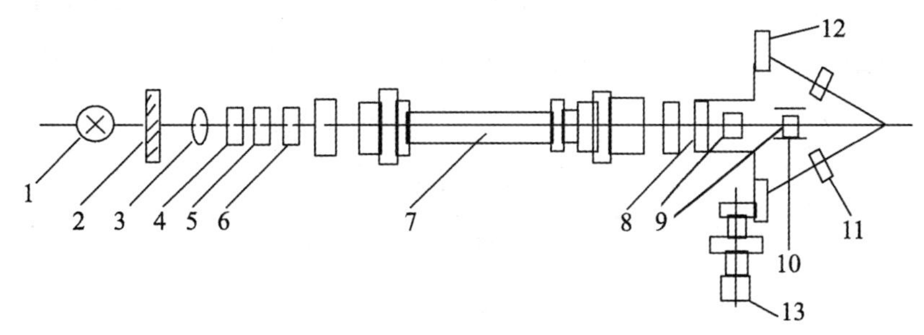

1.光源　2.毛玻璃　3.聚光镜　4.滤色镜　5.起偏镜　6.半波片　7.试管　8.检偏镜　9.物、目镜组　10.调焦手轮　11.读数放大镜　12.度盘及游标　13.度盘转动手轮

图 2.1.9.2　WXG—4 小型旋光仪的光学系统图

WXG—4 小型旋光仪主要由光源、起偏镜、试管(也叫旋光管)和检偏镜等几部分组成。光源为炽热的钠光灯,发出波长为 589.3nm 的单色光(钠光)。起偏镜是由两块光学透明的方解石黏合而成的,也叫尼科尔(Nicol)棱镜,它的功用是把通过聚光镜及滤色镜的光变成平面偏振光。半波片(一个由石英和玻璃构成的圆形透明片)是为了提高测量的准确度而加入的,测定时,经起偏镜生成的偏振光通过半波片时,由于石英具有旋光性,从石英中通过的那一部分偏振光被旋转了一个角度,通过半波片的这束偏振光就变成振动方向不同的两部分,通过调节检偏镜,可出现视场中三个区内明暗程度不等的三分视场,如图 2.1.9.3(a)、(c)所示。只有当检偏镜旋转至某一角度时,三分视场消失,视场中三个区内的明暗程度相等(较暗),这个视场称为零点视场,如图 2.1.9.3(b)所示,这一位置标记

为零度。当测定管中装入旋光性物质后，该物质能把从起偏镜和石英片射出的偏振光的偏振面均旋转一定角度 α，此时零点视场消失，又出现三分视场，只有将检偏镜也旋转 α 角度(可由与其联动的标尺盘上读出)，才能使三分视场消失，重现零点视场，这个 α 角度即为被测物质的旋光度。

用蒸馏水校正零点和测定样品时，均须调出零点视场后方可读数。

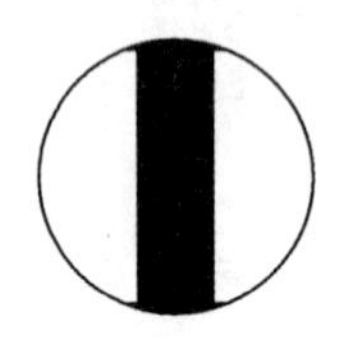

(a) 大于(或小于)零点的视场

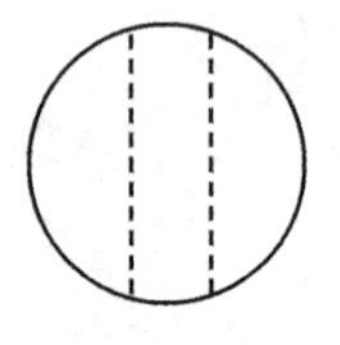

(b) 零点视场

(c) 小于(或大于)零点的视场

图 2.1.9.3　三分视场变化示意图

读数方法：刻度盘分为 360 等份，并有固定的游标分为 20 等份。读数时先看游标的 0 落在刻度盘上的位置，记录下整数值，如图 2.1.9.4 中整数为 9，再利用游标尺与主盘上刻度线重合的方法，记录下游标上的读数作为小数点以后的数值，可以读到两位小数(如果两个游标窗读数不同，则取其平均值)。此时图中为 0.30，所以最后的读数为 $\alpha=9.30°$。

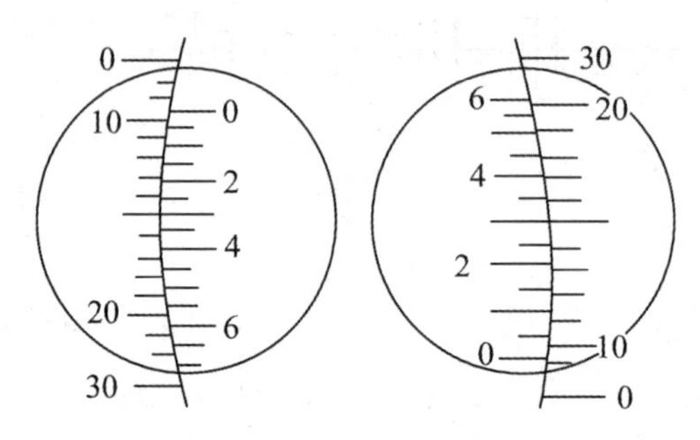

图 2.1.9.4　读数示意图

使偏振光平面顺时针方向旋转的旋光性物质叫作右旋体，逆时针方向旋转的叫作左旋体。

对于未知的旋光物质必须确定其旋光方向，但在实际工作中，不能通过一次测定判断某物质是右旋还是左旋，因为通过旋转刻度盘可在目镜里观察到两次零点视场。例如，某物质在 +10°出现一次零点视场，则在 −170°一定又出现一次零点视场，即顺时针转 10°与反时针转 170°得到同样的结果。因此不能判断旋光度是 +10°还是 −170°，为了确定旋光方向是右旋还是左旋，可采用两次测定法，即把溶液浓度降低，或者将旋光管的长度减少一半，如果此时得到一个在 0°至 10°之间，另一个在 −170°至 −180°之间的零点视场，则可判定此物质一定是右旋，因浓度降低旋光度也应降低。反之，如果浓度降低后，得到一个大于+10°和一个小于−170°的零点视场，则可判定此物质为左旋。

三、器材与药品

（一）器材

WXG−4 小型旋光仪　50 mL 烧杯　吸水纸

（二）药品

10%葡萄糖　5%葡萄糖

四、实验步骤

1. 接通电源，等待 3～5 min 使灯光稳定①。

2. 零点的校正　用蒸馏水冲洗旋光管数次，然后装满蒸馏水，使液面刚刚凸出管口，取玻璃盖沿管口壁轻轻盖好，不能盖进气泡，旋上螺丝帽盖，不使漏水也不要太紧。管内如有气泡存在，需将气泡赶至旋光管的凸起处，若气泡过大，则需重新装填。装好后，将样品管外部拭净，以免沾污仪器的样品室。

旋转目镜上的视度调节螺旋，直到三分视场清晰。转动度盘手轮，找出两种不同视场[图 2.1.9.3(a)、(c)]，然后在两种视场之间缓缓转动刻度盘手轮，使三分视场明暗程度均匀一致，即零点视场②[图 2.1.9.3(b)]。按游标尺原理读出刻度盘上所示数值。如此重复测定三次，取其平均值即为仪器的零点值，测样品时在读数中减去该数值即可。

3. 样品的测定　取出旋光管，用待测液冲洗三次，加满待测液。用上面相同方法找出零点视场，在刻度盘上读数，重复三次，取平均值，即为旋光度的观测值，从观测值中减去零点值，即为该样品真正的旋光度。

（1）用上述方法分别测定 5%葡萄糖、10%葡萄糖溶液的旋光度，然后计算它们的比旋光度。

（2）测定浓度未知的葡萄糖溶液的旋光度，通过文献查比旋光度，计算其浓度。

实验结束以后先用自来水，再用蒸馏水冲洗旋光管，然后用吸水纸揩干。

五、注意事项

旋光管使用后，特别在盛放有机溶剂后，必须立即洗涤，避免两头衬垫的橡皮圈因接触溶剂而发黏，旋光管洗涤后不可置于烘箱内干燥，因玻璃与金属的膨胀系数不同，将造成破裂。用后可晾干或以乙醚冲洗数次使其变干。此外，旋光管两端的圆玻片为光学玻璃，必须小心用软纸擦，以免磨损。

---

①　钠光灯使用时间不宜过长（不超过 4 h），在连续使用时，不应经常开关，以免影响其使用寿命。

②　零点视场的特点是亮度均匀，但较昏暗，且对角度变化非常敏感，注意与另一明亮、亮度也均匀一致的视场相区别。

六、思考题

1. 何谓旋光度？何谓比旋光度？

2. 旋光仪是由哪几部分组成的？操作时应注意什么？

3. 测定样品时，如何判断其旋光方向？

参考学时：4 学时

延伸阅读

WZZ—3 型自动旋光仪的使用

图 2.1.9.5　WZZ—3 型自动旋光仪

一、仪器的使用方法

1. 将仪器电源插头插入 220 V 交流电源。

2. 打开电源开关，钠光灯应启亮，经 5 分钟钠光灯预热后，将光源开关拨至直流位置（若钠光灯熄灭，可将光源开关上下重复扳动）。

3. 直流灯点亮后按“回车”键，这时液晶显示器即有 MODE L C n 选项显示。（MODE 为模式，C 为浓度，L 为试管长度，n 为测量次数；默认值：MODE 为 1，L 为 2.0，C 为 0，n 为 1。）

4. 显示模式的改变

（1）MODE1—旋光度，MODE2—比旋度，MODE3—浓度，MODE4—糖度。

（2）如果显示模式不需要改变，则按“测量”键，显示“0.00”。

（3）若需要改变模式，修改相应的模式数字对于 MODE、L、C、n 每一项，输入完毕后，需按“回车”键；当 n 次数输入完毕后，按“回车”键后显示“0.000”表示可以测试。在输入过程中发现输入错误时，可按“→”键，光标会向前移动，可修改错误。

（4）在测试过程中，如需要改变模式，可按“→”键。

（5）在测试过程中，如果出现黑屏或乱屏，请按“回车”键。

5. 显示形式

(1)测旋光度时,MODE 选 1(按数码键 1 后,再按“回车”键):测量内容显示旋光度 OPTICAL ROTATION,数据栏显示 α 及 αAV,需要输入测量的次数 n,脚标 AV 表示平均值。

(2)测比旋度时,MODE 选 2:测量内容显示比旋度 SPECIFIC ROTATION,数据栏显示$[\alpha]$及$[\alpha]_{AV}$,需要输入试管长度 L(dm)、溶液的浓度 C 及测量的次数 n,脚标 AV 表示平均值。

(3)测浓度时,MODE 选 3:测量内容显示浓度 CONCENTRATION,数据栏显示 C 及 C_{AV},需要输入试管长度 L(dm)、比旋度$[\alpha]$及测量的次数 n,若比旋度为负$[\alpha]$,也请输入正值,浓度会自动显示负值,此时负号表示为左旋样品。

(4)测糖度时,MODE 选 4:测量内容显示国际糖度 INTEL SUGAL SCALE,数据栏显示 Z 及$[Z]_{AV}$,需要输入测量的次数 n。各数据栏下面的$\sigma n-1$ 为测量 $n=6$ 次时的标准偏差,反映样品制备及仪器测试结果的离散性,离散性越小,测试结果的可信度越高。

6. 将装有蒸馏水或其他空白溶剂的试管放入样品室,盖上箱盖,按清零键,显示 0 读数。试管中若有气泡,应先让气泡浮在凸颈处;透光面两端的雾状水滴,应用软布揩干。试管螺帽不宜旋得过紧,以免产生应力,影响读数。试管安放时应注意标记的位置和方向。

7. 取出试管,将待检样品注入试管,按相同的位置和方向放入样品室内,盖好箱盖。仪器将显示出样品旋光度或相应示值。

8. 仪器自动复测 n ,得 n 个读数并显示平均值及$\sigma n-1$ 值($\sigma n-1$,对 $n=6$ 有效)。如果 n 设定为 1,可用复测键手动复测,在 $n>1$ 按“复测”键时,仪器将重新测试。

9. 如样品超过测量范围,仪器在$\pm 45°$处来回振荡。此时,取出试管,仪器即自动回零位。此时可稀释样品后重测。

10. 仪器使用完毕后,应依次关闭光源、电源开关。

11. 每次测量前,请按“清零”键。

12. 仪器回零后,若回零误差小于 0.01°旋光度,无论 n 是多少,只回零一次。

二、仪器使用注意事项

1. 钠光灯要预热 15 分钟才能稳定,测定或读数时应在钠光灯稳定后读取。

2. 测定时有气泡,应先使气泡浮于凸颈处或除去。透光面两端的玻璃应用软布擦干。

3. 测定结束后测试管必须洗净晾干,仪器不使用时样品室应放硅胶吸潮。

(王学东)

实验十　有机分子结构模型作业

一、实验目的

1. 加深认识有机化合物中碳原子的 3 种杂化方式和有机分子的立体结构。

2. 理解有机化合物异构现象产生的原因。

3. 用立体概念理解平面图形及某些特有现象和性质。

二、实验原理

在有机化合物中，碳原子一般都是 4 价的。根据杂化轨道理论，碳原子有 3 种杂化类型：sp^3 杂化、sp^2 杂化和 sp 杂化。只通过单键与其他原子相连的碳原子是 sp^3 杂化的，4 个杂化轨道的能量、形状完全相等，分别对称地指向正四面体的 4 个顶点，互相之间的夹角为 109°28′。sp^3 杂化轨道与其他原子成键时形成 σ 键，σ 键有轴对称性，两成键原子可相对自由旋转。通过双键与其他原子相连的碳原子是 sp^2 杂化的，3 个杂化轨道在同一平面内，互成 120°的夹角，未参加杂化的 p 轨道与这一平面垂直。在双键化合物分子中，碳原子的 3 个 sp^2 杂化轨道分别与其他原子形成 3 个 σ 键，未杂化的 p 轨道与其他原子的 p 轨道形成一个 π 键，且 π 键垂直于 3 个 σ 键所形成的平面，π 电子云对称分布于平面的上下方，没有轴对称性，故以双键相连的两个碳原子不能自由地旋转。通过叁键与其他原子相连的碳原子是 sp 杂化的，两个杂化轨道为直线型分布，之间的夹角为 180°，两个未杂化的 p 轨道与杂化轨道相互垂直。叁键中一个是由 sp 杂化轨道形成的 σ 键，另外两个是由两个未杂化的 p 轨道形成的相互垂直的 π 键，这两个 π 键又与 σ 键键轴直交，因此叁键也不能自由旋转。

同分异构现象在有机化合物中极为普遍且类型较多，可分为两大类。分子式相同，因分子中原子或原子团的结合方式和排列顺序不同而产生的异构现象称为结构异构（又称构造异构），如碳架异构、位置异构、官能团异构、互变异构；分子的结构相同，因分子中的原子或原子团在空间的排列方式不同而产生的异构现象称为立体异构，如顺反异构、旋光异构和构象异构。

三、器材与药品

有机化合物球棒模型一套（要求球上有若干小孔，其角度符合 sp^3、sp^2、sp 杂化轨道及未杂化的 p 轨道的理论角度）

四、实验步骤

(一)碳链异构和位置异构

1. 乙烷、乙烯和乙炔

做出乙烷、乙烯和乙炔的分子模型，比较 sp^3、sp^2 和 sp 杂化碳原子的键角区别，指出哪些键可以自由旋转，哪些不可以。注意观察乙烯分子中各原子的共平面性，π 键与 σ 键平面的垂直关系，乙炔中两个 π 键的相互垂直。

2. 丁烯

做出丁烯各种异构体的模型，了解位置异构与碳链异构的产生原因及区别。

(二)构象异构

1. 乙烷的构象

做出乙烷的分子模型，旋转碳碳单键，使成重叠式和交叉式，画出其透视式和纽曼投影式构象。

2. 环己烷的构象

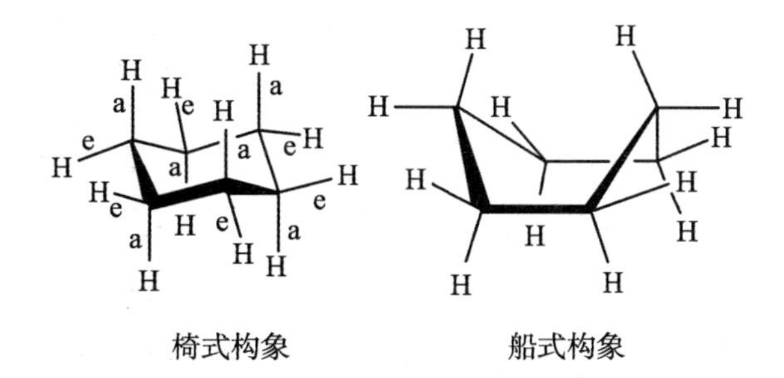

椅式构象　　船式构象

做出环己烷的分子模型。

(1)扭成船式构象，观察船头(C_1)和船尾(C_4)上两个氢原子的距离。沿 C_2-C_3 与 C_5-C_6 键的方向观察，这两组碳原子上的价键是否为重叠式？画出其船式构象的透视式。

(2)由船式构象扭成椅式构象，沿任一 C—C 单键方向观察，这些碳原子上的价键是否为交叉式？

(3)在椅式构象中逐一找出 6 个 a 键(与分子的对称轴平行)和 6 个 e 键(与对称轴成一定角度)，观察其分布规律，画出构象式。

(4)观察 a、e 键在分子内受力情况。以 C_1 上的两个 C—H 键为例，1e 受到 2a、2e、6a、6e 四个 C—H 键的排斥作用；la 除受这 4 个键作用外，还受到 3a 和 5a 两个 C—H 键的作用(称 1,3-二竖键的相互作用)。

3. 甲基环己烷的构象

将上述环己烷上的任意一个氢原子换成一个甲基，使之成为甲基环己烷的椅式构象。

此时甲基在 a 键上还是在 e 键上？扭转模型得另一椅式构象，此时甲基在 a 键上还是在 e 键上？画出上述两个椅式构象的透视式，比较两种构象哪个稳定，为什么？

（三）顺反异构

1. 丁-2-烯

做出丁-2-烯的两种构型的分子模型，两者能否重合？分别写出其平面结构式，并用顺/反命名法及 Z/E 命名法命名之。

2. 1,4-二甲基环己烷

做出 1,4-二甲基环己烷的两种构型的分子模型，分别写出其平面投影式，并命名之。

3. 十氢萘

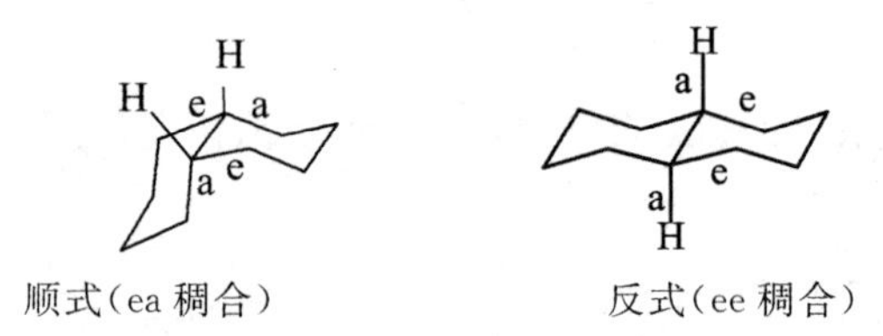

顺式（ea 稠合）　　反式（ee 稠合）

十氢萘可看成是由两个稳定的环己烷以椅式构象稠合而成，按稠合碳上两个氢原子的空间排列不同而产生顺式十氢萘和反式十氢萘两种异构体。在十氢萘中，可以把一个环看作另一个环上的两个取代基。在反式十氢萘中，两个取代基都在 e 键上，称 ee 稠合；而顺式十氢萘中一个取代基在 e 键上，另一个取代基在 a 键上，称 ea 稠合。

做出顺式十氢萘和反式十氢萘的分子模型，仔细观察两个环己烷的稠合方式及 C_9、C_{10} 上两个氢原子位于环平面同侧还是异侧？处在 a 键还是 e 键？比较两种异构体哪种稳定？

（四）旋光异构

1. 甘油醛

做出两种不同构型的甘油醛分子模型。根据模型，按费歇尔投影规则写出投影式，并用 D、L 及 R、S 命名法命名。

2. 2-氯-3-羟基丁二酸

做出 2-氯-3-羟基丁二酸的各种旋光异构体，根据费歇尔投影规则写出其投影式，用 R、S 命名法命名，指出对映体和非对映体。也可先写出 2-氯-3-羟基丁二酸的各种旋光异构体的费歇尔投影式，再根据投影式做出其模型。

3. 2,3-二羟基丁二酸（酒石酸）

做出酒石酸的所有旋光异构体，分别写出其费歇尔投影式，并用 R、S 命名法命名。其异构体是否都有旋光性？异构体的数目符合 2^n 个吗？

4. D-葡萄糖的开链结构及 α-、β-吡喃葡萄糖的构象

(1)链状结构及其向环状结构的转变

根据 D-葡萄糖的费歇尔投影式做出其链状结构,依据下式所示转变成环状的哈瓦斯式。

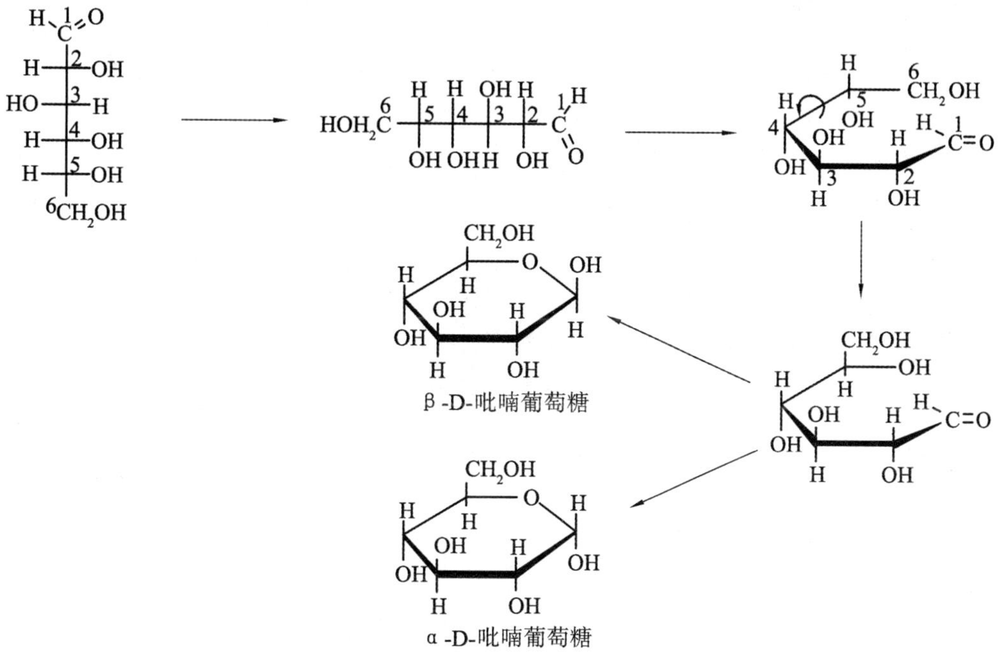

β -D-吡喃葡萄糖

α -D-吡喃葡萄糖

观察按平面哈瓦斯式扭成的 α-、β-葡萄糖模型的环上各键的张力大小。

(2)α-、β-葡萄糖的构象

由模型可以看出,哈瓦斯式是假定成环原子在同一平面上,实际上因张力太大不能存在,而是以张力很小的、稳定的椅式构象存在的。

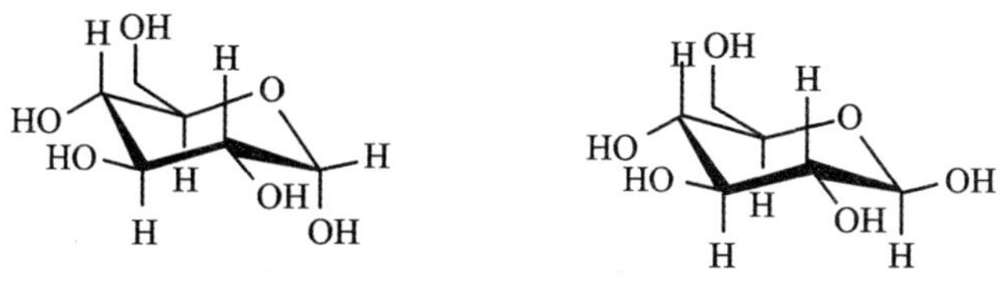

α-D-吡喃葡萄糖　　β-D-吡喃葡萄糖

将哈瓦斯式表示的平面环状葡萄糖模型扭成椅式,观察张力的大小。画出构象式并比较其稳定性。

五、注意事项

1. 插制模型时应注意碳等原子的杂化方式和成键角度,要与理论相联系。

2. 注意保管好使用的模型,减少损坏和丢失。

六、思考题

1. 在不破坏共价键的情况下环己烷的椅式构象与船式构象能否相互转化？顺式十氢萘与反式十氢萘能否相互转化？为什么？

2. 根据所制作的旋光异构体模型写其费歇尔投影式时应注意哪些问题？

参考学时：4 学时

（王学东）

2.2 溶液的配制与性质

本部分实验内容主要对医学生学习中使用广泛的缓冲溶液的配制方法和缓冲溶液的性质进行了介绍，同时也对胶体溶液的配制方法和胶体溶液的性质做了介绍。

实验十一 电解质溶液的性质

一、实验目的

1. 进一步理解弱电解质的解离平衡、同离子效应及盐类水解的基本原理；

2. 掌握沉淀平衡及沉淀的生成、溶解和转化的条件；

3. 学会离心分离的基本操作。

二、实验原理

(一)弱电解质的解离平衡及同离子效应

弱电解质在水溶液中只能部分解离。如 HAc 在水溶液中存在解离平衡

$$HAc+H_2O \rightleftharpoons H_3O^+ + Ac^-$$

$$K_a^\ominus=\frac{[H_3O^+][Ac^-]}{[HAc]}$$

$K_a^\ominus$ 为 HAc 的解离平衡常数。在 HAc 溶液中，加入少量含有相同离子的 NaAc。NaAc 是强电解质，在水溶液中全部解离为 Na^+ 和 Ac^-，使溶液中 Ac^- 的浓度增大，HAc 在水中的解离平衡向左移动，从而降低了 HAc 的解离度，这种现象称为同离子效应。同离子效应使 HAc 溶液中$[H_3O^+]$降低，pH 增大。同理，在 $NH_3 \cdot H_2O$ 中，若加入少量含有相同离子的强电解质 NH_4Cl(或 NaOH)，则弱碱在水中的解离平衡将向着生成 $NH_3 \cdot H_2O$ 分子的方向移动，导致 $NH_3 \cdot H_2O$ 的解离度降低，溶液中$[OH^-]$降低，pH 减小。

(二)盐类的水解

有一些盐为质子酸或质子碱。在水溶液中，这些离子与水反应生成弱酸或弱碱，从而使溶液呈现一定的酸碱性，这称为盐的水解。例如，在 NH_4Cl 的水溶液中，存在着如下反应：

$$NH_4Cl \longrightarrow NH_4^+ + Cl^-$$

$$NH_4^+ + H_2O \rightleftharpoons NH_3 + H_3O^+$$

水解使 NH_4Cl 溶液显酸性。酸度、温度、稀释等条件都可以影响水解平衡的移动。

(三)溶度积规则

有一类强电解质的溶解度较小，例如 AgCl、$CaCO_3$、PbS 在水中的溶解度很小，但它们在水中溶解的部分是全部解离的，这类电解质称为难溶性强电解质。它们在水溶液中存在沉淀溶解平衡。对于 A_aB_b 型的难溶电解质：

$$A_aB_b(s) \rightleftharpoons aA^{n+} + bB^{m-} \quad K_{sp}^{\ominus} = [A^{n+}]^a[B^{m-}]^b$$

$K_{sp}^{\ominus}$ 称为标准溶度积常数，简称溶度积。它反映了难溶电解质在水中的溶解能力。对于同类型的难溶电解质，溶度积愈大，溶解度也愈大。离子浓度幂的乘积称为离子积 IP。IP 和 $K_{sp}^{\ominus}$ 的表达形式类似，但其含义不同。$K_{sp}^{\ominus}$ 表示难溶电解质溶解平衡时饱和溶液中离子浓度幂的乘积，而 IP 可表示任意时刻溶液中离子浓度幂的乘积。

当 $IP = K_{sp}^{\ominus}$ 时，沉淀与溶解达到平衡；

当 $IP < K_{sp}^{\ominus}$ 时，沉淀溶解；

当 $IP > K_{sp}^{\ominus}$ 时，有沉淀析出。

以上三点被称为溶度积规则，它是对难溶电解质溶解沉淀平衡移动规律的总结，也是判断沉淀生成和溶解的依据。

三、器材与药品

(一)器材

离心管　离心机　试管　刻度试管　试管夹　试管架　酒精灯　量筒(10 mL)　滴管　玻璃棒　烧杯　广泛 pH 试纸　精密 pH 试纸(3～5)和(9～11)

(二)药品

0.1 $mol \cdot L^{-1}$ HCl　2 $mol \cdot L^{-1}$ HCl　6 $mol \cdot L^{-1}$ HNO_3　0.1 $mol \cdot L^{-1}$ NaOH　0.1 $mol \cdot L^{-1}$ HAc　2 $mol \cdot L^{-1}$ HAc　0.1 $mol \cdot L^{-1}$ $NH_3 \cdot H_2O$　2 $mol \cdot L^{-1}$ $NH_3 \cdot H_2O$　1 $mol \cdot L^{-1}$ NH_4Cl　0.1 $mol \cdot L^{-1}$ NaCl　0.1 $mol \cdot L^{-1}$ $MgCl_2$　Na_2S 饱和溶液　0.1 $mol \cdot L^{-1}$ Na_2S　0.01 $mol \cdot L^{-1}$ $Pb(Ac)_2$　0.02 $mol \cdot L^{-1}$ KI　0.1 $mol \cdot L^{-1}$ K_2CrO_4　0.1 $mol \cdot L^{-1}$ $AgNO_3$　$Al_2(SO_4)_3$ 饱和溶液　Na_2CO_3 饱和溶液　NaAc 固体　NH_4Cl 固体　$Fe(NO_3)_3 \cdot 9H_2O$ 固体　锌粒　甲基橙　酚酞

四、实验步骤

(一)强弱电解质溶液的比较

1. 取两支试管分别加入 0.1 $mol \cdot L^{-1}$ HCl 和 0.1 $mol \cdot L^{-1}$ HAc 各 1 mL，再各加入 1

滴甲基橙溶液，观察溶液的颜色。

2. 用 pH 试纸测试浓度各为 0.1 $mol \cdot L^{-1}$ HCl、HAc、NaOH 和氨水的 pH 值，并与计算值作比较。

3. 取两个试管，分别加入 2 mL 2 $mol \cdot L^{-1}$ HAc 溶液和 2 $mol \cdot L^{-1}$ HCl 溶液，再各加一粒锌粒，观察反应现象(剩余锌粒回收)。

(二)弱电解质的解离平衡和同离子效应

1. 在试管中加入 2 mL 0.1 $mol \cdot L^{-1}$ $NH_3 \cdot H_2O$，再滴加一滴酚酞，观察溶液的颜色。将此溶液分盛于两支试管中，在一支试管中加入少量固体 NH_4Cl，摇荡使之溶解，观察溶液的颜色的变化，并与另一支试管进行比较。

2. 在试管中加入约 2 mL 0.1 $mol \cdot L^{-1}$ HAc 溶液，再加一滴甲基橙，观察溶液的颜色。将此溶液分盛于两支试管中，在一支试管中加入少量固体 NaAc，摇荡使之溶解，观察溶液有何变化，并与另一支试管进行比较。

根据以上实验总结同离子效应对弱电解质解离平衡和解离度的影响。

(三)盐类的水解

1. 试管中加入少量固体 NaAc，加水溶解后，滴加一滴酚酞溶液，观察溶液颜色。在小火上将溶液加热，观察颜色有什么变化？为什么？

2. 试管中加入少量固体 $Fe(NO_3)_3 \cdot 9H_2O$，用 6 mL 水溶解后，观察溶液颜色。将溶液分成 3 份：一份留作空白，一份加几滴 6 $mol \cdot L^{-1}$ HNO_3；一份在小火上加热沸腾，观察现象并作比较。加入 HNO_3 或加热对水解平衡有何影响？请解释。

3. 取一支试管先加入饱和 $Al_2(SO_4)_3$ 溶液，再加入饱和 Na_2CO_3 溶液，有何现象？设法证明产生的沉淀是 $Al(OH)_3$ 而不是碳酸铝。

(四)溶度积规则

1. 沉淀的生成　试管中加入 2 滴 0.01 $mol \cdot L^{-1}$ $Pb(Ac)_2$ 溶液、2 滴 0.02 $mol \cdot L^{-1}$ KI 溶液，振摇试管，观察并记录沉淀的生成和颜色。

2. 分步沉淀　在刻度试管中加入 3 滴 0.1 $mol \cdot L^{-1}$ Na_2S 溶液和 3 滴 0.1 $mol \cdot L^{-1}$ K_2CrO_4 溶液，加水稀释到 3 mL，混合均匀后，逐滴加入 0.1 $mol \cdot L^{-1}$ $AgNO_3$ 溶液，观察并记录沉淀的颜色变化，解释原因。

3. 沉淀的溶解　试管中加入 2 mL 0.1 $mol \cdot L^{-1}$ $MgCl_2$ 溶液和数滴 2 $mol \cdot L^{-1}$ NH_3，观察沉淀的生成，再逐滴加入 1 $mol \cdot L^{-1}$ NH_4Cl 溶液，观察沉淀是否溶解，并说明原因。

向另一试管中加入 1 mL 0.1 $mol \cdot L^{-1}$ $AgNO_3$ 溶液和 1 mL 0.1 $mol \cdot L^{-1}$ NaCl 溶

液，观察沉淀的生成，再逐滴加入 2mol·L^{-1} NH_3 溶液，观察沉淀是否溶解，并说明原因。

4. 沉淀的转化　离心管中加入 2 mL 0.1 mol·L^{-1} $AgNO_3$ 溶液和 1 mL 0.1 mol·L^{-1} K_2CrO_4 溶液，水浴微热 1 分钟，冷却后离心分离，弃去上层清液，再加入 1 mL 蒸馏水洗涤沉淀，离心分离，弃去上层清液后加入 0.5 mL 饱和 Na_2S 溶液，观察，记录实验现象，并说明原因。

五、注意事项

（一）pH 试纸的使用

把每条试纸撕成几片放于表面皿上，用洁净、干燥的玻璃棒沾少许溶液于试纸上，对比比色卡，记录 pH 值。注意不能用湿手摸试纸。

（二）离心机的使用

离心机是利用离心力分离液体与固体颗粒或液体与液体的混合物中各组分的机械。离心机主要用于将悬浮液中的固体颗粒与液体分开；或将乳浊液中两种密度不同，又互不相溶的液体分开。电动离心机转动速度快，使用离心机时，必须注意以下操作。

1. 离心机套管底部要垫棉花或试管垫。

2. 电动离心机如有噪音或机身振动时，应立即切断电源，即时排除故障。

3. 离心管必须对称放入套管中，防止机身振动，若只有一支样品管时，另外一支要用等质量的水代替。

4. 启动离心机时，应盖上离心机顶盖后，方可慢慢启动。

5. 分离结束后，先关闭离心机，在离心机停止转动后，方可打开离心机顶盖，取出样品，不得用外力强制其停止转动。

六、思考题

1. 同离子效应对弱电解质的电离度和难溶电解质的溶解度有何影响？

2. 影响水解的因素都有哪些？

3. 如何配制 $FeCl_3$、$SnCl_2$ 溶液？

参考学时：4 学时

（马丽英）

实验十二　缓冲溶液的配制与性质

一、实验目的

1. 学习缓冲溶液的配制方法。

2. 加深对缓冲溶液性质的理解。

二、实验原理

缓冲溶液的特点是：当加入少量强酸、强碱或对其稍加稀释时，其 pH 值不发生明显的改变。按照酸碱质子理论，缓冲溶液的缓冲体系为共轭酸碱对。缓冲溶液的近似 pH 值可用 Henderson-Hasselbalch 方程式计算。

$$pH = pK_a^\ominus + \lg \frac{[共轭碱]}{[共轭酸]} \tag{1}$$

如果配制缓冲溶液时，共轭酸碱的浓度相同，上式可写为：

$$pH = pK_a^\ominus + \lg \frac{V_{共轭碱}}{V_{共轭酸}} \tag{2}$$

由公式(2)可知，若改变两者体积之比，可得到一系列 pH 值不同的缓冲溶液。

缓冲能力的大小常用缓冲容量表示。对于一定的缓冲溶液，当缓冲比为定值时，缓冲溶液的总浓度越大，则缓冲容量越大。当总浓度相同时，缓冲比越接近 1，缓冲容量越大。

三、器材与药品

(一)器材

酸度计　复合电极　吸量管　50 mL 烧杯　50 mL 容量瓶　pH 试纸

(二)药品

1 mol·L^{-1}NaAc　1 mol·L^{-1}HAc　0.1 mol·L^{-1}NaAc　0.1 mol·L^{-1}HAc　0.1 mol·L^{-1}NaOH　0.1 mol·L^{-1}HCl　pH=4 盐酸　甲基红指示剂　0.05 mol·L^{-1}$NaHCO_3$　2 mol·L^{-1}NaOH

四、实验步骤

(一)缓冲溶液配制

计算 1 号和 2 号缓冲溶液所需各组分体积，并填入表 2.2.12.1。

表 2.2.12.1　缓冲溶液配制

缓冲溶液	pH 值	组分体积/mL	实测 pH 值
1 号 配制 30 mL	4	0.1 mol·L^{-1}HAc(　　) 0.1 mol·L^{-1}NaAc(　　)	
2 号 配制 50 mL	10	0.05 mol·L^{-1}$NaHCO_3$(　　) 0.1 mol·L^{-1}NaOH(　　)	

根据表 2.2.12.1 中用量，在烧杯中配制 1 号缓冲溶液。配制 2 号缓冲溶液时，需准确量取所需体积的 $NaHCO_3$ 和 NaOH 溶液于 50 mL 容量瓶中，稀释至刻度，摇匀。

用酸度计测定 1 号和 2 号缓冲溶液 pH 值，并与标示值比较。保留 1 号缓冲溶液备用。

(二)缓冲溶液的性质

取三支试管,分别加入 3 mL 1 号缓冲溶液,按照表 2.2.12.2 用量分别加入酸、碱和水,摇匀后用 pH 试纸测量 pH 值,并记入表 2.2.12.2 中;再取三支试管,分别加入 3mL pH=4 的盐酸溶液,按照同样的用量分别加入酸、碱和水,摇匀后用 pH 试纸测量 pH 值,并记入表 2.2.12.2。

表 2.2.12.2　1 号缓冲溶液和 HCl 分别加入酸、碱和水后的 pH 值

	3 滴 0.1 $mol\cdot L^{-1}$ HCl	3 滴 0.1 $mol\cdot L^{-1}$ NaOH	3mL 蒸馏水
1 号缓冲溶液(pH=4)			
HCl(pH=4)			

(三)缓冲容量

1. 取两支试管,其一加入 0.1 $mol\cdot L^{-1}$ HAc 和 NaAc 溶液各 2 mL,另一试管加入 1 $mol\cdot L^{-1}$ HAc 和 NaAc 溶液各 2 mL,混匀后判断两试管 pH 是否相同?向两试管中分别加入甲基红指示剂 2 滴,观察溶液颜色。然后分别滴加 2 $mol\cdot L^{-1}$ NaOH 至溶液刚变黄色。记录各管所加滴数并解释原因。

2. 在两个烧杯中分别加入 0.1 $mol\cdot L^{-1}$ HAc 和 0.1 $mol\cdot L^{-1}$ NaAc,按表中用量配制 3 号和 4 号缓冲溶液,用酸度计测定 pH 值记录于表 2.2.12.3。然后分别各加入 0.1 $mol\cdot L^{-1}$ NaOH 2.00 mL,混匀后再测其 pH 值。记录数据并解释之。

表 2.2.12.3　3 号、4 号缓冲溶液的 pH 值

	缓冲溶液	V(HAc)∶V(NaAc)	pH	加碱后 pH	ΔpH
3 号	15.00 mL HAc 15.00 mL NaAc	1∶1			
4 号	5.00 mL HAc 25.00 mL NaAc	1∶5			

五、注意事项

1. 缓冲溶液的配制要注意精确度。

2. 了解酸度计的正确使用方法,注意电极的保护。

六、思考题

用 Henderson-Hasselbalch 方程式计算的 pH 值为何是近似的?应怎样校正?

参考学时:4 学时

(胡威)

实验十三　胶体的制备与性质

一、实验目的

1. 了解溶胶的制备方法。

2. 验证溶胶的光学、电学性质，观察溶胶的聚沉现象。

3. 了解大分子溶液的某些性质。

二、实验原理

胶体是物质的一种分散状态，当物质以 1～100 nm 大小的粒子分散于某种介质中时，就成为胶体体系。胶体分散系主要包括溶胶和大分子溶液。

溶胶的制备方法通常有分散法和凝聚法。分散法是把较大的溶质颗粒通过研磨法或超级波冲击法分散为胶体分散粒子，凝聚法是借助化学反应使溶质分子或离子聚集为胶体分散粒子。本实验采用水解反应和复分解反应制备溶胶。

如水解法制备 $Fe(OH)_3$ 溶胶：

$$FeCl_3 + 3H_2O \longrightarrow Fe(OH)_3 + 3HCl$$

$$Fe(OH)_3 + HCl \longrightarrow FeOCl + 2H_2O$$

$$FeOCl \longrightarrow FeO^+ + Cl^-$$

胶核吸附 FeO^+ 而使胶粒带正电荷。

又如，利用复分解反应制备 AgI 溶胶：

$$AgNO_3 + KI \longrightarrow AgI + KNO_3$$

胶粒带何种电荷取决于所用试剂的相对量，如在制备 AgI 溶胶的反应中，若 $AgNO_3$ 过量，则胶粒吸附 Ag^+，带正电荷；若 KI 过量，则胶粒吸附 I^-，带负电荷。

胶体的性质与其结构密切相关。由于胶粒的直径在 1～100 nm 之间，易引起入射光的散射，故溶胶可产生乳光现象（丁铎尔效应）。胶粒表面积大使其具有较强的吸附能力，能够选择性地吸附电解质粒子而使溶胶的胶粒带电。带电胶粒在外电场中向相反电性的电极发生定向移动，即电泳。胶粒带电性是溶胶稳定的主要因素，如果在溶胶中加入电解质，中和其电性和破坏它的水化膜，可使其发生聚沉。

大分子化合物溶液也属于胶体体系，但其分散相是单个大分子，属均相体系，故它和溶胶既具有一些共同性质，也有其特性。向蛋白质溶液中加入足量的中性盐，使蛋白质沉淀析出的作用称为盐析。

向溶胶中加适量的大分子溶液，能显著地提高其稳定性，因大分子溶液可在胶粒周围形成高分子保护层，从而大大减弱了胶粒聚结的可能性。但是如果加入的大分子溶液的量不足，对溶胶不但起不到保护作用，反而会降低其稳定性，甚至发生聚沉，这种现象称为敏化作用。

三、器材与药品

(一)器材

试管架及试管　石棉网　酒精灯　50 mL 烧杯　10 mL 量筒　50 mL 量筒　滴管　玻璃棒　丁铎尔效应装置　电泳装置　表面皿

(二)药品

0.1 $mol\cdot L^{-1}$ $FeCl_3$　0.025 $mol\cdot L^{-1}$ KI　0.025 $mol\cdot L^{-1}$ $AgNO_3$　0.01 $mol\cdot L^{-1}$ KNO_3　1%白明胶溶液　蛋清溶液①　琼脂(s)　2.0 $mol\cdot L^{-1}$ KCl　0.01 $mol\cdot L^{-1}$ K_2CrO_4　0.01 $mol\cdot L^{-1}$ $K_3[Fe(CN)_5]$　0.01 $mol\cdot L^{-1}$ $(NH_4)_2SO_4$　饱和$(NH_4)_2SO_4$ 溶液

四、实验步骤

(一)溶胶的制备与性质

1. 制备 $Fe(OH)_3$ 溶胶：将 20 mL 蒸馏水加入 50 mL 烧杯中，加热至沸腾，然后边搅拌边逐滴加入 0.1 $mol\cdot L^{-1}$ $FeCl_3$ 溶液 3 mL(每毫升约 20 滴)，继续煮沸 1～2 分钟，观察溶液颜色变化。保留溶胶供下面实验使用。

2. 制备 AgI 溶胶：用量筒量取 0.025 $mol\cdot L^{-1}$ KI 溶液 20 mL，放入 50 mL 烧杯中，边搅拌边逐滴加入 0.025 $mol\cdot L^{-1}$ $AgNO_3$ 溶液 10 mL，观察溶液颜色变化。保留溶胶供下面实验使用。

3. 观察丁铎尔(Tyndall)现象②：将制得的 $Fe(OH)_3$ 溶胶倒入试管中，然后放入丁铎尔效应箱内观察有无乳光现象。

改用 0.1 $mol\cdot L^{-1}$ $FeCl_3$ 溶液做同样的实验，观察有无乳光现象。

4. 电泳(Electrophoresis)现象：将制得的 AgI 溶胶加入图 2.2.13.1 电泳装置的 U 形管中，并在管的两边沿管壁小心地等量加入 1～2 mL 0.01 $mol\cdot L^{-1}$ KNO_3，使溶胶与水之间有清晰的界面(界面不清要重做)，并且保持两边界面高度一致，然后插入电极，接通电源，过一段时间观察现象，并判断胶粒所带电荷。

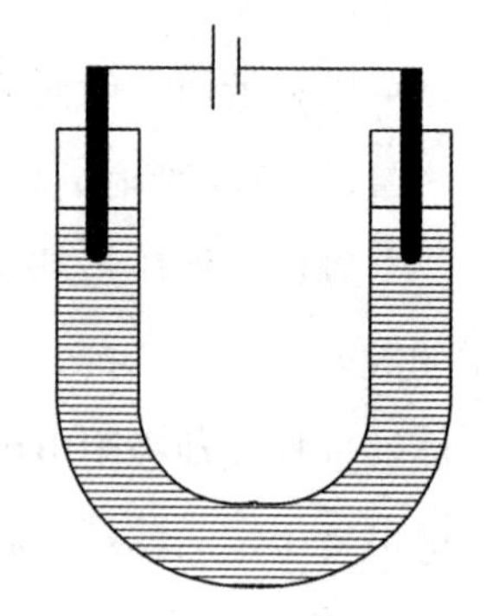

图 2.2.13.1　电泳装置

---

① 蛋清溶液的配制：用新鲜鸡蛋清与水按 1∶10 体积混合即可。

② 若 $Fe(OH)_3$ 溶胶的丁铎尔现象不明显，可滴加 1 $mol\cdot L^{-1}$ 氨水调节到 pH=3～4，或加水稀释。

5. 溶胶的聚沉(Coagulation):取三支试管各加入 1 mL $Fe(OH)_3$ 溶胶,然后再分别逐滴加入 2.0 $mol \cdot L^{-1}$ KCl、0.01 $mol \cdot L^{-1}$ K_2CrO_4 和 0.01 $mol \cdot L^{-1}$ $K_3[Fe(CN)_5]$溶液。每支试管都加到刚出现混浊为止,记录加入的每种电解质溶液的体积。简要说明所加电解质溶液的量和胶粒所带电荷的关系。

另取一支试管,加入 1 mL AgI 溶胶,然后逐滴加入 $Fe(OH)_3$ 溶胶,并不断震荡,观察现象并解释原因。

再取一支试管,加入 2 mL AgI 溶胶,加热至沸腾,观察现象并解释原因。

(二)高分子溶液的性质

1. 高分子溶液的凝胶作用:在烧杯中加入 30 mL 蒸馏水,盖上表面皿,加热至沸腾,在沸水中加入约 0.06 g 琼脂,用玻璃棒搅拌,完全溶解后配成琼脂高分子溶液,静置冷却,即得凝胶。

2. 蛋白质溶液的盐析作用:在一支大试管中,加入 1 mL 蛋清溶液,逐滴加入饱和 $(NH_4)_2SO_4$ 溶液,直至析出沉淀,然后加入 5～6 mL 蒸馏水,观察沉淀是否溶解,并解释原因。

3. 高分子溶液对溶胶的保护作用:取两支试管各加入 2 mL $Fe(OH)_3$ 溶胶,然后在一支试管中加入 1 mL 蒸馏水,另一支试管中加入 1 mL 1%白明胶溶液,摇匀后,向第一支试管中逐滴加入 0.01 $mol \cdot L^{-1}$ $(NH_4)_2SO_4$ 溶液,加到刚出现混浊为止,记下加入 $(NH_4)_2SO_4$ 溶液的滴数,然后于第二支试管中滴入相同滴数的 0.01 $mol \cdot L^{-1}$ $(NH_4)_2SO_4$ 溶液,观察有无沉淀,并加以解释。

4. 敏化作用:取两支试管各加入 2 mL AgI 溶胶,然后往一支试管中加入 2 滴 1%白明胶溶液,往另一支试管中加入 0.5 mL 0.01 $mol \cdot L^{-1}$ KNO_3 溶液,摇匀。观察两试管中的聚沉现象并加以解释。

五、注意事项

制备氢氧化铁胶体时,保持沸腾 1～2 分钟,注意不能时间过长。若对氢氧化铁胶体持续加热,可能会因温度升高,胶粒运动快和"吸附"的离子减少而形成 $Fe(OH)_3$ 沉淀,即胶体受热聚沉。

六、思考题

1. 丁铎尔效应和电泳现象产生的原因是什么?

2. 加入电解质和加热,对胶体的稳定性各会产生什么影响?

3. 在 $AgNO_3$ 过量时制备的 AgI 溶胶,能否与 $Fe(OH)_3$ 溶胶相互聚沉?

参考学时:4 学时

(邓树娥)

实验十四　溶液的渗透压测定及其对细胞形态的影响

一、实验目的

1. 学习测定溶液的渗透压力的原理及方法。

2. 掌握低渗、等渗、高渗溶液的配制方法。

3. 学会使用显微镜观察细胞在不同渗透浓度溶液中的形态。

二、实验原理

纯液体的凝固点是物质的固态与其液态平衡共存时的温度。若将溶质溶解于纯溶剂中，溶剂的凝固点将会降低，即溶液的凝固点低于纯溶剂的凝固点，这一现象被称为溶液的凝固点降低。在稀溶液中，溶液凝固点的降低值与溶液的质量摩尔浓度成正比。

$$\Delta T_f = T_f^0 - T_f = K_f \times b_B \tag{1}$$

(1)式中，ΔT_f 为溶液的凝固点降低值，T_f^0 为纯溶剂的凝固点，T_f 为溶液的凝固点，K_f 为溶剂的凝固点降低常数，b_B 为溶液的质量摩尔浓度。

医学上，由于人体各种体液内除含有蛋白质外，大多含有小分子电解质离子(Na^+、K^+、Cl^-等)，因此常用间接法测量其渗透压力。间接测量渗透压力可以利用溶液的沸点升高和凝固点降低等方法，其中，凝固点降低法操作简便，测定迅速且精度较高，适合于人体各种体液(如尿液、血清、胃液、唾液等)的测定。

根据 Van't Hoff 渗透压力的计算公式及溶液的凝固点降低值，可进一步计算出溶液的渗透压力。

$$\Pi = b_B RT = \frac{\Delta T_f}{K_f} RT \tag{2}$$

式中，R 为 8.314×10^3 Pa·L·mol^{-1}·K^{-1}，T 为绝对温度。

冰点渗透压计是一种利用凝固点降低法测量溶液的渗透浓度的装置。对稀溶液，其渗透浓度(c_{os})与渗透压力的关系为：

$$\Pi = c_{os} RT \tag{3}$$

因此，在相同温度下，渗透浓度越大，渗透压力越大。在同一温度下，可以直接通过渗透浓度的大小来比较两溶液渗透压力的高低。临床上，以正常人血浆的渗透浓度(280～320 mmol·L^{-1})为标准来确定溶液的渗透浓度(或渗透压力)的相对高低。若溶液的渗透浓度低于 280 mmol·L^{-1} 称为低渗溶液，高于 320 mmol·L^{-1} 称为高渗溶液。

人体正常红细胞呈扁圆形，边缘厚，中间薄。在等渗溶液中，其形状不变；在低渗液中，细胞易溶胀破裂；置于高渗液中，细胞则易皱缩形成血栓。

三、器材与药品

(一)器材

FM-9J 冰点渗透压计　光学显微镜　载玻片　盖玻片　吸耳球　滴管　玻璃棒　洗瓶　小试管　血色素吸管(20 μL)　6 号注射针头　75%酒精消毒棉球　消毒干棉球　擦镜纸

(二)药品

1.0 mol·L^{-1} 氯化钠　新鲜血液

四、实验步骤

(一)渗透压的测定

1. 不同渗透浓度溶液的配制

按表 2.2.14.1 配制成 10 mL 不同浓度的氯化钠溶液，计算所需 1.0 mol·L^{-1} 氯化钠溶液的体积，并填入下表。

表 2.2.14.1　**不同渗透浓度的氯化钠溶液**　　温度 ____℃

测定项目	1	2	3	4
配制浓度/mol·L^{-1}	0.05	0.08	0.14	0.25
量取氯化钠的体积/mL				
渗透浓度/mmol·L^{-1}				

取四支洁净干燥的小试管，分别加入表 2.2.14.1 中的 1、2、3、4 号溶液 1 mL，备用。

2. 氯化钠溶液渗透压的测定

取洁净小试管一支，用 0.14 mol·L^{-1}的氯化钠溶液润洗三次，然后吸取 0.50 mL 溶液于小试管中，用冰点渗透压计测其渗透压，并记录温度。

(二)不同浓度的渗透溶液对细胞形态的影响

1. 制备红细胞混悬液

采血可在手指或耳垂部，通常以耳垂取血较好，不易感染。取血时轻揉耳垂片刻，用 75%酒精消毒棉球擦洗耳垂部，待酒精稍干后，手指夹住耳垂，用消毒注射针头(在酒精灯上烧红亦可)快速刺破耳垂下缘,轻轻挤压耳垂,第一滴血用干棉球擦去,然后用血色素吸管吸取血液,在上述 4 支小试管中分别注入血液 10 μL,轻轻摇匀,观察 4 支小试管中的混合液。

2. 观察红细胞形态

从上述 4 支试管中各取一滴红细胞混悬液,分别滴于载玻片上,盖上盖玻片,置于显微镜载物台上,转动粗调焦轮,使低倍镜(10×)于最低位置(注意勿将盖玻片压碎),然后边观察边调节粗调焦轮,使镜头由低向高移动,调至血涂片中红细胞形态清晰,再换用高倍镜(40×)观察,调节微调焦轮至镜内成像清晰可见。观察比较 4 种浓度溶液中红细胞的形态。必要时,可与标准血涂片比较。

五、注意事项

1. 显微镜由低倍镜转高倍镜时,注意不要碰到盖玻片。

2. 冰点渗透压计的测量探头是由玻璃和塑料组成的,应注意防止探头跌落摔碎。

3. 测量渗透压时小试管内不能有气泡,并且勿让试管壁接触到传感器。

4. 在报出测量结果后,按 A 键退出测量,回到等待状态,及时用手将测量探头从冷槽中取出。取试管时,应用手暖一会,待冰融化后再将试管取下,防止损坏传感器。

5. 每次测量结束后,用蒸馏水清洗探头,擦干,套上洁净的干试管。

六、思考题

1. 纯溶剂的凝固点与溶液的凝固点有何区别? 什么是过冷现象?

2. 如何解释在显微镜下观察到的红细胞在低渗、等渗和高渗溶液中的形态?

参考学时:4 学时

延伸阅读

FM-9J 型冰点渗透压计

由于溶液渗透压力值与冰点降低值呈线性关系,冰点渗透压计已将冰点降低值换算成渗透浓度而显示出来。因此本实验也可用冰点渗透压计测定所配制的低渗、等渗和高渗溶液的渗透浓度值。

FM-9J 型冰点渗透压计的工作原理是以冰点下降值与溶液的渗透浓度成正比例关系为基础。采用高灵敏度的感温元件——半导体热敏电阻测量溶液的凝固点,通过电量转化为渗透压单位($m\text{Osm}\cdot\text{kg}^{-1}$)而实现。该测定结果的法定计量单位简称为 $m\text{Osm}\cdot\text{kg}^{-1}$,读作每千克毫渗量。

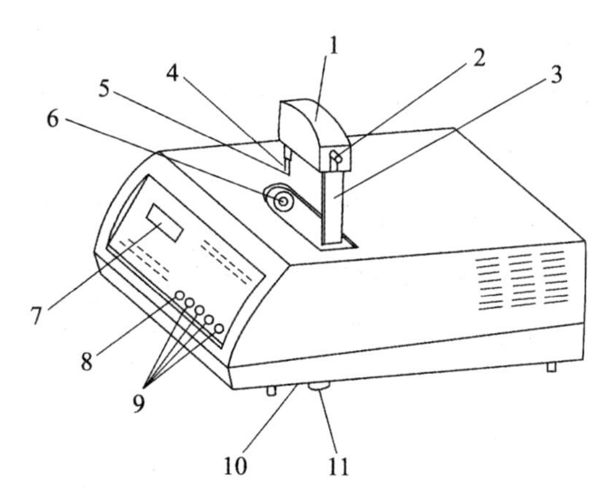

1. 测量探头　2. 升降把手　3. 升降滑动杆　4. 传感器　5. 振棒　6. 冷槽　7. 显示窗　8. 复位键　9. 功能键　10. 不冻液排放口　11. 防溢口

图 2.2.14.1　FM-9J 型冰点渗透压计

仪器的操作步骤

1. 开机预热

在冷槽内加入约 60 mL 的不冻液，直到仪器右侧不冻液溢流杯有不冻液排出为止。

接通电源，仪器进入等待状态，仪器面板显示冷槽温度（若显示"— — — —"表示温度过高），仪器经约 30 分钟的预热，自动平衡在温度控制点。

2. 定标

取一个洁净、干燥的试管，用玻璃注射器从标准液瓶内抽取 0.5 mL 的 300（或 800）$m\text{Osm}\cdot\text{kg}^{-1}$ 定标液注入试管，将试管套入测量探头，手推测量探头进入冷槽到低位，按 C 键进入定标程序，仪器显示 300（用 D 键可以根据所用定标液进行 300 和 800 变换），按 B 键执行定标功能。显示窗显示定标过程中显示定标液温度的变化，当定标液温度达到 −5℃时仪器自动强振，显示定标液的冰点温度，稍后显示 300E（或 800E），表示定标结束。按 D 键将定标值存入仪器内存，仪器显示 300P（或 800P）；定标过程中按 B 键可以查看定标进行时间（单位：S），按 D 键显示冷槽温度。

定标后按 2 次 A 键退出定标，回到等待状态，立即将测量探头从冷槽中取出。如长时间将探头置于冷槽内会使仪器测量传感器和定标液之间被冻结得过硬而容易损坏测量传感器。

3. 样品的测量

（1）用蒸馏水清洗传感器，小心擦干，套上洁净的干试管。

（2）用待测液润洗小试管三次，在试管内加入 0.5 mL 的被测样品，将试管口套在测量探头上后置入冷槽。注意:小试管内不能有气泡,并且勿让试管壁接触到传感器。

(3)按D键进入测量程序,测量过程中仪器显示样品温度的变化,当样品温度达到—5℃时仪器自动强振,强振后仪器显示的样品温度迅速从—5℃回升到样品的冰点温度。

(4)在报出测量结果后,及时用手将测量探头从冷槽中取出。按A键退出测量,回到等待状态。取试管时,应用手暖一会,待冰融化后再将试管取下,防止损坏传感器。

(5)每次测量结束后,用蒸馏水清洗探头,擦干,套上洁净的干试管。

(邓树娥)

2.3 有机物的化学性质

对于有机化合物来说，其主要性质主要取决于化合物中存在的官能团，具有相同官能团的化合物具有类似的化学性质，因此某些试剂可用以鉴别不同类化合物。官能团的定性检验是利用有机化合物中各官能团所具有的不同特性，与某些试剂发生反应，根据反应现象（如颜色变化、沉淀、放出气体等），与其他化合物进行区别。但在分子中如有多个官能团时，这些官能团相互影响，可能产生不同的现象。另外，具有同一种官能团的不同化合物，由于受到分子中其他烃基部分影响，也会表现出不同的化学性质。因此，在学习有机物化学性质时，我们既要掌握共性，又要熟悉特性。本部分内容介绍了一些常见化合物的性质和特性反应，通过实验，我们可深入理解和掌握这些化学性质，更好地将其用于鉴别化合物和有机合成。

实验十五 醇和酚的化学性质

一、实验目的

1. 掌握醇和酚的结构。

2. 掌握醇和酚的主要化学性质及鉴别方法。

二、实验原理

（一）醇的化学性质

1. 醇与金属钠反应

一元醇是中性化合物，与碱的水溶液不起反应，但是金属钠（或钾）易取代醇羟基中的氢，生成醇钠（或醇钾）。醇钠遇水分解成醇和氢氧化钠。

2. 氧化作用

在强氧化剂高锰酸钾或重铬酸钾的作用下，伯醇很容易被氧化成醛或进一步被氧化成酸；仲醇被氧化成酮；叔醇在相似的条件下则难被氧化。

3. 醇与氢卤酸的作用

醇中的羟基可被卤素取代生成相应的卤代烃，反应速度与醇的类型有关，醇的活泼性次序是叔醇>仲醇>伯醇。通常用 Lucas reagent(卢卡斯试剂[①])来鉴别少于 6 个碳的伯醇、仲醇、叔醇。

4. 邻羟基醇与氢氧化铜的反应

多元醇由于分子中羟基数目的增多,羟基中氢的电离度增大,因此多元醇具有很弱的酸性。多元醇的弱酸性很难用指示剂检查,但可通过与重金属的氢氧化物(如新制备的氢氧化铜)发生类似中和作用的反应表现出来。

(二)酚的化学性质

1. 酚的弱酸性

酚具有弱酸性,能与氢氧化钠作用生成酚钠,酚钠遇较强的酸则分解,又析出酚。

2. 酚的溴代反应

由于酚羟基能增加苯环上邻、对位氢原子的活泼性而容易发生亲电取代反应,因此苯酚上的氢原子被溴取代而生成溶解度较小的 2,4,6-三溴苯酚白色沉淀。

3. 酚与三氯化铁溶液的反应

酚类或含有酚羟基的化合物大都能与三氯化铁溶液发生特殊的颜色反应,产生颜色的原因主要是生成了电离度较大的酚铁配离子。

4. 酚的氧化

酚类易被氧化,氧化产物因氧化条件的不同而不同。多元酚更易被氧化,如对苯二酚可被重铬酸钾的硫酸溶液氧化成对苯醌。

三、器材与药品

(一)器材

试管架　小试管　记号笔　镊子　滤纸　酒精灯　表面皿

(二)药品

无水乙醇　正丁醇　金属钠　1%酚酞　95%乙醇　异丙醇　叔丁醇　0.5%重铬酸钾　3 $mol \cdot L^{-1}$ H_2SO_4　仲丁醇　卢卡斯试剂　2% $CuSO_4$　5% NaOH　甘油　苯酚　2%苯酚　饱和溴水　1%间苯二酚　0.2%邻苯二酚　0.5% 1,2,3-苯三酚　1% $FeCl_3$　4%对苯二酚　5%重铬酸钾

四、实验步骤

(一)醇的化学性质

1. 醇钠的生成及水解

取 2 支干燥的小试管,分别加入 1 mL 无水乙醇和 1 mL 正丁醇,再各加入一粒绿豆大

---

① 卢卡斯试剂的配制方法:将 34 g 熔化过的无水氯化锌溶于 25 mL 浓盐酸中,边加边搅拌,并放冰浴中冷却以防氯化氢逸出,最后体积约为 35 mL。

小、表面新鲜并用滤纸擦干的金属钠，用拇指按住试管口，观察反应速度有何差异。待试管内生成的气体达一定量时，将试管口靠近酒精灯火焰，放开拇指观察有何现象。

待金属钠与乙醇全部作用完后，将试管内反应液的一半倾入表面皿上，使多余的乙醇完全挥发，残留在表面皿上的固体就是乙醇钠。将 2～3 滴水滴于乙醇钠上使其溶解，然后滴加 1%的酚酞，观察现象。

2. 醇的氧化

取 3 支小试管，编号后各加入 0.5%重铬酸钾溶液 2 滴和 3 mol·L^{-1} H_2SO_4溶液 1 滴，然后分别加入 10 滴 95%乙醇、异丙醇和叔丁醇，将各试管摇匀，3 min 后观察现象。

3. 伯醇、仲醇、叔醇的鉴别——卢卡斯试验①

取 3 支干燥的试管，分别加入 5 滴正丁醇、仲丁醇和叔丁醇，然后各加入 15 滴卢卡斯试剂，塞好管口，震荡后静置，观察试管内试剂是否变浑浊、有无分层现象，记录开始变浑浊的时间。

4. 邻二醇与氢氧化铜的反应

取小试管 2 支，各加入 2% $CuSO_4$ 溶液 6 滴，5% NaOH 溶液 5 滴，使 $Cu(OH)_2$ 完全沉淀下来，然后在 2 支试管中分别加入 2 滴甘油和乙醇，摇匀后观察结果，并加以比较。记录并解释实验现象。

(二)酚的化学性质

1. 酚的酸性

取 1 支试管，加入 1 mL 蒸馏水，再加入 5 滴液体苯酚②，充分振荡，有何现象？然后加入 1～2 滴 5% NaOH 溶液，则溶液澄清，为什么？在此澄清液中再加 1 滴 3 mol·L^{-1} H_2SO_4 溶液使之呈酸性，观察有何变化。

2. 酚的溴化

取小试管 1 支，加入 2%苯酚溶液 5 滴，慢慢滴加 1～2 滴饱和溴水，振荡后观察现象。

3. 酚与 $FeCl_3$ 溶液的反应

取 4 支小试管编号，分别加入 2%苯酚、1%间苯二酚、0.2%邻苯二酚、0.5% 1,2,3-苯三酚溶液各 20 滴，再在每支试管内加入 1% $FeCl_3$ 溶液 1 滴，摇匀后观察现象。

4. 酚的氧化

在试管中加入 4%对苯二酚溶液 10 滴，再加入 3 mol·L^{-1} H_2SO_4 溶液 5 滴，边振荡

---

① 此试验于 25～30℃较易，若在 26～27℃时进行更佳。

② 将固体苯酚放入滴瓶内，再把滴瓶放入 50～60℃的热水中加热即成液体苯酚。

边慢慢滴加 5% $K_2Cr_2O_7$ 溶液 2 滴，观察黄色结晶的析出。

对苯二酚可被重铬酸钾的硫酸溶液氧化成对苯醌。

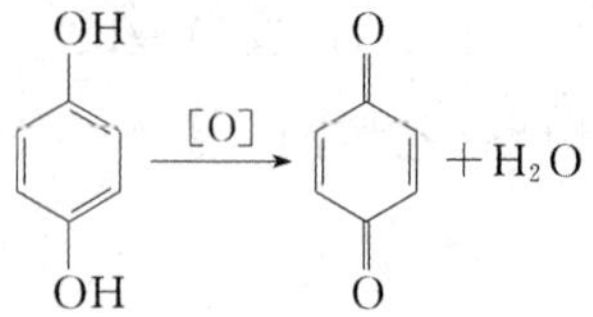

对苯二酚无色，对苯醌是黄色晶体，具有特殊的刺激性臭味，难溶于水。但在反应过程中首先生成许多墨绿色的沉淀。此系氧化产物对苯醌与反应液中尚未作用的对苯二酚借分子间氢键形成的加合物——对苯醌合对苯二酚(醌氢醌)。

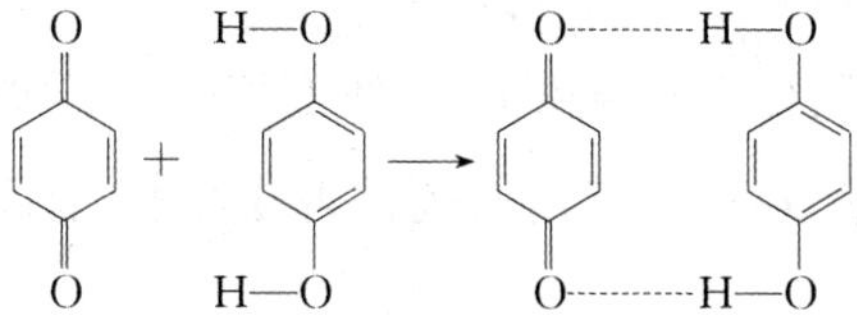

这个加合物可继续氧化为对苯醌，继续滴加重铬酸钾溶液，直到试管壁和液面上出现黄色晶体(对苯醌)为止。

五、注意事项

1. 乙醇与钠作用时，溶液逐渐变稠，金属钠外面包上一层醇钠，反应逐渐变慢，这时可稍微加热或摇动试管使反应加快。如果反应停止后溶液中仍有残余的钠，可用镊子将钠取出放在乙醇中销毁，切不可丢入水中。

2. 卢卡斯试验所用的试管必须干燥，否则影响鉴别结果。

3. 溴水是溴化剂，也是氧化剂。当苯酚的水溶液发生溴代作用时，很快产生白色的 2，4，6-三溴苯酚，如果继续与过量的溴水作用，可变为淡黄色难溶于水的四溴化合物。

六、思考题

1. 做乙醇与钠的实验时，为什么要用无水乙醇，而做醇的氧化实验时则用 95% 的乙醇？

2. 今有两瓶液体药品，不知哪一瓶是醇，哪一瓶是酚，如何用简单的化学方法加以区别？

3. 用什么化学方法区别甘油和苯酚两种化合物？

参考学时：2 学时

(张凤莲)

实验十六　醛和酮的化学性质

一、实验目的

1. 熟悉醛、酮的化学性质。

2. 掌握鉴别醛、酮的化学方法。

二、实验原理

由于醛、酮分子中都含有羰基，所以它们应具有相同的化学性质。例如，多数的醛、甲基酮都能与饱和亚硫酸氢钠发生加成反应，生成白色的加成物沉淀；醛、酮还可与2,4-二硝基苯肼发生缩合反应，生成黄色、橙色或红色沉淀；在碱性溶液中具有 $H_3C-\overset{\overset{\large O}{\|}}{C}-$ 结构的醛、酮或具有 $H_3C-\overset{\overset{\large OH}{|}}{C}H-$ 结构的醇，都能与碘发生碘仿反应。又由于醛、酮分子中羰基所连的基团不同，从而使醛、酮又具有不相同的化学性质。例如，醛易被 Tollens reagent（托伦试剂）、Fehling reagent（斐林试剂）等弱氧化剂氧化，还可与品红亚硫酸试剂发生颜色反应；而酮不发生此反应。

三、器材与药品

（一）器材

250 mL 烧杯　酒精灯　石棉网　试管夹　试管刷　玻璃棒　温度计　火柴

（二）药品

饱和亚硫酸氢钠[①]　乙醛　丙酮　苯甲醛　异丙醇　碘试液[②]　2,4-二硝基苯肼溶液[③]　品红亚硫酸试剂[④]　斐林试剂甲、乙[⑤]　2 $mol \cdot L^{-1}$ 氨水　5%亚硝酰铁氰化钠　2 $mol \cdot L^{-1}$ 盐酸　10%氢氧化钠　5%硝酸银

---

① 饱和亚硫酸氢钠溶液的配制：将208 g亚硫酸氢钠溶于500 mL水中，再加入125 mL 95%乙醇，静止沉淀或过滤，密封保存。

② 碘试液的配制：取2 g碘和5 g碘化钾溶于100 mL水中。

③ 2,4-二硝基苯肼溶液的配制：取3 g 2,4-二硝基苯肼，溶于15 mL浓 H_2SO_4 中，将此溶液慢慢加入70 mL 95%乙醇中，加水稀释到100 mL，过滤即得。

④ 品红亚硫酸试剂的配制：将0.2 g品红盐酸盐研细溶于含2 mL浓盐酸的200 mL水中，再加2 g亚硫酸氢钠，搅拌后静置过滤。如果溶液呈黄色，则加入0.5 g活性炭脱色。过滤后，贮存于棕色瓶中。

⑤ 斐林试剂的配制：斐林试剂甲，取17.5 g结晶硫酸铜溶于500 mL水中，再加0.5 mL浓硫酸；斐林试剂乙，取85 g酒石酸钾钠晶体（$KNaC_4H_4O_6 \cdot 4H_2O$）和26 g氢氧化钠，溶于500 mL水中。

四、实验步骤

(一)醛、酮相同的化学反应

1. 与饱和亚硫酸氢钠反应

取3支试管,各加入新配制的饱和亚硫酸氢钠溶液① 1 mL,依次加入乙醛、苯甲醛、丙酮各0.5 mL,振摇后置冰水浴中冷却,记录实验现象并写出反应方程式。

在上述沉淀中加入2 mol·L^{-1}盐酸至沉淀溶解,说明原因。

2. 与2,4-二硝基苯肼作用

取3支试管,各加入1 mL 2,4-二硝基苯肼溶液,再分别加入2～3滴乙醛、苯甲醛、丙酮,混匀后观察实验现象,写出反应方程式。

3. 碘仿反应

取3支试管,各加入1 mL水和2滴10%氢氧化钠溶液,再分别加入2～4滴乙醛、丙酮、异丙醇,然后在每支试管中逐滴加入碘试液,边滴边摇,至有黄色沉淀生成为止。写出反应方程式。

(二)醛、酮不相同的化学性质

1. 与托伦试剂作用

在1支大试管中加入2 mL 5%硝酸银溶液,再加入2滴10%氢氧化钠溶液,此时有褐色的氧化银生成,然后滴加2 mol·L^{-1}氨水,边滴边振荡,至沉淀刚刚溶解为止(注意氨水勿过量)②,即得托伦试剂。

将配好的托伦试剂分别倒入2支十分清洁③的小试管中,各加5～8滴乙醛、丙酮,摇匀后置水浴(40～60℃)中微热几分钟④,观察现象。

2. 与斐林试剂反应

取斐林试剂甲、乙各2 mL于1支试管中,混合均匀后分装在3支试管中,依次加入丙酮、乙醛、苯甲醛各3～5滴,振摇,置沸水浴中加热,观察现象,并写出反应方程式。

3. 与品红亚硫酸试剂作用

取两支试管各加1 mL品红亚硫酸试剂,分别加入乙醛和丙酮各2～3滴,观察现象。

---

① 亚硫酸氢钠溶液不稳定,易被氧化和分解。因此,不宜保存过久,以在实验前配制为宜。

② 加入过量氨水易生成具有爆炸性的雷酸银(AgONC)。另外,托伦试剂久置会生成爆炸性的氮化银,故使用托伦试剂时,现用现配。

③ 试管不洁净时,生成的银镜不均匀、不明亮,甚至只有黑色絮状沉淀。

④ 加热时间不宜过长,温度不宜过高,以免生成雷酸银。实验完毕后,用稀硝酸分解、破坏。

4.丙酮的检验

在1支试管中加入1滴丙酮和5～8滴5%亚硝酰铁氰化钠溶液，然后加入2滴10%氢氧化钠溶液，观察溶液颜色变化。

五、注意事项

做托伦试验时，必须将试管洗刷干净，否则生成的银镜不均匀、不明亮，甚至只有黑色絮状沉淀。

六、思考题

1.异丙醇为什么能发生碘仿反应？

2.如何用化学方法区别戊-2-酮和戊-3-酮？

参考学时:2学时

（王学东）

实验十七 羧酸及其衍生物的化学性质

一、实验目的

掌握羧酸及其衍生物的主要化学性质。

二、实验原理

羧酸(Carboxylic Acid)均有酸性。一元羧酸的酸性小于无机酸而大于碳酸，都属于弱酸，但其中以甲酸酸性较强。多元羧酸（如草酸）的酸性大于饱和一元羧酸。羧酸是不易被氧化的，但甲酸可被氧化，因为甲酸的结构中含有醛基，故具有还原性，能在碱性溶液中将紫色的 $KMnO_4$ 还原为绿色的锰酸盐（MnO_4^{2-}），后者进一步被还原为黄褐色的 MnO_2 沉淀。草酸的结构特点是两个羧基直接相连，导致受热易发生脱羧反应。羧酸和醇在催化剂存在下受热可酯化，酯一般有香味。

羧基上的羟基被其他原子或基团取代生成的产物叫作羧酸衍生物，如酰卤、酸酐、酯、酰胺均为羧酸衍生物，它们都可发生水解、醇解、氨解反应。水解的主产物都是羧酸，醇解的主产物都是酯。

三、器材与药品

(一)器材

大试管　小试管　吸管　带有软木塞的导管　玻璃棒　温度计(100℃)　50 mL烧杯　铁架　石棉网　水浴锅或400～600 mL烧杯

(二)药品

10% 甲酸　10% 乙酸　10% 草酸　pH 试纸　红色石蕊试纸　10% NaOH　0.05% $KMnO_4$　5% $AgNO_3$　2mol·L^{-1} 氨水　草酸　石灰水(澄清)　异丙醇　冰醋酸　浓 H_2SO_4　10% HCl　苯甲酸乙酯　乙酸酐　无水乙醇

四、实验步骤

(一)羧酸的性质

1. 酸性

用干净玻璃棒分别沾取10%甲酸、10%乙酸、10%草酸溶液于 pH 试纸上，观察3种酸溶液 pH 值。

2. 甲酸的特性

(1)与 $KMnO_4$ 的作用：取10滴10%甲酸溶液于试管中，然后加10滴10%NaOH溶液使呈碱性后(用红色石蕊试纸试验)，再加入0.05%$KMnO_4$ 溶液2～3滴，注意观察试管中颜色的变化，并解释。

(2)与托伦试剂的作用：取10滴10%甲酸溶液于一干净试管中，加10滴10%NaOH溶液使其呈碱性(用红色石蕊试纸试验)，然后再加硝酸银的氨溶液(另取1支干净试管滴入10滴5%$AgNO_3$ 溶液，加3滴10%NaOH溶液，逐滴加入2 mol·L^{-1} 氨水至生成的沉淀刚刚溶解为止)。加热至沸，观察现象。

3. 草酸的脱羧反应

取0.5～1 g 草酸，放在带有导管的试管中，使导管伸入另一盛有2 mL 石灰水的试管中，加热草酸，待有气泡连续发生后，观察盛石灰水的试管内有何变化。

4. 酯化反应

取1支干燥试管加入1 mL 异丙醇和10滴冰醋酸，混合后再加10滴浓 H_2SO_4，振摇试管，并将其置于60～70℃水浴中加热5 min，注意不要使试管内液体沸腾，然后将液体从试管中倒入盛有冷水的小烧杯，观察液面上是否有透明的油状液体产生，有何气味，并解释。

(二)羧酸衍生物的性质

1. 酯的水解

在1支大试管中，放入苯甲酸乙酯1 mL 和10% NaOH 溶液5mL，将试管放在沸水浴中加热20～30 min，在加热过程中须不时取出振摇。然后使溶液冷却，用吸管吸取下层液约1 mL 至小试管中，用10% HCl 溶液酸化溶液，观察有无苯甲酸白色结晶析出。

2. 酸酐的醇解

在1支干燥的小试管中，加入乙酸酐15滴，再加无水乙醇1.5 mL，然后放在水浴中加热至沸，加入足量的10% NaOH溶液至呈弱碱性（用红色石蕊试纸试验），闻一下此混合物有无乙酸乙酯的香味。

五、注意事项

酯化反应的温度必须控制在60～70℃，要用水浴加热，温度偏高或偏低都会对反应结果产生影响。

六、思考题

1. 为什么酯化反应要加浓硫酸？

2. 甲酸为什么能与托伦试剂反应？

参考学时：4学时

（王江云）

实验十八　羟基酸和酮酸的化学性质

一、实验目的

1. 掌握羟基酸和酮酸的化学性质。

2. 了解酮式-烯醇式互变异构现象。

二、实验原理

取代羧酸是具有复合官能团的羧酸，是分子中除含羧基外，还含有其他官能团的化合物（如羟基酸、酮酸、醛酸、氨基酸等）。

（一）羟基酸

羟基酸是一类同时具有羟基和羧基两种官能团的化合物。羟基酸具有醇（或酚）和羧酸的双重性质，它们的化学性质取决于官能团之间相互影响的结果。例如，酒石酸的羧基具有酸性，能与氢氧化钾反应，先生成难溶于水的酒石酸氢钾，继续反应生成易溶于水的酒石酸二钾。酒石酸二钾分子中有两个羟基，羟基上的氢原子比较活泼，能与重金属氢氧化物作用，生成可溶性配盐①（参看甘油与氢氧化铜的反应）。又如，邻羟基苯甲酸（水杨酸），由于含有酚羟基，能与$FeCl_3$溶液作用生成紫色的配合物。邻羟基苯甲酸在200～220℃时发生脱羧反应（Decarbonation），生成苯酚，根据石灰水溶液变浑浊以及酚的臭味，可以检出它的脱羧反应。

---

① 斐林试剂的配制就是利用此性质。铜、铁、铝、锰、钴、镍、锑等离子，在碱性溶液中均可与酒石酸形成类似的可溶性化合物。

(二)酮酸

酮酸是含有羰基和羧基两种官能团的化合物,具有酮和羧酸的双重性质。由于这两种官能团的相互影响,酮酸产生一些特殊的化学性质。如乙酰乙酸乙酯是酮酸的酯,由于分子中含有酮基,因此可与2,4-二硝基苯肼作用。此外,它还可以使 $FeCl_3$ 溶液显色,使溴水褪色等,说明它具有酮式—烯醇式互变异构现象。

乙酰乙酸乙酯与 $FeCl_3$ 的显色反应,是因其烯醇式与 $FeCl_3$ 生成下列配合物:

$$CH_3—\underset{\displaystyle OH}{\underset{|}{C}}=CH—\underset{\displaystyle O}{\underset{\|}{C}}—OC_2H_5 + FeCl_3 \longrightarrow H_3C—C(—O—)=CH—C(=O→)—OC_2H_5 \;(\text{chelated to } FeCl_2) + HCl$$

三、器材与药品

(一)器材

试管　试管夹　带导管的试管　角匙　酒精灯　火柴　红、蓝色石蕊试纸

(二)药品

20%酒石酸　3%KOH　5% $CuSO_4$　5%NaOH　饱和水杨酸　1% $FeCl_3$　水杨酸粉末　石灰水　2,4-二硝基苯肼[①]　10%乙酰乙酸乙酯　饱和溴水

四、实验步骤

(一)酒石酸盐的生成及与 $Cu(OH)_2$ 的作用

1. 酒石酸的成盐

取1支小试管,加入10滴20%酒石酸溶液,在振摇下逐滴加入3%KOH溶液(约5滴),剧烈振摇,观察有无沉淀生成,生成的沉淀为何物。用石蕊试纸检查,观察溶液是否呈酸性。然后继续小心加入3%KOH溶液呈碱性时,观察沉淀是否完全溶解,生成物是什么。试管内的溶液留做下面试验。

2. 酒石酸二钾与 $Cu(OH)_2$ 的作用

取1支试管,加入3滴5% $CuSO_4$ 溶液,再加入5滴5%NaOH溶液,使产生 $Cu(OH)_2$ 沉淀。然后将上面试验制得的酒石酸二钾溶液慢慢加入此 $Cu(OH)_2$ 沉淀,观察沉淀是否溶解,生成何物,溶液呈什么颜色。

---

① 2,4-二硝基苯肼的配制:取3 g 2,4-二硝基苯肼,溶于15 mL浓 H_2SO_4 中,将此溶液慢慢加入70 mL 95%乙醇中,加水稀释至100 mL,过滤即得。

(二)水杨酸的反应

1. 水杨酸与 $FeCl_3$ 的反应

取1支小试管,加入5滴饱和水杨酸溶液,再加入1～2滴1%$FeCl_3$ 溶液,观察有何颜色产生。此反应表明水杨酸分子中有什么结构存在?

2. 水杨酸的加热分解

取少量水杨酸粉末装入1支具有导管的干燥试管中,将导管的末端插入1支盛有2 mL石灰水的试管中,然后加热水杨酸粉末,使其熔化。继续加热至沸,观察石灰水的变化。

(三)乙酰乙酸乙酯的化学性质

1. 酮式与2,4-二硝基苯肼的反应

取1支小试管,加入10滴2,4-二硝基苯肼,再滴加5滴10%乙酰乙酸乙酯溶液,振摇片刻,观察现象。这说明什么问题?

2. 烯醇式与 $FeCl_3$ 及溴水的作用——酮式(Keto Form)和烯醇式(Enol Form)的互变异构

取1支试管,加入10%乙酰乙酸乙酯溶液1 mL(约20滴),再加入1% $FeCl_3$ 溶液2滴,反应液呈紫红色。再向此溶液中加入饱和溴水2～3滴,则紫红色消失,但稍待片刻后溶液又呈紫红色,解释现象产生的原因。

五、注意事项

加热固体水杨酸时,为了使水杨酸不凝结在试管口,应将试管口向上倾斜,使熔化的水杨酸可流至试管底部而受热分解。因为虽然水杨酸的熔点为159℃,但在76℃时即升华。

六、思考题

1. 如何用化学方法区别乳酸和酒石酸?

2. 为什么乙酰乙酸乙酯既能与2,4-二硝基苯肼反应,又能与 $FeCl_3$ 溶液和溴水反应?根据实验观察结果,解释酮式-烯醇式互变异构现象。

参考学时:2学时

(李慧)

实验十九　含氮有机物的化学性质

一、实验目的

1. 掌握胺、酰胺及重氮化合物的结构及主要化学性质。

2. 学会某些含氮有机化合物的鉴定方法。

二、实验原理

(一)胺

1. 苯胺的碱性

苯胺是一种芳香族伯胺，微溶于水，呈弱碱性，能与无机酸作用生成可溶性的盐。

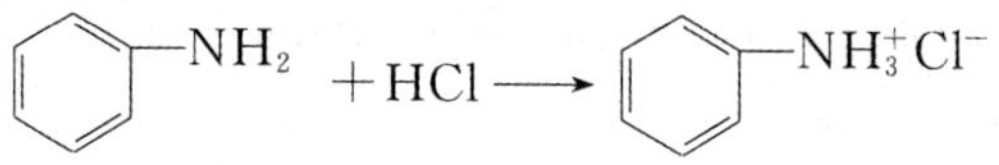

$$C_6H_5-NH_2 + HCl \longrightarrow C_6H_5-NH_3^+Cl^-$$

2. 苯胺的溴代作用

由于氨基的影响，使苯胺苯环上的邻位和对位氢原子的活泼性增加，容易发生取代反应。苯胺在室温下就很容易发生溴代，生成白色的 2,4,6-三溴苯胺沉淀。

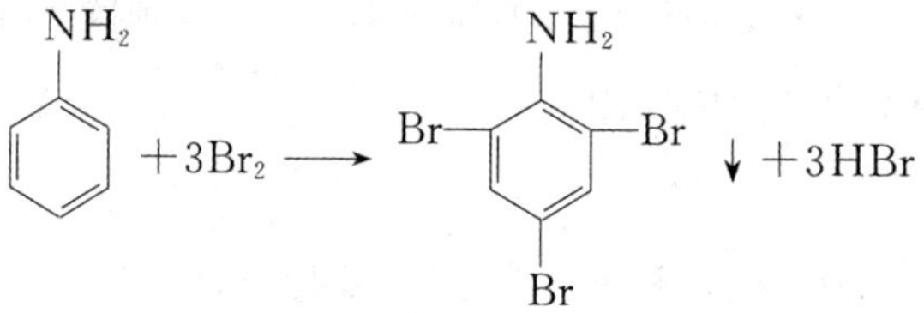

$$C_6H_5NH_2 + 3Br_2 \longrightarrow 2,4,6\text{-}Br_3C_6H_2NH_2 \downarrow + 3HBr$$

3. 重氮化反应(Diazotization)及偶联反应(Coupling Reaction)

苯胺等芳香族伯胺，在 5℃以下的酸性溶液中可以发生重氮化反应，生成重氮盐。重氮盐很不稳定，温度升高到 5℃以上，就分解放出氮气并生成酚。重氮盐在一定的条件下能与酚或芳香胺发生偶联反应，生成有颜色的偶氮化合物。

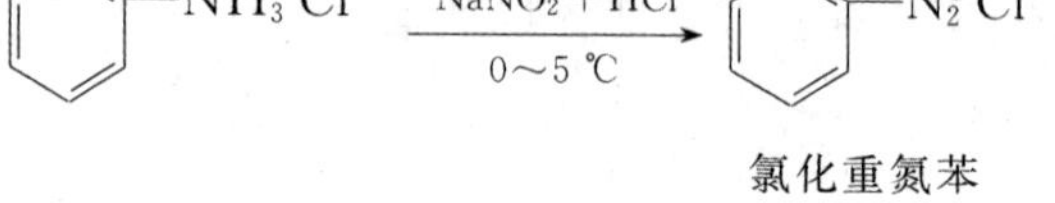

$$C_6H_5-NH_3^+Cl^- \xrightarrow[0\sim5\ ℃]{NaNO_2+HCl} C_6H_5-N_2^+Cl^-$$

氯化重氮苯

$$C_6H_5-N_2^+Cl^- + C_6H_5-OH \longrightarrow C_6H_5-N{=}N-C_6H_4-OH$$

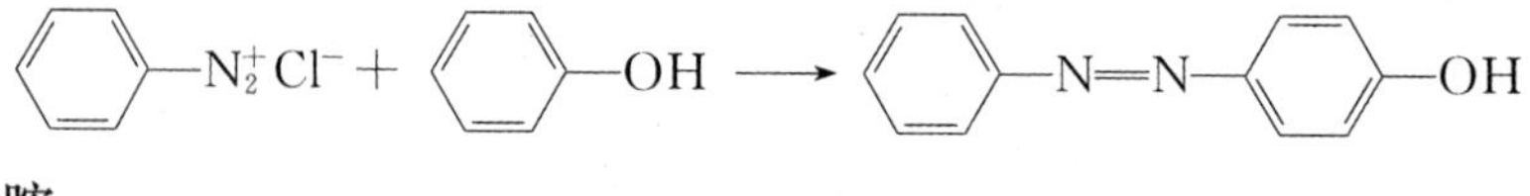

(二)酰胺

尿素是一种二酰胺，具有一般酰胺的性质，但又具有特殊的反应。

1. 尿素的碱性

尿素可与硝酸或草酸作用，生成难溶于水的盐。

$$H_2N-\overset{\overset{\displaystyle O}{\|}}{C}-NH_2 + HNO_3 \longrightarrow H_2N-\overset{\overset{\displaystyle O}{\|}}{C}-NH_3^+NO_3^- \downarrow$$

2. 尿素的水解

尿素在酸、碱或尿素酶的作用下可发生水解反应。

$$H_2N-\overset{\overset{\displaystyle O}{\|}}{C}-NH_2 + 2NaOH \xrightarrow{\triangle} Na_2CO_3 + 2NH_3 \uparrow$$

3. 尿素与亚硝酸的作用

尿素与亚硝酸作用时，尿素分子中的氨基被羟基取代，生成酸并放出氮气。

$$H_2N-\overset{\overset{\displaystyle O}{\|}}{C}-NH_2 + 2HONO \longrightarrow HO-\overset{\overset{\displaystyle O}{\|}}{C}-OH + 2H_2O + N_2 \uparrow$$

$$\longrightarrow CO_2 \uparrow + H_2O$$

4. 尿素的特殊反应

将尿素加热至其熔点以上，则两分子尿素脱去一分子氨而生成缩二脲。

$$H_2N-\overset{\overset{\displaystyle O}{\|}}{C}-NH_2 + H-NH-\overset{\overset{\displaystyle O}{\|}}{C}-NH_2 \xrightarrow{160℃} H_2N-\overset{\overset{\displaystyle O}{\|}}{C}-\overset{\overset{\displaystyle H}{|}}{N}-\overset{\overset{\displaystyle O}{\|}}{C}-NH_2 + NH_3 \uparrow$$

缩二脲分子中含有两个肽键。凡化合物分子中含有两个或两个以上肽键时，在碱性溶液中均可与铜盐生成紫红色的配合物，这种显色反应称为缩二脲反应(Biuret Reaction)。

三、器材与药品

(一)器材

10 mL 量筒　滴管　小试管　大试管　玻璃棒　可调式电热套　250 mL 烧杯　100℃温度计　台秤　称量纸　试管夹　酒精灯　角匙　火柴　红色石蕊试纸　碘化钾淀粉试纸①

(二)药品

苯胺　浓 HCl　饱和溴水　25%$NaNO_2$　1%盐酸苯胺　饱和醋酸钠溶液　苯酚碱溶液②　5%尿素　浓 HNO_3　饱和草酸溶液　10%NaOH　冰醋酸　尿素　2%$CuSO_4$

---

① 碘化钾淀粉试纸的制备：将 3 g 可溶性淀粉与 25 mL 水搅拌均匀后，加入 225 mL 沸水中，再加入 1 g KI 及 1 g Na_2CO_3，加水稀释至 500 mL。将滤纸用此溶液浸湿，晾干后即可使用。

② 苯酚碱溶液的配制：将 1 g 苯酚溶于 20 mL 10% NaOH 溶液中即可。

四、实验步骤

(一)胺的性质

1. 苯胺的碱性

取 1 mL 水于小试管中，加 2 滴苯胺，振荡即成乳浊液，加 2～3 滴浓 HCl 溶液，振荡，观察现象。

2. 苯胺的溴代反应

取 2 mL 水于小试管中，加 1 滴苯胺并振荡，再加 2～3 滴饱和溴水，观察现象。

3. 重氮盐的制备

加 1 mL 苯胺、1.5 mL 水和 3 mL 浓 HCl 于一大试管中，把试管放入冰水浴中冷却，搅拌 1 min，保持温度为 0～5℃。边搅拌边逐滴加入 25%$NaNO_2$ 溶液，至反应液刚刚能使碘化钾淀粉试纸变色①，并且搅拌 2 min 后仍能使该试纸变色为止，便得到氯化重氮苯溶液，把该溶液仍放在冰水浴中。

(二)重氮盐的性质

1. 放氮反应

取上面得到的氯化重氮苯溶液 1 mL 于小试管中，将试管放在 50～60℃的水浴中加热，观察现象，待试管冷却后嗅管中苯酚的气味。

2. 偶联反应

在 2 支小试管中各加入 1 mL 上面得到的氯化重氮苯溶液。然后在第一支试管中加入 1%盐酸苯胺溶液和饱和醋酸钠溶液②各 1 mL，观察现象。在第二支试管中加入 4～6 滴苯酚碱溶液，振荡，观察现象。

(三)酰胺的性质

1. 尿素的碱性

取 2 支小试管，分别加入 5 滴 5%尿素溶液，然后分别加 5 滴浓 HNO_3 和 5 滴饱和草酸溶液，观察现象。

2. 尿素的水解

取 1 mL 10%NaOH 溶液于小试管中，加 10 滴 5%尿素溶液，将试管中的溶液加热至沸，嗅所产生的气味或用湿润的红色石蕊试纸放在试管口上，观察现象。

---

① 大约加 15 滴 $NaNO_2$ 溶液后开始检验，每次检验要在滴加 $NaNO_2$ 溶液并用玻璃棒搅拌 2～3 min 之后进行。检验时用玻璃棒蘸取混合液于试纸上，观察试纸是否出现蓝色。若试纸变蓝，则表明到达终点。

② 加 1 mL 饱和醋酸钠溶液，如不出现黄色沉淀，可再加一些饱和醋酸钠溶液，直到有黄色沉淀析出。

3. 与亚硝酸的作用

取10滴5%尿素溶液于小试管中，再加入10滴冰醋酸和1滴25% $NaNO_2$ 溶液，振荡，观察现象。

4. 缩二脲反应

称取尿素约0.1 g于小试管中，小心加热至熔化，继续加热并嗅所产生的气味或用湿润的红色石蕊试纸放在试管口上检验。最后加热至试管中有固体物质凝固为止，该固体即为缩二脲。

上述试管冷却后，加入3 mL水和5滴10%NaOH溶液，加热使固体溶解，然后再加3～4滴2% $CuSO_4$ 溶液，观察现象。

五、注意事项

1. 制备重氮盐时要注意控制温度在5℃以下。氯化重氮苯溶液应为无色或棕色透明溶液，若溶液呈现较深的红棕色，可能是温度没控制好。温度高于5℃，氯化重氮苯就分解成苯酚，苯酚再与未分解的氯化重氮苯偶联而生成有颜色的物质。

2. 苯胺有毒，操作时应避免与皮肤接触或吸入其蒸气。若不慎触及皮肤，应先用水冲洗，再用肥皂水和温水冲洗。

六、思考题

1. 放氮反应与偶联反应的区别何在？

2. 何谓重氮化反应？此反应为什么必须在低温、强酸性条件下进行？

3. 用碘化钾淀粉试纸来检验重氮化反应的终点，所根据的原理是什么？

参考学时：2学时

（李慧）

实验二十　糖类的化学性质

一、实验目的

1. 掌握碳水化合物的结构和主要化学性质。

2. 学会重要糖类化合物的鉴定方法。

二、实验原理

（一）糖的还原性

单糖和具有半缩醛羟基的二糖具有还原性，叫作还原糖。它们能还原托伦试剂、斐林试剂和班氏试剂①。无半缩醛羟基的二糖和多糖无还原性,不能还原上述试剂。

(二)糖的水解反应

蔗糖无还原性,但蔗糖经水解后生成等物质的量的葡萄糖和果糖时,则能与班氏试剂作用。酶和酸可以催化蔗糖的水解反应。

淀粉为多糖,本身无还原性,当被水解生成麦芽糖和葡萄糖时,则具有还原性。水解淀粉时可用酶或酸为催化剂。淀粉遇碘呈蓝色。

(三)糖脎的生成

还原糖与盐酸苯肼所生成的糖脎是结晶,难溶于水。糖脎生成的速度和结晶形状以及熔点等均因糖的不同而异,因此利用糖脎的生成可以鉴别、分离不同的糖。

(四)糖的颜色反应

糖在强酸的作用下能与酚类作用,生成有颜色的物质,利用这些反应可以鉴别某些糖。例如,果糖与西里瓦诺夫试剂②作用,加热很快呈现鲜红色;葡萄糖也能发生此反应,但速度明显减慢,以此来区别果糖和葡萄糖。

三、器材与药品

(一)器材

可调式电热套　250 mL烧杯　小试管　记号笔　10 mL量筒　大试管　滴管　显微镜

(二)药品

班氏试剂　2%葡萄糖　2%果糖　5%麦芽糖　2%淀粉　2%蔗糖　5% $AgNO_3$　10% NaOH　2mol·L^{-1} 氨水　2%半乳糖　2%阿拉伯糖　H_2SO_4[$V(H_2SO_4)$:$V(H_2O)$]=1:5　5% Na_2CO_3　5%乳糖　盐酸苯肼试剂③　Seliwanoff(西里瓦诺夫)试剂

四、实验步骤

(一)糖的还原反应

1. 与班氏试剂作用

取5支小试管,编上号码,各加入1 mL班氏试剂,然后分别加入10滴2%葡萄糖、2%

---

① 班氏(Benedict)试剂的配制:取17.3 g柠檬酸钠和10 g Na_2CO_3,溶于70 mL蒸馏水中,若溶解不全,可稍加热。另取13.7 g硫酸铜溶于10 mL蒸馏水中,然后慢慢地将该硫酸铜溶液倾入已冷却的上述溶液中,加蒸馏水至100 mL。

② 西里瓦诺夫试剂的配制:溶0.25 g间苯二酚于100 mL浓盐酸中,然后再加蒸馏水至200 mL。

③ 盐酸苯肼试剂的配制:将2.5 g盐酸苯肼溶于50 mL水中(如溶解不完全,可稍加热),加入9 g $CH_3COONa \cdot 3H_2O$(起缓冲作用,保持pH值为4~6)。若有颜色,可加入少许活性炭脱色。过滤,把滤液保存在棕色试剂瓶中。该试剂久置失效,应用时现配。

果糖、5%麦芽糖、2%淀粉溶液和2%蔗糖。振荡后，把试管一起放入沸水浴中，加热2～3 min，观察现象。

2. 托伦试验

取3支小试管，各加入10滴托伦(Tollens)试剂(另取1支洁净大试管加入2 mL 5% $AgNO_3$ 溶液，再加入2滴10%NaOH溶液，然后滴加2 mol·L^{-1} 氨水，边滴边振荡，至沉淀刚刚溶解为止)。再分别加入2%葡萄糖、2%半乳糖和2%阿拉伯糖溶液各1滴。将试管振荡后放入沸水浴中，加热2 min，观察现象。

(二)蔗糖和淀粉的水解

在2支小试管中，分别加入2%蔗糖、2%淀粉溶液2 mL，再各加入2滴体积为1∶5的 H_2SO_4 溶液，混合均匀，放入沸水浴中，把蔗糖溶液加热10～15 min，淀粉溶液加热20～25 min。取出试管用5% $NaCO_3$ 溶液中和，直到无气泡生成为止。得到的溶液分别用班氏试剂进行实验。

(三)糖脎的生成

取3支小试管，分别加入1 mL 2%葡萄糖、5%麦芽糖和5 %乳糖溶液，再各加入1 mL新配制的盐酸苯肼试剂。将试管振荡后置于沸水浴中，加热35 min。取出试管，自行冷却后即有黄色结晶析出①。取少许结晶，用显微镜观察比较各种糖脎的晶形。

几种糖脎的晶形如图2.3.20.1所示。

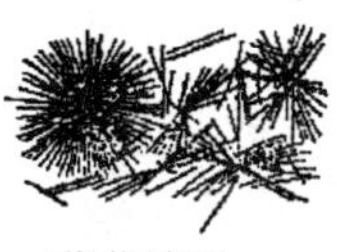
葡萄糖脎

麦芽糖脎

乳糖脎

图2.3.20.1 各种糖脎的结晶

(四)糖的颜色反应

取2支小试管，各加入1 mL西里瓦诺夫试剂，然后分别加5滴2%葡萄糖、2%果糖。将试管振荡后，同时放入沸水浴中加热，观察出现颜色的先后。

五、注意事项

1. 做托伦试验时，必须将试管洗刷干净，以确保还原糖与托伦试剂产生银镜反应。如果试管不洁净，则生成的银镜不均匀、不明亮，甚至只有黑色絮状沉淀。

2. 苯肼有毒，使用时勿让其接触皮肤。如不慎触及，应立即用5%醋酸溶液冲洗，再用

---

① 不同的糖形成糖脎结晶的时间不一样，一般地，单糖脎析出快，二糖脎析出要慢得多。

肥皂洗涤。

3. 1∶5 的 H_2SO_4 具有腐蚀性，注意不要溅到皮肤和衣服上。如不慎触及，应立即用大量的自来水冲洗。

六、思考题

1. 何谓还原糖？它们在结构上有什么特点？如何区别还原糖和非还原糖？

2. 蔗糖与班氏试剂长时间加热时，有时也能得到正确结果，怎样解释此现象？

3. 为什么可以利用碘溶液定性地了解淀粉水解进行的程度？

参考学时：2 学时

（李慧）

2.4 定量分析实验

化学分析包括定性分析和定量分析，定量分析是实验研究的基础和依据。本部分所涉及的定量分析方法主要包括了各种滴定分析法、分光光度分析法等最基本的定量分析方法。学生通过这些实验的学习，可掌握定量分析的基本概念、仪器使用方法、数据记录和处理、有效数字的使用等基本技能，为进一步学习打下基础。

实验二十一　盐酸和氢氧化钠溶液的配制与标定

一、实验目的

1. 掌握用无水碳酸钠做基准物质标定盐酸溶液的原理和方法。

2. 掌握酸式滴定管、碱式滴定管的使用方法和滴定操作技术。

3. 了解标准溶液配制的一般方法。

二、实验原理

化学实验中所用的溶液通常有一般试剂溶液和标准溶液两类。配制标准溶液的方法通常有两种：

(1)直接法　准确称取一定量的基准物质，用适量蒸馏水溶解后，转入容量瓶中，定容，摇匀。

(2)间接法　先将非基准物质配成近似于所需浓度的溶液，然后用基准物质或已知准确浓度的标准溶液标定，求出其准确浓度。

配制的盐酸溶液可以用无水碳酸钠、硼砂等基准物质进行标定。本实验采用无水碳酸钠为基准物质，以甲基橙为指示剂，用盐酸标准溶液滴定碳酸钠溶液，滴定终点的颜色由黄色变为橙色。标定反应为：

$$2HCl + Na_2CO_3 = 2NaCl + H_2O + CO_2\uparrow$$

根据下列公式计算出盐酸标准溶液的准确浓度：

$$\frac{1}{2}n(HCl)=n(Na_2CO_3)$$

$$c(HCl)=\frac{2\times\frac{m(Na_2CO_3)}{M(Na_2CO_3)}}{\frac{V(HCl)}{1000}}=\frac{2000\times m(Na_2CO_3)}{M(Na_2CO_3)\times V(HCl)}$$

三、器材与药品

(一)器材

台秤　电子天平　酸式滴定管　碱式滴定管　250 mL 锥形瓶　250 mL 试剂瓶　25 mL 移液管　吸量管　量筒　250 mL 容量瓶　烧杯　玻璃棒

(二)药品

6 mol·L^{-1} 的盐酸　无水碳酸钠(A. R)　0.1%甲基橙指示剂　酚酞指示剂　NaOH 固体(A. R)

四、实验步骤

(一)0.1 mol·L^{-1} HCl 溶液的配制及标定

在通风橱内,用洁净的量筒量取 6 mol·L^{-1} 的盐酸 4.5 mL,倒入 250 mL 试剂瓶中,再加入蒸馏水 250 mL,盖上玻璃塞,摇匀,贴上标签备用。

在电子天平上准确称取无水碳酸钠 1.3±0.1 g(准确至±0.0001 g),置于 250 mL 烧杯中,加 50 mL 蒸馏水,微热溶解,冷却至室温,转入 250 mL 容量瓶中,加水至刻度线,摇匀。

用移液管准确吸取 25.00 mL Na_2CO_3 溶液置于 250 mL 锥形瓶中,加甲基橙指示剂 1～2 滴。用 HCl 标准溶液(约 0.1 mol·L^{-1})滴定至溶液由黄色变为橙色时,即为终点。记录消耗盐酸的体积,平行滴定 3 次,计算所配制盐酸溶液的准确浓度,将结果记录在表 2.4.21.1 中。

表 2.4.21.1　HCl 标准溶液的标定

实验编号	1	2	3
$m_{总}(Na_2CO_3)$/g			
初读数/mL			
终读数/mL			
消耗 HCl 体积/mL			
$c(HCl)$/mol·L^{-1}			
$c_{平均}(HCl)$/mol·L^{-1}			
相对平均偏差			

(二)0.1 mol·L^{-1}NaOH 溶液的配制及标定

称取 2.0 g 氢氧化钠于烧杯中，加入 500 mL 不含二氧化碳的蒸馏水，搅拌溶解后，转移至试剂瓶中，贴上标签备用。

用移液管准确吸取 25.00 mL HCl 标准溶液，置于 250 mL 锥形瓶中，加酚酞指示剂 1～2 滴。用 NaOH 溶液滴定至溶液由无色变为微红色（30 s 内不褪色），即为滴定终点。记录消耗 NaOH 的体积，平行滴定 3 次，计算 NaOH 溶液的准确浓度，将结果记录在表 2.4.21.2 中。

表 2.4.21.2 NaOH 溶液的浓度测定

实验编号	1	2	3
HCl 体积/mL	25.00	25.00	25.00
初读数/mL			
终读数/mL			
消耗 NaOH 体积/mL			
c(NaOH)/mol·L^{-1}			
$c_{平均}$(NaOH)/mol·L^{-1}			
相对平均偏差			

五、注意事项

Na_2CO_3 纯品易制得、价廉，但有吸湿性，且能吸收 CO_2，所以用前必须在 270～300℃ 加热约 1 小时，稍冷后置于干燥器中冷却至室温备用。

六、思考题

1. 配制 HCl 标准溶液时，为什么使用量筒、试剂瓶进行配制，而不用吸量管和容量瓶进行配制？

2. 酸碱滴定时，指示剂能否多加？为什么？

3. 在用 Na_2CO_3 标定盐酸的实验中，能否用酚酞做指示剂？

参考学时：4 学时

（李振泉）

实验二十二 双氧水中 H_2O_2 含量的测定

一、实验目的

1. 掌握氧化还原滴定法中高锰酸钾法的原理。

2. 掌握氧化还原滴定法的操作技术。

二、实验原理

高锰酸钾法是用 $KMnO_4$ 标准溶液进行滴定的氧化还原法。此法必须在强酸性溶液中进行，它与还原剂作用的半反应式为：

$$MnO_4^- + 8H^+ + 5e \rightleftharpoons Mn^{2+} + 4H_2O$$

在实验中我们常用 H_2SO_4 调节酸度。因为 HNO_3 本身是氧化剂，HCl 可能被 $KMnO_4$ 氧化，故都不适用。$KMnO_4$ 的氧化反应在常温下进行得很慢，因此滴定前须将溶液加热，以增加反应速度。但对亚铁盐和过氧化氢等易被分解的物质则不能加热。

高锰酸钾法的指示剂是 $KMnO_4$ 本身，因为 MnO_4^- 离子具有特殊的紫红色，被还原成 Mn^{2+} 离子后，几乎无色。当溶液中的还原性物质尚未完全氧化时，滴入 $KMnO_4$ 的紫红色溶液很快褪色，待还原性物质完全被氧化后，一滴过量的 $KMnO_4$ 溶液就能使全部溶液染成明显的粉红色，且在一分钟内不消失，表示反应已到终点。

$KMnO_4$ 标准溶液不能用直接法配制，需用草酸或草酸盐基准物质进行标定。虽在强酸溶液和热的情况下，最初反应也很缓慢，但因为生成的 Mn^{2+} 对此反应起催化作用，所以加入少量的 $KMnO_4$ 溶液后，反应即可迅速进行，以草酸盐标定 $KMnO_4$ 溶液的反应式如下：

$$2MnO_4^- + 5C_2O_4^{2-} + 16H^+ \rightleftharpoons 2Mn^{2+} + 8H_2O + 10CO_2\uparrow$$

根据标定结果按下式计算 $KMnO_4$ 溶液的浓度：

$$c(KMnO_4) = \frac{2m(Na_2C_2O_4)}{M(5Na_2C_2O_4) \times \frac{V(KMnO_4)}{1000}} \times \frac{1}{10}$$

高锰酸钾法可用来分析各种还原性的物质，本实验用它来测定双氧水中 H_2O_2 的含量。$KMnO_4$ 与 H_2O_2 的反应式如下：

$$2MnO_4^- + 5H_2O_2 + 6H^+ \rightleftharpoons 2Mn^{2+} + 8H_2O + 5O_2\uparrow$$

根据测定结果按下式计算双氧水中 H_2O_2 的百分含量：

$$H_2O_2\%(g/mL) = \frac{5/2c(KMnO_4) \times \frac{V(KMnO_4)}{1000} \times M(H_2O_2)}{V(\text{样品毫升数})/4} \times 100$$

三、器材与药品

(一)器材

铁架台　滴定管夹　50 mL 酸式滴定管　250 mL 容量瓶　250 mL 烧杯　25 mL 移液管　250 mL 锥形瓶　10 mL 量筒　100℃温度计　2 mL 刻度吸管　铁三角架　漏斗　滴管　石棉网　玻璃棒　洗瓶　酒精灯　碎滤纸　玻璃棉

(二)药品

$Na_2C_2O_4$ 固体　0.02 mol·L^{-1} $KMnO_4$　H_2O_2(30%)　3 mol·L^{-1} H_2SO_4　凡士林

四、实验步骤

(一)0.02 mol·L^{-1} $KMnO_4$ 溶液的配制与标定

在分析天平上准确称取基准草酸钠 1.7±0.1g,放在 250 mL 烧杯中,加入约 100 mL 蒸馏水溶解,然后全部转入洁净的 250 mL 容量瓶中,加蒸馏水至标线,摇匀后备用。

用移液管吸取上述草酸钠溶液 25.00 mL 置于 250 mL 锥形瓶中,加 3 mol·L^{-1} H_2SO_4 溶液 7 mL,混合后加热至 70～80℃,然后用 $KMnO_4$ 溶液滴定。滴定开始时,紫色消失很慢,应将溶液不断摇动,待颜色消失后再继续滴加,直至最后一滴使溶液呈微红色且保持一分钟不消失为止,此即滴定终点。平行测定三次,要求三次测定结果相差不大于 0.08 mL。

(二)H_2O_2 含量测定

市售的双氧水通常是 30% H_2O_2 的水溶液,滴定前需用水稀释。用 2 mL 刻度吸管吸取 0.40 mL 市售双氧水,置于 100 mL 容量瓶中,加水至标线,混匀后用移液管吸取 25.00 mL 于锥形瓶中,加 7 mL 3 mol·L^{-1} H_2SO_4 溶液。摇匀后,用标准 $KMnO_4$ 溶液滴定至终点。平行测定三次,要求三次测定结果相差不大于 0.08 mL。

五、实验结果

1.将 $KMnO_4$ 溶液的标定结果填入表 2.4.22.1

表 2.4.22.1　$KMnO_4$ 溶液的标定结果

次数	1	2	3
$m_{总}(Na_2C_2O_4)$/g			
$KMnO_4$ 溶液初读数/mL			
$KMnO_4$ 溶液终读数/mL			
消耗的 $KMnO_4$ 溶液的体积/mL			
$c(KMnO_4)$/mol·L^{-1}			
$c_{平均}(KMnO_4)$/mol·L^{-1}			

2. 将双氧水中 H_2O_2 含量测定结果填入表 2.4.22.2

表 2.4.22.2 双氧水中 H_2O_2 含量测定结果

次数	1	2	3
所取双氧水体积/mL			
$KMnO_4$ 溶液初读数/mL			
$KMnO_4$ 溶液终读数/mL			
消耗的 $KMnO_4$ 溶液的体积/mL			
H_2O_2/%			
相对平均偏差			

六、注意事项

1. 开始滴定时反应速度较慢，所以要缓慢滴加，待溶液中产生了 Mn^{2+} 后，由于 Mn^{2+} 对反应的催化作用，反应速度加快，这时滴定速度可加快。但注意仍不能过快，否则来不及反应的 $KMnO_4$ 在热的酸性溶液中易分解。近终点时，反应物浓度降低，反应速度也随之变慢，须小心缓慢滴入。

2. $KMnO_4$ 在酸性介质中是强氧化剂，滴定到达终点的粉红色溶液在空气中放置时，由于和空气中的还原性气体和灰尘作用而逐渐褪色。

3. H_2O_2 溶液有很强的腐蚀性，防止其溅到皮肤和衣物上。

4. 滴定管读数保留两位小数。

5. 每次滴定最好均从"0.00"mL 开始。

6. 剩余 $KMnO_4$ 需回收。

七、思考题

1. 在用 $Na_2C_2O_4$ 标定 $KMnO_4$ 标准溶液的过程中，加酸、加热和控制滴定速度的目的是什么？

2. 为什么用硫酸控制溶液的酸度？

参考学时：4 学时

（边玮玮）

实验二十三　碘量法测定维生素 C 的含量

一、实验目的

1. 掌握直接碘量法测定维生素 C 的原理及方法。

2. 进一步熟悉电子天平的使用和滴定操作。

二、实验原理

碘量法是以 I_2 做氧化剂或以 KI 做还原剂进行氧化—还原滴定的分析方法。其氧化还原半反应式为：

$$I_2 + 2e \rightleftharpoons 2I^- \qquad \varphi^\ominus = 0.535\ \mathrm{V}$$

从电极电势值可知，I_2 是一种较弱的氧化剂，而 I^- 是中等强度的还原剂。电极电势值低于 I_2/I^- 电对的还原性物质如 S^{2-}、SO_3^{2-}、AsO_3^{3-}、SbO_3^{3-}、维生素 C 等，能用 I_2 标准溶液直接滴定，这种方法叫直接碘量法。高于 I_2/I^- 电对的氧化性物质如 $Cr_2O_7^{2-}$、CrO_4^{2-}、MnO_4^{2-}、NO_2^-、Cl_2、H_2O_2、漂白粉等，可将 I^- 氧化成 I_2，再用 $Na_2S_2O_3$ 标准溶液滴定生成的 I_2，这种滴定方法叫间接碘量法。

用直接碘量法来测定还原性物质时，一般应在弱碱性、中性或弱酸性溶液中进行。若反应在强酸性溶液中进行，则平衡向左移动，且 I^- 易被空气中的 O_2 氧化；如果溶液的碱性太强，I_2 就会发生歧化反应。

维生素 C 又称抗坏血酸，化学式为 $C_6H_8O_6$（M=176.12），通常用于防治坏血病及各种慢性传染病的辅助治疗。由于分子中的烯二醇结构易被氧化成二酮基，可直接用 I_2 标准溶液滴定。反应如下：

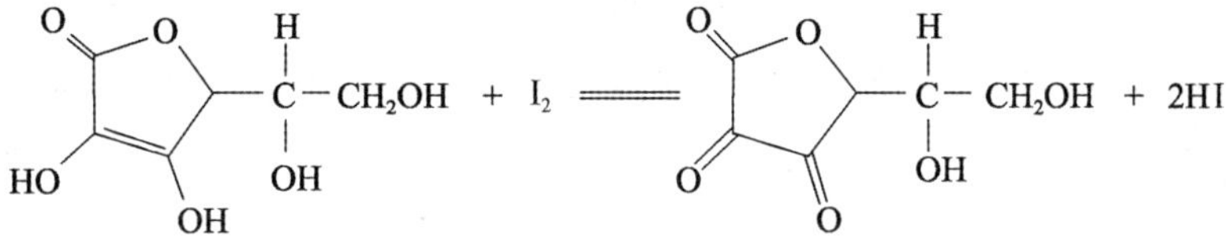

$$\text{(维生素 C)}-\overset{H}{\underset{OH}{C}}-CH_2OH + I_2 \rightleftharpoons \text{(脱氢维生素 C)}-\overset{H}{\underset{OH}{C}}-CH_2OH + 2HI$$

一分子维生素 C 与一分子 I_2 完全反应，即反应摩尔比为 1∶1。维生素 C 易被空气氧化，尤其在碱性介质中更易被氧化，所以滴定常在弱酸性条件下进行，用淀粉溶液作指示剂，终点时，过量的 I_2 与淀粉生成蓝色的配合物。维生素 C 的含量可用下式计算：

$$\text{维生素 C 含量} = \frac{c(I_2)V(I_2)M(C_6H_8O_6)}{W(\text{样品}) \times 1000} \times 100\%$$

上式中 W（样品）为每次称取的维生素 C 片的质量。

三、器材与药品

(一)器材

50 mL 酸式滴定管(棕色)　250 mL 锥形瓶　电子天平　量筒

(二)药品

维生素C片　2 mol·L^{-1} HAc 溶液　0.5%淀粉指示剂　I_2 标准溶液

四、实验步骤

用电子天平准确称取维生素C药片(精确至±0.0001 g)置于锥形瓶中,加入25 mL刚煮沸并放冷的蒸馏水,搅拌溶解后,加入10 mL 2 mol·L^{-1}HAc溶液,再加入2mL淀粉指示剂,立即用I_2标准溶液①滴定至溶液呈稳定蓝色(30 s内不褪色)即为滴定终点,平行测定3次。计算维生素C的含量,将结果记录于表2.4.23.1中。

五、实验结果

表2.4.23.1　维生素C含量的测定结果

实验编号	1	2	3
维生素C药片质量/g			
初读数/mL			
终读数/mL			
消耗 I_2 体积/mL			
维生素C含量/%			
维生素C含量平均值			
相对平均偏差			

六、注意事项

1. 整个操作过程要迅速,防止维生素C被氧化,滴定过程一般不得超过2 min。
2. 必须用新煮沸过并冷却的蒸馏水溶解样品,目的是减少蒸馏水中的溶解氧。

七、思考题

1. 在测定维生素C含量时为什么要加少量HAc溶液?
2. 溶解试样时,为什么要用新煮沸并放冷的蒸馏水?

参考学时:4学时

(李振泉)

① 0.025 mol·L^{-1} I_2 标准溶液的配制方法:准确称取6.4000 g碘(分析纯)放入盛有50 mL 36% KI溶液的研钵中研磨,使之完全溶解,完全转移至容量瓶中,用蒸馏水稀释至1000 mL即得。

实验二十四　离子选择电极法测定自来水中氟的含量

一、实验目的

1. 了解氟离子选择电极法的结构、性能和使用条件。

2. 熟悉用电位法测定自来水中微量氟的原理。

3. 掌握用电位法进行定量测定的方法。

二、实验原理

水中氟的含量对饮水卫生有重要意义，我国生活饮用水卫生标准规定，氟的适宜浓度为 $0.5 \sim 1.0\ mg \cdot L^{-1}$，不得超过 $1.0\ mg \cdot L^{-1}$。本实验是用电位法测定自来水中微量氟，即以氟离子选择电极作为指示电极与饱和甘汞电极组成工作电池。在一定条件下，电池的电动势 E 与氟离子活度 $\alpha(F^-)$ 的对数呈线性关系：

$$E = K - 0.05916\ \lg a(F^-)$$

氟离子选择电极的传感膜是由 LaF_3 单晶体制成的，其电位与多种因素有关，实验时必须选择合适的条件，在测定自来水中微量氟离子的浓度时，加入总离子强度调节缓冲溶液（TISAB）以固定离子强度，使电池电动势与氟离子浓度 $c(F^-)$ 的对数呈线性关系：

$$E = K - 0.05916\ \lg c(F^-)$$

同时 TISAB 的加入可使它在最合适的 pH 范围（5.5～6.5）内测定。pH 值过低，由于形成 HF 或 HF_2^-，而降低 F^- 的浓度；pH 值过高，单晶膜中的 La^{3+} 的水解，生成 $La(OH)_3$，而影响电极的响应；另外，它还可以掩蔽 Fe^{3+}、Al^{3+} 对 F^- 测定的干扰。

当氟离子的浓度在 $1 \sim 1 \times 10^{-6}\ mol \cdot L^{-1}$ 范围内，可用标准曲线法或标准加入法进行定量测定。本实验采用标准曲线法测定自来水中 F^- 离子浓度，即配制成不同浓度的 F^- 标准溶液，测定工作电池的电动势，并在同样条件下测得试液的 Ex，由 E-$\lg c(F^-)$ 曲线求得测试液中的 F^- 离子浓度。

三、器材与药品

（一）器材

DELTA320pH 计　氟离子选择性电极　甘汞电极　电磁搅拌器　50 mL 容量瓶　聚四氟乙烯烧杯　25 mL 移液管　5 mL 刻度吸管

(二)药品

F^-标准溶液($10\ \mu g \cdot mL^{-1}$)① 总离子强度调节缓冲溶液(TISAB)②

四、实验步骤

(一)标准溶液的配制

准确吸取F^-标准溶液($10\ \mu g \cdot mL^{-1}$)0.00,1.00,2.00,3.00,4.00,5.00 mL,分别置于50 mL容量瓶中,各加入TISAB 10 mL,用蒸馏水稀释至刻度,摇匀。

(二)测试液的配制

准确吸取水样25.00 mL,置于50 mL容量瓶中,加入TISAB 10 mL,用蒸馏水稀释至刻度,摇匀。

(三)标准曲线的制作

按DELTA320pH计操作步骤调试仪器,按"模式"键切换到mV模式。将配制的标准溶液系列由低浓度到高浓度依次转入塑料小烧杯中,插入氟电极和饱和甘汞电极,放入搅拌子,开动搅拌器,调节至适当的搅拌速度,按下"读数",进行测定,搅拌4 min,至显示屏上读数稳定,读取各溶液的mV值。平行测定三次读数。以电位值E为纵坐标,pF为横坐标,绘制标准曲线。

(四)测试液中氟含量的测定

按标准溶液的测定步骤,测定其电位Ex值。在标准曲线上查出与Ex值相应的pFx,即可求得$c(F^-)$,然后按下式算出自来水中氟离子的浓度。

$$c(F^-_{水样})=\frac{c(F^-)\times 50.00}{25.00}$$

五、注意事项

1.电极在使用前应按说明书进行活化、清洗。电极的敏感膜应保持清洁和完好,切勿玷污或受到机械损伤。

2.测定时,应按溶液从稀到浓的次序进行,搅拌速度、时间要一致。在浓溶液中测定后,应立即用去离子水将电极清洗到空白电位值,再测定稀溶液,否则将严重影响电极寿命和测量准确度(有迟滞效应)。电极也不宜在浓溶液中长时间浸泡,以免影响检出下限。

---

① F^-标准溶液($10\ \mu g \cdot mL^{-1}$)配制:准确称取120℃下烘干2 h并冷却至室温的优级纯NaF 0.0221 g于小烧杯中,用蒸馏水溶解后,转移至1000 mL容量瓶中,稀释至刻度,然后转入洗净、干燥的塑料瓶中。

② 总离子强度调节缓冲溶液(TISAB)配制:于1000 mL烧杯中加入500 mL蒸馏水、57 mL冰乙酸、58 g NaCl和12 g柠檬酸钠,搅拌至溶解。将烧杯置于冷水中,缓慢加入NaOH溶液($6\ mol \cdot L^{-1}$),至溶液的pH = 5.0～5.5。冷却至室温,转入1000 mL容量瓶中,用水稀释至刻度,摇匀。

3. 电极使用后，应清洗至其电位为空白电位值，擦干，按要求保存。

六、思考题

1. 测定 F^- 离子时，为什么要控制酸度？pH 值过高或过低有何影响？

2. 总离子强度调节缓冲液（TISAB）有何作用？

参考学时：4 学时

（邓树娥）

实验二十五　水的总硬度测定

一、实验目的

1. 熟悉配位滴定法的基本原理。

2. 掌握水总硬度测定的条件和操作方法。

二、实验原理

水的总硬度是指水中 Ca^{2+}、Mg^{2+} 离子的总含量，通常以每升水中所含 Ca^{2+}、Mg^{2+} 离子的毫摩尔数表示，规定若 1 升水中含 1 mmol Ca^{2+}、Mg^{2+}，则硬度为 1°。

一般把小于 4°的 H_2O 称为很软的水，4°～8°称为软水，8°～16°称为中等硬水，16°～32°称为硬水，大于 32°称为超硬水。生活用水的总硬度一般不超过 25°。各种工业用水对硬度有不同的要求。水的硬度是水质的一项重要指标，测定水的硬度有十分重要的意义。

测定水的总硬度，一般采用配位滴定法，借助于金属指示剂确定滴定终点。常用的金属指示剂为铬黑 T，它在 pH 值为 10 的缓冲溶液中以纯蓝色游离态的 HIn^{2-} 形式存在，能与 Ca^{2+}、Mg^{2+} 形成酒红色的配合物。铬黑 T 和 EDTA 都能与 Ca^{2+}、Mg^{2+} 形成配合物，其稳定性顺序为：

$$CaY^{2-} > MgY^{2-} > MgIn^{-} > CaIn^{-}$$

测定时，先用 $NH_3 \cdot H_2O-NH_4Cl$ 缓冲溶液调节溶液 pH＝10，滴定前加入少量铬黑 T，它先与少量的 Mg^{2+} 配合形成 $MgIn^-$，使溶液呈酒红色。当滴加 EDTA 标准溶液时，EDTA 首先与游离态 Ca^{2+} 配合，其次与游离态 Mg^{2+} 配合。化学计量点时，EDTA 夺取 $MgIn^-$ 中的 Mg^{2+}，使铬黑 T 游离出来，溶液则由酒红色变为纯蓝色，指示达到终点。

滴定前：

$$Mg^{2+} + HIn^{-}(\text{纯蓝色}) \rightleftharpoons [MgIn]^{-}(\text{酒红色}) + H^{+}$$

化学计量点前：

$$Ca^{2+} + H_2Y^{2-} \rightleftharpoons [CaY]^{2-}(\text{无色}) + 2H^+$$

$$Mg^{2+} + H_2Y^{2-} \rightleftharpoons [MgY]^{2-}(\text{无色}) + 2H^+$$

化学计量点时：

$$[MgIn]^-(\text{酒红色}) + H_2Y^{2-} \rightleftharpoons [MgY]^{2-} + HIn^{2-}(\text{纯蓝色}) + H^+$$

根据消耗的 EDTA 标准溶液的浓度及体积，由下式计算出水的硬度：

$$\text{水的总硬度}(mmol \cdot L^{-1}) = \frac{c(EDTA)V(EDTA)}{V(\text{水样})} \times 1000$$

标定 EDTA 溶液的准确浓度所用的基准物质有 $MgCO_3$、$CaCO_3$、Zn 等，标定条件同前述。计算公式如下：

$$c(EDTA) = \frac{m(MgCO_3)}{M(MgCO_3)V(EDTA)} \times 1000$$

三、器材与药品

(一)器材

50 mL 移液管　250 mL 容量瓶　250 mL 锥形瓶　试剂瓶　洗瓶　10 mL 量筒　50 mL 碱式滴定管　碎滤纸

(二)药品

EDTA(s)　$MgCO_3$ 或 $CaCO_3$(A. R.)　铬黑 T 指示剂　水样　9 $mol \cdot L^{-1}$ $NH_3 \cdot H_2O$　$NH_3 \cdot H_2O$—NH_4Cl 缓冲溶液(pH=10)　3 $mol \cdot L^{-1}$ HCl

四、实验步骤

(一)0.01 $mol \cdot L^{-1}$ EDTA 溶液的配制①

称取 1.5 g EDTA 固体于烧杯中，微热溶解后稀释至 400 mL，存于 500 mL 试剂瓶中备用。

(二)EDTA 标准溶液的标定

准确称取 $MgCO_3$(于 110℃干燥 2 h，恒重)0.20～0.22 g(称至小数点后第四位)置于烧杯中，加 5 滴蒸馏水润湿，用滴管缓慢滴入 3 $mol \cdot L^{-1}$ HCl 溶液约 3 mL，搅拌溶解，移入 250 mL 容量瓶中，定容备用。

用移液管吸取上述标准溶液 25.00 mL 于锥形瓶中，滴加 4 滴 9 $mol \cdot L^{-1}$ $NH_3 \cdot H_2O$

---

① EDTA 固体内含结晶水，不稳定，故不能直接配制其标准溶液。

溶液，再加入 NH_3-NH_4Cl 缓冲溶液 10 mL 及 3 滴铬黑 T 指示剂[1]，用 EDTA 溶液滴定至溶液由酒红色变为纯蓝色时为终点，记录所用 EDTA 溶液体积，重复测定三次，计算 EDTA 溶液的准确浓度。

表 2.4.25.1 EDTA 标准溶液标定数据记录表

实验编号	1	2	3
$m_{总}(MgCO_3)/g$			
EDTA 溶液初读数/mL			
EDTA 溶液终读数/mL			
消耗的 EDTA 溶液的体积/mL			
$c(EDTA)/mol\cdot L^{-1}$			
$c_{平均}(EDTA)/mol\cdot L^{-1}$			

（三）水的总硬度测定

准确吸取水样 50.00 mL 于锥形瓶中，加入 4 滴 9 $mol\cdot L^{-1}$ $NH_3\cdot H_2O$，再加入 5 mL $NH_3\cdot H_2O-NH_4Cl$ 缓冲溶液，3 滴铬黑 T 指示剂，用 EDTA 标准溶液滴定至溶液由酒红色变为纯蓝色为终点，记录所消耗的 EDTA 溶液体积。重复测定三次，计算水的总硬度。

五、实验结果

表 2.4.25.2 水的总硬度测定结果

实验编号	1	2	3
V(水样)/mL	50.00	50.00	50.00
EDTA 溶液初读数/mL			
EDTA 溶液终读数/mL			
消耗的 EDTA 溶液的体积/mL			
水的总硬度/$mmol\cdot L^{-1}$			
水的平均总硬度/$mmol\cdot L^{-1}$			

六、注意事项

络合反应的速度较慢，滴定时加入 EDTA 标准溶液的速度不能太快，特别是近终点时，应逐滴加入，并充分振摇。

---

① 铬黑 T 指示剂配制方法：称取 0.5 g 铬黑 T 溶于 10 mL $NH_3\cdot H_2O-NH_4Cl$ 缓冲液中，用 95% 乙醇稀释至 100 mL（不易久放）。

七、思考题

1. 本实验为何用铬黑 T 为指示剂？能否用二甲酚橙为指示剂？

2. 水样中的 Fe^{3+}、Al^{3+} 等干扰离子，可用什么进行掩蔽？

参考学时：4 学时

（秦骁强）

实验二十六　阿司匹林中乙酰水杨酸的含量测定

一、实验目的

1. 学习测定阿司匹林药片中乙酰水杨酸的原理和方法。

2. 掌握利用滴定法分析药品的成分。

二、实验原理

阿司匹林是广泛使用的解热镇痛药，其主要成分为乙酰水杨酸。乙酰水杨酸的结构式为（苯环邻位取代：—COOH，—$OCOCH_3$）。它微溶于水，易溶于乙醇，为一元有机弱酸（$K_a^\ominus = 1.0 \times 10^{-3}$）。乙酰水杨酸纯品可用 NaOH 直接滴定①，而阿司匹林药片中含有少量水杨酸、乙酸，以及作为稳定剂的酒石酸或枸橼酸，这些有机酸会与 NaOH 反应，导致测定结果偏高。因此，测定阿司匹林片剂中乙酰水杨酸含量时，常采用返滴定法。在冷乙醇溶液中，以酚酞为指示剂，先用 NaOH 中和共存的有机酸，同时阿司匹林转变其成钠盐，然后加入定量的过量 NaOH，使阿司匹林完全水解，剩余的 NaOH 用 HCl 标准溶液回滴，以酚酞的粉红色刚刚消失为终点。在这一滴定中，1 mol 乙酰水杨酸消耗 2 mol NaOH。中和及水解反应如下：

$$C_6H_4(COOH)(OCOCH_3) + NaOH \longrightarrow C_6H_4(COONa)(OCOCH_3) + H_2O$$

$$C_6H_4(COONa)(OCOCH_3) + 2NaOH \longrightarrow C_6H_4(COONa)(ONa) + CH_3COONa$$

阿司匹林中乙酰水杨酸的质量分数可用下式计算：

$$w(C_9H_8O_4) = \frac{[c(NaOH) \cdot V(NaOH) - c(HCl) \cdot V(HCl)]M(C_9H_8O_4)}{2m_s} \times 100\%$$

① 直接滴定时，为防止乙酰基水解，需在 10℃以下的中性冷乙醇介质中进行。

其中 m_s 为称取的药品质量。

三、器材与药品

(一)器材

电子天平(准确至 0.0001 g) 研钵 100 mL 量筒 250 mL 锥形瓶 50 mL 碱式滴定管 50 mL 酸式滴定管 电热套

(二)药品

阿司匹林 0.1 $mol \cdot L^{-1}$ NaOH 0.1××× $mol \cdot L^{-1}$ NaOH 标准溶液 0.1××× $mol \cdot L^{-1}$ HCl 标准溶液 乙醇 酚酞

四、实验步骤

取 10 片阿司匹林,研细,准确称取约 0.3 g 试样置于干燥的锥形瓶中,加 20 mL 乙醇(在冰水浴中冷却至 10℃以下),溶解后加 3 滴酚酞指示剂,用 0.1 $mol \cdot L^{-1}$ NaOH 中和至溶液显粉红色。此时中和了共存的游离酸,同时阿司匹林也转变为其钠盐。在中和后的溶液中,加入 40.00 mL NaOH 标准溶液,置水浴上用蒸汽加热 15 min,其间不断摇动锥形瓶并冲洗瓶壁一次。迅速用自来水冷却至室温,立即用 HCl 标准溶液滴定剩余的 NaOH,当溶液的颜色由粉红色转变为无色,即为终点。平行测定三次,计算乙酰水杨酸的百分含量。

五、实验结果

表 2.4.26.1 阿司匹林中乙酰水杨酸含量的测定结果

	1	2	3
样品质量/g			
$V(NaOH)$/mL	40.00	40.00	40.00
HCl 初始读数/mL			
HCl 终点读数/mL			
$V(HCl)$/mL			
$n(C_9H_8O_4)$/mol			
$C_9H_8O_4$%			
$C_9H_8O_4$%平均值			

六、注意事项

1. 阿司匹林微溶于水,易溶于乙醇,故选用乙醇溶剂。

2. 中和操作中,NaOH 溶液的滴加速度要快,以避免乙酰水杨酸在碱中水解。

七、思考题

1. 第一次中和的主要作用是什么？

2. 加碱、加热水解 15 min 后，为什么要迅速冷却至室温？

参考学时：4 学时

（王雷）

实验二十七 肉制品中亚硝酸盐的含量测定

一、实验目的

1. 明确亚硝酸盐测定的意义。

2. 掌握盐酸萘乙二胺法的基本原理与操作方法。

二、实验原理

亚硝酸盐(Nitrite)作为发色剂和防腐剂添加于各种肉制品中，能够使腌肉制品呈现特有的红色，使腌肉制品具有独特的芳香味，并具有抗氧化能力和杀菌作用。但是，亚硝酸盐进入人体后，可形成具有强烈致癌作用的亚硝胺，还会引起正常血红蛋白(二价铁)转变成高铁血红蛋白(三价铁)而失去携氧功能。因此，研究肉灌制品中的亚硝酸盐的含量，对人体健康及食品工业生产都具有十分重要的意义。

利用盐酸萘乙二胺法测定亚硝酸盐含量时，须先加入亚铁氰化钾和醋酸锌，将肉制品中的蛋白质、脂肪和淀粉等去除。在弱酸性条件下，亚硝酸盐与对氨基苯磺酸($H_2N-C_6H_4-SO_3H$)发生重氮化反应，生成的重氮化合物再与盐酸萘乙二胺($C_{12}H_{14}N_2 \cdot 2HCl$)偶合生成紫红色的偶氮化合物，反应式如下：

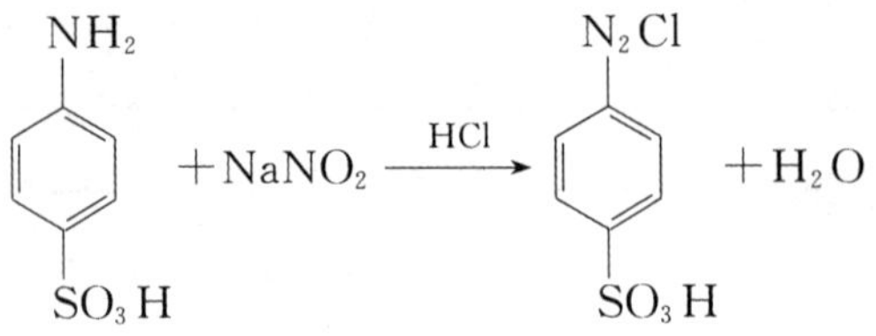

$$H_2N-C_6H_4-SO_3H + NaNO_2 \xrightarrow{HCl} ClN_2-C_6H_4-SO_3H + H_2O$$

N_2Cl-C6H4-SO_3H + $NH—CH_2—CH_2—NH_2 \cdot 2HCl$（萘基） $\xrightarrow{-2HCl}$ $NH—CH_2—CH_2—NH_2$（萘基）—N=N—C6H4—SO_3H （紫红色）

该化合物的稳定性较高，其溶液颜色深浅与浓度成正比，最大吸收波长在 538 nm① 处，对光的吸收符合 Lambert-Beer 定律，可以比色测定。

三、器材与药品

(一)器材

研钵　7200 型分光光度计　分析天平　2 mL、5 mL 吸量管　50 mL、100 mL 容量瓶　水浴锅　漏斗　铁架台(带铁夹)　滤纸　100℃温度计　100 mL 烧杯　10 mL 、50 mL 量筒

(二)药品

碎火腿肠　106.0 $g \cdot L^{-1}$ 亚铁氰化钾溶液②　50 $g \cdot L^{-1}$ 饱和硼砂溶液③　2 $g \cdot L^{-1}$ 盐酸萘乙二胺溶液④　220 $g \cdot L^{-1}$ 醋酸锌溶液⑤　4 $g \cdot L^{-1}$ 对氨基苯磺酸溶液⑥　200 $\mu g \cdot mL^{-1}$ 亚硝酸钠标准溶液⑦　5 $\mu g \cdot mL^{-1}$ 亚硝酸钠标准使用液⑧

---

① 国标 GB5009.33—2016《食品国家安全标准　食品中亚硝酸盐与硝酸盐的测定》中盐酸萘乙二胺法。

② 106.0 $g \cdot L^{-1}$ 亚铁氰化钾溶液：称取 106.0 g 亚铁氰化钾，用蒸馏水溶解并稀释至 1000 mL。

③ 50 $g \cdot L^{-1}$ 饱和硼砂溶液：称取 5.0 g 硼砂，溶于 100 mL 热蒸馏水中，冷却至室温后备用。

④ 2 $g \cdot L^{-1}$ 盐酸萘乙二胺溶液：称取 0.2 g 盐酸萘乙二胺，用 100 mL 蒸馏水溶解，混匀后储于棕色瓶中，在 4℃冰箱中保存，一周内稳定。

⑤ 220 $g \cdot L^{-1}$ 醋酸锌溶液：称取 22.0 g 结晶醋酸锌[$Zn(Ac)_2 \cdot 2H_2O$]，加 3 mL 冰醋酸溶于蒸馏水，并稀释至 100 mL。

⑥ 4 $g \cdot L^{-1}$ 对氨基苯磺酸溶液：称取 0.4 g 对氨基苯磺酸，溶于 100 mL 20%的盐酸中，避光保存。

⑦ 200 $\mu g \cdot mL^{-1}$ 亚硝酸钠标准溶液：准确称取 0.1000 g 于硅胶干燥器中干燥 24 h 的亚硝酸钠(优级纯)，溶解，转移至 500 mL 容量瓶中，加蒸馏水定容，在 4℃避光保存。

⑧ 5 $\mu g \cdot mL^{-1}$ 亚硝酸钠标准使用液：临用前，吸取 2.50 mL 亚硝酸钠标准溶液，用蒸馏水定容到 100 mL。

四、实验步骤

(一)样品处理

称取 5.0 g 切碎的样品，置于研钵中，加入 10 mL 饱和硼砂溶液，研磨均匀，用 70℃左右的蒸馏水 40 mL 将样品全部转入 100 mL 烧杯中，置沸水浴中加热 15 min，取出后冷却至室温，然后在搅动下加入 2.5 mL 亚铁氰化钾溶液，摇匀，再加入 2.5 mL 醋酸锌溶液混匀，以沉淀蛋白质。放置 0.5 小时，减压抽滤，用适量的蒸馏水洗涤残渣 2～3 次，滤液定量转移到 100 mL 容量瓶中，稀释至刻度，备用。

(二)标准曲线的绘制

用吸量管分别吸取亚硝酸盐标准使用液（5 $\mu g \cdot mL^{-1}$）0.00、0.50、1.00、1.50、2.00、2.50 mL 于 50 mL 容量瓶中，分别加入 2.00 mL 4 $g \cdot L^{-1}$ 对氨基苯磺酸溶液，混匀，静置 3～5 分钟后，再加入 1.00 mL 2 $g \cdot L^{-1}$ 盐酸萘乙二胺溶液，加水至刻度，混匀，静置 15 分钟，于波长 538 nm 处分别测其吸光度，以吸光度(A)为纵坐标，亚硝酸盐浓度(c:$\mu g \cdot mL^{-1}$)为横坐标，绘制标准曲线。

(三)样品测定

吸取 25.00 mL 样品溶液于 50 mL 容量瓶中，处理方法同标准使用液，于波长 538 nm 处测其吸光度，平行测定 3 次，取平均值。根据标准曲线得测定液中亚硝酸盐的浓度 c(测)，进而求得样品溶液中亚硝酸盐的浓度 c(样)。

计算公式：$c(\text{样}) = c(\text{测}) \times \dfrac{V(\text{容})}{V(\text{样})}$

c(样)：滤液中亚硝酸盐的含量($\mu g \cdot mL^{-1}$)

c(测)：测定用样品液中亚硝酸盐的含量($\mu g \cdot mL^{-1}$)

V(容)：稀释测定用样品液的容量瓶体积(mL)

V(样)：样品溶液体积(mL)

碎火腿肠中亚硝酸盐的含量 ω($mg \cdot Kg^{-1}$)：$\omega = c(\text{样}) \times \dfrac{V}{m}$

V：样品处理液总体积(mL)

m：样品质量(g)

五、注意事项

1. 盐酸萘乙二胺具有毒性，使用时应小心。

2. 分光光度计及比色皿的使用。

3. 采集的样品最好当天及时测定，若不能及时测定，样品必须密闭、避光和低温保存。

4. 国家标准 GB1886.11—2016《食品安全国家标准　食品添加剂　亚硝酸钠》规定，肉制品中亚硝酸钠最大使用量不得超过 0.15 g·kg^{-1}，肉灌肠制品残留量不得超过 30 mg·kg^{-1}，西式火腿类制品残留量不得超过 70 mg·kg^{-1}。

六、思考题

1. 实验中饱和硼砂溶液的作用是什么？

2. 实验依据什么原理？

参考学时：4 学时

（潘芊秀）

实验二十八　分光光度法测定自来水中铁的含量

Ⅰ 磺基水杨酸法

一、实验目的

1. 掌握磺基水杨酸法测定铁的原理和方法。

2. 了解分光光度计的构造、性能及使用方法。

二、实验原理

根据 Lambert-Beer 定律，当一束单色光通过一定厚度(b)的物质溶液时，溶液对光的吸收程度(A)与物质的浓度(c)成正比。即：

$$A=\varepsilon bc$$

其中，ε 为摩尔吸光系数，与被测物质的性质和入射光的波长有关；b 为溶液的厚度，对于指定的比色皿，其为定值。

溶液的吸光度与入射光的波长和浓度有关。改变入射光波长测定溶液的吸光度，以吸光度为纵坐标，入射光波长为横坐标作图，可得吸收曲线。吸收曲线最高点对应的波长称为最大吸收波长 λ_{max}。通常，在最大吸收波长处测定的灵敏度较高。固定入射光波长，测定不同浓度标准溶液的吸光度，以吸光度为纵坐标，标准溶液浓度为横坐标作图，可得标准曲线。在与标准溶液相同的条件下测定未知溶液的吸光度，利用标准曲线可求出未知溶液的浓度。

可见分光光度法只能测定有色物质。自来水中的 Fe^{3+} 因浓度较低而近乎无色，可用磺基水杨酸作显色剂将其转化为有色物质。在 pH 为 4.0～8.0 的条件下，磺基水杨酸与 Fe^{3+} 离子反应生成稳定的橙红色配合物，反应方程式如下：

$$Fe^{3+} + 2\ \text{HOOC(HO)}C_6H_3SO_3H \rightleftharpoons [Fe(\text{OOC(HO)}C_6H_3SO_3)_2]^- + 4H^+$$

对于 Fe^{2+} 的测定,可以用 HNO_3 氧化,再加磺基水杨酸显色。

三、器材与药品

(一)器材

722(723)型分光光度计　10 mL 容量瓶　1 mL 吸量管坐标纸

(二)药品

0.1000 g·L^{-1} Fe^{3+}标准溶液①　0.2 mol·L^{-1} HNO_3　pH=4.7 的缓冲溶液②　0.25 mol·L^{-1} 磺基水杨酸③

四、实验步骤

(一)标准溶液的配制

取 6 个 10 mL 容量瓶,编号后按表 2.4.28.1 配制标准溶液,摇匀放置 20 min 后测定。

表 2.4.28.1　铁标准溶液的配制

编号	1	2	3	4	5	6
铁标准溶液体积/mL	0.00	0.20	0.40	0.60	0.80	1.00
0.2 mol·L^{-1} HNO_3 体积/mL	1.00	0.80	0.60	0.40	0.20	0.00
磺基水杨酸体积/mL	1.00	1.00	1.00	1.00	1.00	1.00
pH=4.7 缓冲溶液体积/mL	1.00	1.00	1.00	1.00	1.00	1.00
加水至总体积/mL	10.00	10.00	10.00	10.00	10.00	10.00
铁标准溶液浓度/(g·L^{-1})						
吸光度 *A*						

(二)吸收曲线的绘制

在 722 型分光光度计上,以 1 号溶液为空白溶液,在 400～520 nm 范围内,每隔 10 nm 测一次 4 号溶液的吸光度。以吸光度为纵坐标、入射光波长为横坐标绘制吸收曲线,从中

---

① Fe^{3+} 铁标准溶液的配制:称取 0.8640 g 分析纯 $NH_4Fe(SO_4)_2\cdot 12H_2O$,加入 100 mL 2 mol·L^{-1} HNO_3 溶液,搅拌使其溶解,加入适量蒸馏水,然后转移到 1000 mL 容量瓶内定容,其浓度为 0.1 g·L^{-1}。

② pH=4.7 的缓冲溶液的配制:将 100 mL 6.0 mol·L^{-1} HCl 溶液与 380 mL 50g·L^{-1} NaAc·$3H_2O$ 溶液混合而成。

③ 0.25 mol·L^{-1} 磺基水杨酸的配制:称取 5.4 g 磺基水杨酸溶于 50 mL 蒸馏水中,加入 5～6 mL 10 mol·L^{-1} 氨水,并用水稀释至 100 mL。

找出吸光度最大处的波长。在吸光度最大波长前后 5 nm 范围内，每隔 2 nm 再细测一遍，找出最大吸收波长。注意：每变换一次波长，都应重新调吸光度为零或透光率为 100%。

(三)标准曲线的绘制

在最大吸收波长处，以 1 号溶液为空白溶液，分别测定 2～6 号标准溶液的吸光度，以吸光度为纵坐标、标准溶液浓度为横坐标绘制标准曲线。

(四)自来水中铁含量的测定

吸取自来水 5.00 mL 转至 10 mL 容量瓶中，加入 1.00 mL 0.2 $mol \cdot L^{-1}$ HNO_3 溶液、1.00 mL 0.25 $mol \cdot L^{-1}$ 磺基水杨酸、1.00 mL pH＝4.7 的缓冲溶液，用蒸馏水稀释到刻度，摇匀，放置 20 min，测其吸光度。从标准曲线中，查出其浓度，并换算出自来水中铁的含量。

Ⅱ 邻二氮菲法

一、实验目的

1. 掌握邻二氮菲分光光度法测定铁的原理和方法。

2. 了解分光光度计的构造、性能及使用方法。

二、实验原理

在可见分光光度法测定铁的含量中，邻二氮菲也是常用的配位显色剂。当 pH 在 2.0～9.0 范围内，邻二氮菲与 Fe^{2+} 反应生成稳定的红色配合物。该反应中铁必须是二价铁离子，Fe^{3+} 在显色前必须还原成 Fe^{2+}，常用的还原剂为盐酸羟胺。反应如下：

$$2Fe^{3+} + 2NH_2OH \cdot HCl = 2Fe^{2+} + N_2\uparrow + 2H_2O + 4H^+ + 2Cl^-$$

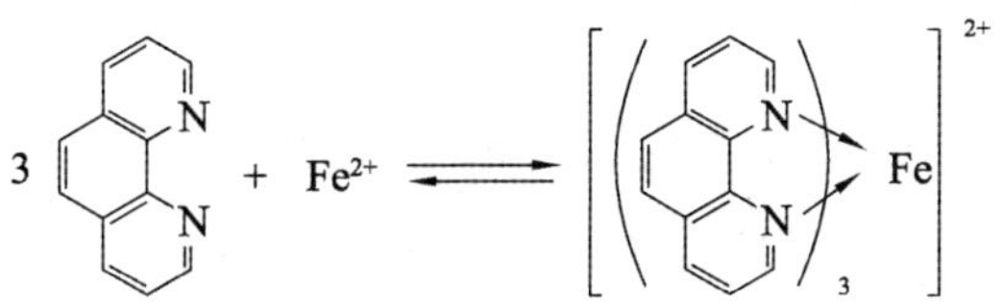

该配合物的最大吸收波长为 508 nm。

三、器材与药品

(一)器材

722 型分光光度计　50 mL 容量瓶　1 mL 吸量管　5 mL 吸量管坐标纸

(二)药品

0.1000 $g \cdot L^{-1}$ Fe^{3+} 标准溶液　1.5 $mol \cdot L^{-1}$ 盐酸羟胺溶液　8 $mmol \cdot L^{-1}$ 新配制邻二氮菲溶液　1 $mol \cdot L^{-1}$ NaAc

四、实验步骤

(一)标准溶液的配制

取 6 个 50 mL 容量瓶，编号后按表 2.4.28.2 配制标准溶液，摇匀放置 15 min 后测定。

表 2.4.28.2 铁标准溶液的配制

编号	1	2	3	4	5	6
Fe^{3+} 标准溶液体积/mL	0.00	0.20	0.40	0.60	0.80	1.00
1.5 mol·L^{-1} 盐酸羟胺体积/mL	1.00	1.00	1.00	1.00	1.00	1.00
邻二氮菲体积/mL	2.00	2.00	2.00	2.00	2.00	2.00
1 mol·L^{-1} NaAc 体积/mL	5.00	5.00	5.00	5.00	5.00	5.00
加水至总体积/mL	50.00	50.00	50.00	50.00	50.00	50.00
铁标准溶液的浓度/(g·L^{-1})						
吸光度 A						

(二)标准曲线的绘制

在最大吸收波长 508 nm 处，以 1 号溶液为空白溶液，分别测定标准溶液的吸光度，以吸光度为纵坐标、标准溶液浓度为横坐标绘制标准曲线。

(三)自来水中铁含量的测定

吸取自来水 25.00 mL 至 50 mL 容量瓶中，加入 1.5 mol·L^{-1}盐酸羟胺 1.00 mL、8 mmol·L^{-1} 邻二氮菲 2.00 mL、1 mol·L^{-1} NaAc 5.00 mL，用蒸馏水稀释到刻度，摇匀，放置 15 min，测其吸光度。然后从标准曲线中，查出其浓度，计算出自来水中铁的含量。

五、注意事项

1. 分光光度计需要预热 20 min，配制的溶液需要放置 15～20 min。

2. 在测定吸收曲线时，注意每次改变波长，都需要调透光率为 100%或吸光度为零。

六、思考题

1. 为什么每次改变波长仪器都应重新调吸光度为零?

2. 磺基水杨酸法中，配制标准溶液时加入 HNO_3 的目的是什么？缓冲溶液的作用是什么?

3. 用磺基水杨酸法与邻二氮菲法测铁的含量中，为什么最大吸收波长不一样?

参考学时：4 学时

延伸阅读1

722型分光光度计

722型分光光度计能在可见光谱区内对样品作定性和定量分析，其灵敏度、准确性和选择性都较高，因而在教学、科研和生产上被广泛使用。

(一)仪器构造

722型分光光度计由光源室、单色器、试样室、光电管暗盒、电子系统及数字显示器等部件组成。光源为钨卤素灯，波长范围为330～800 nm。单色器中的色散元件为光栅，可获得一定波长的单色光。其外部结构如图2.4.28所示。

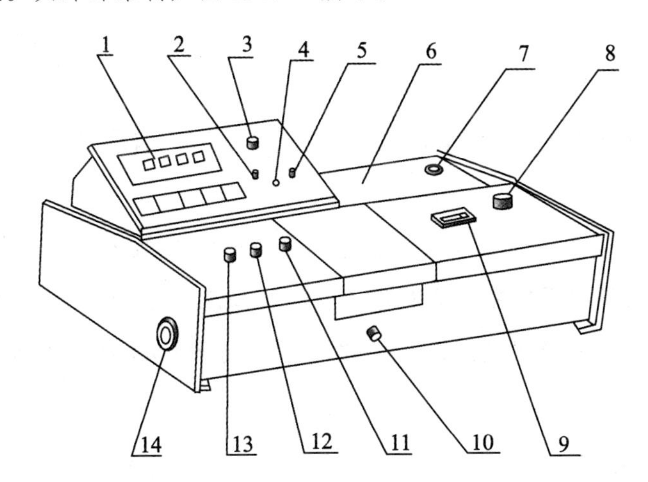

1.数字显示器 2.吸光度调零旋钮 3.选择开关 4.吸光度调斜率电位器 5.浓度旋钮 6.光源室 7.电源开关 8.波长手轮 9.波长刻度窗 10.试样架拉手 11.100%T旋钮 12.0%T旋钮 13.灵敏度调节旋钮 14.干燥器

图2.4.28 722型分光光度计示意图

(二)使用方法

1.预热仪器 将选择开关置于“T”，打开电源开关，预热20分钟。为防止光电管疲劳，不要连续光照，预热仪器时和不测定时应将试样室盖打开，使光路切断。

2.选定波长 根据实验要求，转动波长手轮，调至所需要的单色波长。

3.固定灵敏度档 在能使空白溶液很好地调到“100%”的情况下，尽可能采用灵敏度较低的挡，使用时，首先调到“1”挡，灵敏度不够时再逐渐升高。但换挡改变灵敏度后，须重新校正“0%”和“100%”。选好的灵敏度，实验过程中不要再变动。

4.调节T=0% 轻轻旋动“0%”旋钮，使数字显示为“00.0”，此时试样室是打开的。

5. 调节 T=100% 将盛蒸馏水(或空白溶液或纯溶剂)的比色皿放入比色皿座架中的第一格内,并对准光路,把试样室盖子轻轻盖上,调节透过率“100%”旋钮,使数字显示正好为“100.0”。

6. 吸光度的测定 将选择开关置于“A”,盖上试样室盖子,将空白液置于光路中,调节吸光度调节旋钮,使数字显示为“.000”。将盛有待测溶液的比色皿放入比色皿座架中的其他格内,盖上试样室盖,轻轻拉动比色皿座架拉手,使待测溶液进入光路,此时数字显示值即为该待测溶液的吸光度值。读数后,打开试样室盖。

7. 浓度的测定 选择开关由“A”旋至“C”,将已标定浓度的样品放入光路,调节浓度旋钮,使得数字显示为标定值,将被测样品放入光路,此时数字显示值即为该待测溶液的浓度值。

8. 关机 实验完毕,切断电源,将比色皿取出洗净,并将比色皿座架用软纸擦净。

(三)注意事项

1. 为了防止光电管疲劳,不测定时必须将试样室盖打开,使光路切断,以延长光电管的使用寿命。

2. 用比色皿时,手指只能捏住比色皿的毛玻璃面,而不能碰比色皿的光学表面。

3. 比色皿不能用碱溶液或氧化性强的洗涤液洗涤,也不能用毛刷刷洗。比色皿外壁附着的水或溶液应用擦镜纸或细而软的吸水纸吸干,不要用力擦拭,以免损伤它的光学表面。

延伸阅读2

723型分光光度计使用说明

(一)开机自检

打开电源开关及打印机开关,比色皿座架上不放任何样品,仪器开始自检,显示窗口显示 723C→330→820→820→500,自检结束。

(二)扫描吸收曲线

1. 设置起始波长:GoTo+330+enter(等待显示数字返回到 330 nm);

2. 设置扫描方式:mode+1+enter→scan 灯亮;

3. 将5号样品送入光路,按Start/Stop,打印机自动打印吸收曲线(波长范围从 330~800 nm)。

根据吸收曲线找出最大吸收波长λ_{max}。

(三)标准曲线的制作

1. 设定λ_{max}:GoTo+λ_{max}数值+enter;

2. 设定工作方式:

Mode+2+enter → DATA 灯亮, T/A+3+enter→con 灯亮。

打印机自动打印输出:Calibration? Yes=[1] E NO=[2] E RET=[0] E

输入数字1+enter

打印机打印输出:Yes,STD. Value?

3. 设定标准溶液浓度:

在键盘上依次输入标准溶液的浓度值,按enter键,打印机自动打印出标准溶液的编号及浓度值。设定完成后,按GoTo键,输入最大波长,按enter键确定。

4. 将空白溶液送入光路,按 ABS/100%T 键调零;依次将标准溶液送入光路,按Start/Stop键,打印出相应的浓度和吸光度。当所有标准溶液测定完成后,打印机自动打印出标准曲线的回归方程:

CONC=K * ABS+B

k=××× B=××× R * R=×××(其中 R 为相关系数)。

(四)未知溶液的测定

将未知溶液送入光路,按Start/Stop,开始测定,打印机自动打印出未知液的浓度和吸光度。

(王雷)

2.5 分离与提纯

有机物种类、数量众多，混合物的分离提纯比较困难。常用的混合物的分离方法主要有过滤、重结晶、蒸馏、分馏、层析、电泳等。需要指出的是，在有机混合物的分离方法中，色谱法占有极为重要的地位。目前已广泛应用的液相色谱和气相色谱，对于分离、鉴定性质相近或组分复杂的混合物，具有很好的效果。但由于篇幅所限，在此只介绍一般实验室仍普遍采用的常规的分离方法，其他方法可参阅有关专著。

实验二十九 粗食盐的精制

一、实验目的

1.了解食盐精制的原理及检验纯度的方法。

2.掌握玻璃仪器的洗涤、台秤的使用、研磨、溶解、过滤、蒸发、干燥和结晶等基本操作。

二、实验原理

粗食盐中含有泥沙等不溶性杂质和 K^+、Ca^{2+}、Mg^{2+}、SO_4^{2-} 等可溶性的杂质。不溶性杂质可用溶解、过滤的方法除去，可溶性杂质可用适当的试剂使其生成难溶化合物沉淀而除去。方法如下：

首先，在粗食盐的溶液中加入稍过量的 $BaCl_2$ 溶液，将 SO_4^{2-} 转化为难溶的 $BaSO_4$ 沉淀。

$$Ba^{2+} + SO_4^{2-} = BaSO_4 \downarrow$$

溶液过滤除去 $BaSO_4$ 沉淀，向滤液中依次加入过量的 NaOH 和 Na_2CO_3 溶液，除去 Mg^{2+}、Ca^{2+} 和过量的 Ba^{2+} 离子。

$$2Mg^{2+} + 2OH^- + CO_3^{2-} = Mg_2(OH)_2CO_3 \downarrow$$

$$Ca^{2+} + CO_3^{2-} = CaCO_3 \downarrow$$

$$Ba^{2+} + CO_3^{2-} = BaCO_3 \downarrow$$

过量的 NaOH 和 Na_2CO_3 可用盐酸中和。根据 KCl 与 NaCl 在相同温度下溶解度的不同，少量的可溶性杂质 K^+ 离子可在蒸发、浓缩、结晶过程中除去。

三、器材与药品

(一)器材

研钵　台秤　烧杯量筒(100 mL 和 10 mL 各一个)　药匙　蒸发皿　玻璃棒　酒精灯　普通漏斗　布氏漏斗　吸滤瓶　点滴板　洗瓶　石棉网　漏斗架　试管及试管架　滤纸　pH 试纸

(二)药品

粗盐　1 mol·L^{-1} $BaCl_2$　1 mol·L^{-1} Na_2CO_3　2 mol·L^{-1} NaOH　6 mol·L^{-1} HAc　2 mol·L^{-1} HCl　0.5 mol·L^{-1} $(NH_4)_2C_2O_4$　镁试剂　$Na_3[Co(NO_2)_6]$

四、实验步骤

(一)粗食盐的精制

1. 粗食盐的称量与溶解　称取研细的粗食盐 4 g，转入 100 mL 烧杯中。加入 20 mL 蒸馏水，加热搅拌，使粗食盐溶解(不溶物沉于底部)。

2. 除 SO_4^{2-} 离子　将粗食盐溶液加热至沸腾，逐滴加入 1 mol·L^{-1} $BaCl_2$ 溶液 2 mL，继续加热 5 min，静置。于上清液中补加 1 滴 $BaCl_2$ 溶液，若无浑浊出现，表明 SO_4^{2-} 已沉淀完全。过滤，弃去沉淀。

3. 除 Mg^{2+}、Ca^{2+}、Ba^{2+} 离子　向滤液中依次加入 1 mol·L^{-1} NaOH 溶液 1.5 mL 和 3.0 mL 1 mol·L^{-1} Na_2CO_3 溶液，加热至沸腾，静置，过滤，弃去沉淀。

4. 除 OH^- 和 CO_3^{2-} 离子　向滤液中逐滴加入 2 mol·L^{-1} HCl 溶液，至溶液呈弱酸性(pH=4～6)。

5. 除 K^+ 离子　将溶液转移至蒸发皿中，小火加热，浓缩至溶液呈黏稠状，冷却，待析出结晶后减压过滤，弃去滤液。

6. 蒸发干燥　结晶转移至蒸发皿中，在石棉网上微火加热干燥。放冷称重，计算产率。

(二)纯度检验

取粗食盐和精制食盐各 0.5 g，分别加入 5 mL 蒸馏水使其溶解，过滤后进行下列检验。

1. SO_4^{2-} 的检验　取上述滤液各 1 mL，分别置于 2 支试管中，各滴加 2 滴 $BaCl_2$ 溶液，检查有无沉淀生成。若有沉淀生成，再加入 2 mol·L^{-1} HCl 溶液至溶液呈酸性。沉淀如不溶解，表明有 SO_4^{2-} 离子存在。

2. Ca^{2+} 的检验　取上述滤液各 1 mL，分别置于 2 支试管中，各滴加 6 mol·L^{-1} HAc 溶液，使之呈酸性，再分别加入 2 滴 0.5 mol·L^{-1} $(NH_4)_2C_2O_4$ 溶液，观察是否有白色沉淀生成。

3. Mg^{2+} 的检验　取上述滤液各 1 mL，分别置于 2 支试管中，各滴加 4～6 滴 1 mol·L^{-1} NaOH 溶液，使溶液呈碱性，然后再各加 2～3 滴镁试剂①，观察有无天蓝色沉淀生成。

4. K^+ 的检验　取上述滤液各 2～3 滴于点滴板中，滴加 6 mol·L^{-1} 的 HAc 溶液 2～3 滴酸化，再加入新配制的亚硝酸钴钠，观察是否有沉淀生成(若现象不明显，可用玻璃棒摩擦点滴板)。

五、注意事项

1. 注意抽滤装置的正确使用方法。

2. 在加热蒸发之前，用盐酸调溶液，使之呈弱酸性，而不能用其他酸，以免引入新的杂质。

3. 在蒸发过程中，要不断搅拌，防止局部受热，且不可将溶液蒸干。

六、思考题

1. 在除 SO_4^{2-}、Ca^{2+}、Mg^{2+} 等离子时，为什么要先加 $BaCl_2$ 溶液，后加 Na_2CO_3 溶液？能否先加 Na_2CO_3 溶液？

2. 加入沉淀剂除 SO_4^{2-}、Ca^{2+}、Mg^{2+}、Ba^{2+} 时，为何要加热？

3. 如果产率过高，可能的原因是什么？

参考学时：4 学时

（王雷）

实验三十　减压蒸馏与旋转蒸发仪

一、实验目的

1. 学习减压蒸馏的基本原理及应用。

2. 掌握减压蒸馏装置的安装和操作技术。

---

① 镁试剂学名为对硝基苯偶氮间苯二酚，是一种有机染料，在碱性环境中呈红色或紫色，被 $Mg(OH)_2$ 吸附后呈天蓝色沉淀。

二、实验原理

(一)沸点与压力

液体的沸点是指液体的蒸气压等于外压时的温度。液体沸点与外界压力有关,降低液体表面上的压力,就可降低液体的沸点。在较低压力下进行蒸馏的操作称为减压蒸馏。

许多有机化合物,特别是高沸点(200℃以上)的有机物,若用常压蒸馏,在达到沸点之前往往会受热分解、氧化、聚合,或因沸点太高难以蒸出。要分离和提纯这些有机化合物,可采用减压蒸馏的方法。

在实际操作中,化合物的沸点与压力的关系可使用图 2.5.30.1 来估计。

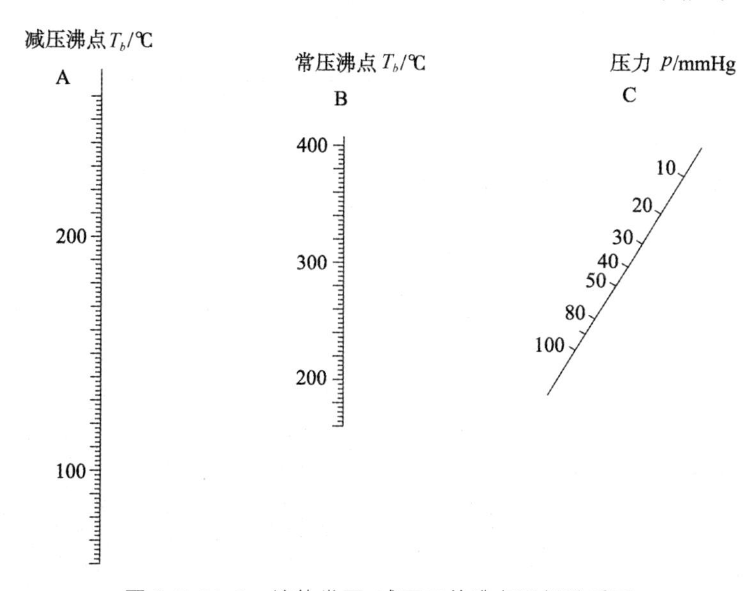

图 2.5.30.1　液体常压、减压下的沸点近似关系图

例如,水杨酸乙酯常压下的沸点为 234℃,减压到 15 mmHg 时,沸点是多少度?在图 2.5.30.1 中的 B 线上找到 234℃的点,再在 C 线上找到 15 mmHg 时的沸点,然后两点连一直线,延长与 A 线的交点为 113℃,即水杨酸乙酯 15 mmHg 时的沸点约为 113℃。

液体的沸点与压力的关系还可以近似地用公式(1)表示:

$$\lg P = A + B/T \tag{1}$$

式中,P 为液体的蒸气压,T 为液体的沸点,A、B 为常数。

以 $\lg P$ 对 $1/T$ 作图,可近似得到一条直线。可以从两组已知的 P 和 T 计算出 A 和 B 的值,再将所选择的压力代入上式即可算出液体的沸点。表 2.5.30.1 给出了部分有机化合物在不同压力下的沸点。

表 2.5.30.1 部分有机化合物饱和蒸气压与沸点(℃)的关系

饱和蒸气压/mmHg	水	氯苯	苯甲醛	水杨酸乙酯	甘油	蒽
760	100	132	179	234	290	354
50	38	54	95	139	204	225
30	30	43	84	127	192	207
25	26	39	79	124	188	201
20	22	34.5	75	119	182	194
15	17.5	29	69	113	175	186
10	11	22	62	105	167	175
5	1	10	50	95	156	159

(二)减压蒸馏装置

图 2.5.30.2 给出了一种常用的减压蒸馏装置。

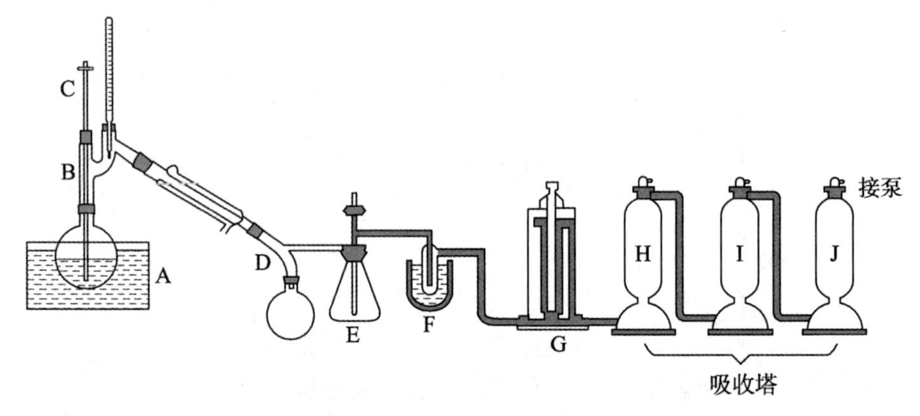

A. 热浴　B. 克式蒸馏头　C. 毛细管　D. 真空接引管　E. 安全瓶　F. 冷却阱　G. 压力计

图 2.5.30.2 减压蒸馏装置

整个系统由蒸馏装置、减压装置、保护装置及测压装置四个部分组成。

(1)蒸馏部分　由蒸馏瓶、克氏蒸馏头、温度计、毛细管、直形冷凝管、真空接引管及接液瓶组成。克氏蒸馏头有两个颈,可以避免减压蒸馏时瓶内液体由于沸腾冲入冷凝管中。蒸馏头的一端插入一根拉制很细的毛细管,其下端距瓶底 1～2 mm,毛细管上端套一小段乳胶管(管中夹一细铁丝),胶管上夹一个螺旋夹,通过螺旋夹调节进入空气的量,使其呈微小气泡冒出,起到搅拌和汽化中心的作用;蒸馏头另一端插入温度计,温度计水银球处在蒸馏头支管口下部。

(2)减压部分　实验室通常用油泵或水泵进行减压。

(3)保护部分　为了保护油泵,在油泵与接收瓶之间要安装保护装置,包括冷却阱和几个吸收塔。冷却剂可以用冰－水、冰－盐、干冰－丙酮等。吸收塔中依次装有无水氯化钙(H)、粒状氢氧化钠(I)、固体石蜡(J)，分别吸收水分、酸气和烃类化合物。冷却阱前装一安全瓶，瓶上的两通活塞用于调节系统内的压力及放气之用，另外还连接测量系统压力的压力计。

(4)测压部分 实验室通常采用水银压力计来测量减压系统的压力。水银压力计有封闭式和开口式两种。

三、器材及药品

(一)器材

蒸馏瓶　克氏蒸馏头　温度计　毛细管　胶管　螺旋夹　直形冷凝管　真空接引管　接液瓶　水浴锅　酒精灯　压力计　长颈漏斗　锥形瓶　铁架台(带铁夹)　真空泵　吸收塔　量筒

(二)药品

乙酰乙酸乙酯　氯化钙　氢氧化钠　石蜡

四、实验步骤

1. 按照图 2.5.30.2 从左到右依次安装好装置。旋紧毛细管上的螺旋夹，将安全瓶与抽气泵连接，开启压力计的活塞并开动泵，缓慢关闭安全瓶活塞，调节到所需的真空度，并维持 1～2 min，若压力计读数保持不变，则表示不漏气。如有漏气，必须找出漏气原因并加以解决。

2. 仪器安装好后，取出插有毛细管的磨口玻璃塞，用漏斗加 20 mL 乙酰乙酸乙酯于 50 mL 圆底烧瓶中，盖好玻璃塞。开动真空泵，慢慢旋开毛细管上端的螺旋夹，调节螺旋夹使之有连续、平稳的小气泡冒出。调节真空度为 2.4 kPa(18 mmHg)，并保持稳定。开启水龙头，使水通入冷凝管，然后水浴加热。减压蒸馏时，加热不要太快，蒸馏速度控制在每秒 1～2 滴。收集 18 mmHg 时 75～80℃的馏分。表 2.5.30.2 给出了乙酰乙酸乙酯不同压力下的沸点：

表 2.5.30.2　乙酰乙酸乙酯不同压力下的沸点

760 mmHg	80 mmHg	60 mmHg	30 mmHg	18 mmHg	15 mmHg	14 mmHg	12 mmHg
180℃	100℃	97℃	88℃	78℃	75℃	74℃	71℃

3. 蒸馏完毕时，先关好压力计的活塞(指封闭式压力计)，然后移去火焰，待冷却后，调大毛细管上的螺旋夹，慢慢打开安全瓶上的放空阀，待系统内外压力平衡后关闭真空泵。然后缓慢调节压力计，使水银柱恢复到常压位置并关闭活塞。拆卸仪器，按顺序取下接收

器、尾接管、冷凝管、温度计、蒸馏瓶、水浴锅等。

五、注意事项

1. 减压蒸馏系统必须十分严密，橡皮管要用耐压橡皮管，玻璃仪器磨口处用真空脂涂抹均匀，防止漏气。必要时可用固体石蜡密封橡皮塞的连接处。

2. 使用油泵时，蒸馏系统和油泵之间必须装有吸收装置；如果能用水泵抽气的，则尽量使用水泵。蒸馏前必须先用水泵彻底抽去系统中有机溶剂的蒸气，如果蒸馏物中含有挥发性杂质，可先用水泵减压抽除，然后改用油泵。

3. 蒸馏烧瓶中液体的量不超过烧瓶体积的 1/2。

4. 进行减压蒸馏时，不能直接用火加热，需用热浴加热。

5. 要严格按要求操作，注意实验安全。

六、思考题

1. 在什么情况下必须采用减压蒸馏？

2. 减压蒸馏为什么要安装吸收装置？

3. 为什么在减压蒸馏时先抽气后加热，停止蒸馏时必须先撤火、降温再放气、停泵？

延伸阅读

旋转蒸发仪的使用

旋转蒸发仪是蒸馏装置之一，可以用于常压蒸馏，也可用于减压蒸馏。蒸发器的旋转可产生汽化中心，因此蒸馏时不必加入沸石，同时蒸发器旋转过程中会使料液附于瓶壁形成薄膜，蒸发面积大大增加，液体受热均匀，蒸发速率快。在实验中，旋转蒸发仪主要用于在减压条件下连续蒸馏大量易挥发性溶剂，尤其用于对萃取液的浓缩和色谱分离时接收液的回收。

1. 基本原理

旋转蒸发仪用于减压蒸馏时，其工作原理与普通减压蒸馏的基本原理相类似，不同点就是蒸馏烧瓶是旋转的。蒸馏烧瓶是一个带有标准磨口的圆底烧瓶，通过冷凝器与减压泵相连，冷凝器开口处与磨口接收烧瓶相连，接收被蒸馏出来的有机溶剂。在冷凝器与减压泵之间有一三通活塞，当体系与大气相通时，可以将蒸馏烧瓶、接收烧瓶取下，转移溶剂。当体系与减压泵相通时，则体系处于减压状态。旋转蒸发仪使用时，应先减压，再开动电动机转动蒸馏烧瓶；结束时，应先停机，再通气，以防蒸馏烧瓶在转动中脱落。

2. 旋转蒸发仪结构

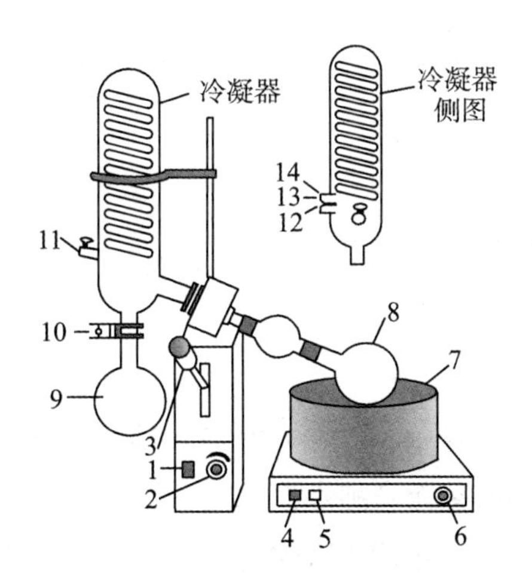

1. 旋转蒸发仪电源　2. 转速调节旋钮　3. 升降柄　4. 恒温水浴电源　5. 指示灯　6. 温度调节旋钮　7. 恒温水浴槽　8. 旋转蒸馏瓶　9. 接收烧瓶　10. 固定夹　11. 放气阀　12. 真空泵接口　13. 冷凝器进水口　14. 冷凝器出水口

图 2.5.30.3　旋转蒸发仪

旋转蒸发仪结构如图 2.5.30.3 所示，主要由旋转蒸发仪（包括旋转蒸发仪主机、冷凝器、旋转蒸发瓶和接收烧瓶）、恒温水浴装置和真空泵组成。

3. 旋转蒸发仪的使用步骤

(1)按照图 2.5.30.3 将仪器各部分连接并固定好，检查装置是否漏气。

(2)将样品放入蒸馏瓶中，通过升降柄调节旋转蒸馏瓶的高度。

(3)通冷凝水后，开启真空泵，关闭放气阀，抽气 1～2 min，然后开启旋转蒸发仪，调节恒温水浴温度至所需温度。

(4)蒸发结束时，先停止加热，关闭旋转蒸发仪；再打开放气阀，关闭真空泵；取下接收烧瓶，回收蒸馏液。

4. 注意事项

(1)上述操作步骤顺序不要颠倒。

(2)磨口仪器安装前均匀涂少量真空脂，保证良好的气密性。

(3)实验过程中每隔一定时间要查看水浴锅中的水量，防止蒸干。

(4)实验结束后，关闭水电开关，清洗玻璃仪器。

参考学时：4 学时。

（张怀斌）

实验三十一　水蒸气蒸馏

一、实验目的

1. 了解水蒸气蒸馏的原理及应用。

2. 掌握水蒸气蒸馏的操作技术。

二、实验原理

水蒸气蒸馏(Steam Distillation)是分离和提纯有机化合物的常用方法之一。此法常用于在常压蒸馏下易被破坏的某些高沸点有机物的提取、混合物中含有大量树脂状杂质或不挥发性杂质,也常用于从较多固体反应物中分离被吸附的液体。

被提纯的物质必须不溶或难溶于水,共沸时与水不发生化学反应,在100℃左右时有一定的蒸气压(至少为0.7～1.3 kPa)。当提取物A与水共存时,根据分压定律,整个体系蒸气压为各组分蒸气压之和,即:

$$P(\text{总})=P(H_2O)+P(A)$$

当P(总)与大气压相等时,则液体沸腾,这时的温度即为它们的沸点,所以混合物的沸点比其中任何一个组分的沸点都低。因此,利用此法能在低于100℃的情况下将高沸点的组分与水一起蒸出来。蒸馏时混合物的沸点不变,直至其中一个组分几乎全部蒸出,温度才上升至留在瓶中的液体的沸点。

以苯胺和水杨酸为例,苯胺的沸点为184.4℃,用水蒸气蒸馏时,当加热到98.4℃时,水的蒸气压为95.7 kPa,苯胺的蒸气压为5.6 kPa,它们的总蒸气压为101.3 kPa(760 mmHg),即开始沸腾。

伴随水蒸气蒸馏的进行,蒸馏出的苯胺和水两者质量之比等于它们分压和相对分子质量的乘积之比,因此它们的质量之比可按下式计算:

$$\frac{m(\text{水})}{m(\text{苯胺})}=\frac{M(\text{水})\times P(\text{水})}{M(\text{苯胺})\times P(\text{苯胺})}=\frac{18\times 95.7}{93\times 5.6}=3.3$$

即1 g苯胺与3.3 g水同时蒸出。由于苯胺微溶于水,这个计算数值仅是近似值。而水杨酸在98.4℃时蒸气压太小,所以不被蒸出。

三、器材与药品

(一)器材

250 mL三口圆底烧瓶　安全管　T型管　螺旋夹　100 mL圆底烧瓶　尾接管　铁架台(带铁夹)　水蒸气导管　馏出液导管　直形冷凝管　100 mL烧杯　100 mL量筒

控温电热套

(二)药品

苯胺　水杨酸　0.1%$FeCl_3$。

四、实验步骤

(一)仪器装置

水蒸气蒸馏装置包括水蒸气发生器、蒸馏部分、冷凝部分和接受器四部分。

水蒸气发生器:一般使用专用的金属制的水蒸气发生器,也可用500 mL的蒸馏烧瓶(A)代替(配一根长1 m,直径约为7 mm的玻璃管作安全管B),水蒸气发生器导出管与一个T形管(C)相连,T形管的支管套上一短橡皮管或两通活塞(D)。橡皮管用螺旋夹夹住,以便及时除去冷凝下来的水滴,T形管的另一端与蒸馏部分的导管相连(这段水蒸气导管应尽可能短些,以减少水蒸气的冷凝)。

蒸馏部分:采用三口圆底烧瓶(与水蒸气发生器相同),瓶内液体不宜超过其容积的1/3。蒸汽导入管E的末端正对瓶底中央并伸到接近瓶底2～3 mm处。为了减少由于反复换容器而造成产物损失,常直接利用原来的反应器,进行水蒸气蒸馏。

冷凝部分:一般选用直形冷凝管。

接受器:选择合适容量的圆底烧瓶或梨形瓶作接受器。

全部装置如图2.5.31.1所示。

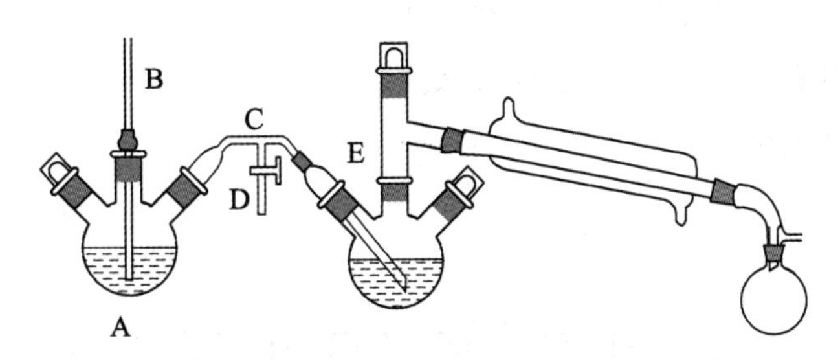

图2.5.31.1　水蒸气蒸馏装置

(二)操作

装置安装完毕后,取0.3 g水杨酸和2 mL苯胺置于三口蒸馏烧瓶中,加40 mL蒸馏水,在作为水蒸气发生器的烧瓶(A)中亦加水,其量不超过烧瓶容量的2/3。蒸馏前,装置应经过检查,必须严密不漏气。开始蒸馏时,先把T形管上的螺旋夹打开,加热三口瓶(A)里的水到沸腾。当有水蒸气从T形管的支管冲出时,立即关闭螺旋夹,使蒸气经导管通入蒸馏烧瓶中而进行蒸馏,同时小火加热蒸馏烧瓶,以避免部分蒸气在蒸馏烧瓶中冷凝而增加水的体积。但要注意蒸馏烧瓶内液体蹦跳厉害时要停止加热,蒸馏速度为每秒2～3滴。

当蒸馏液无明显油珠、澄清透明时停止蒸馏，必须先旋开螺旋夹，然后移开热源，以免发生倒吸现象。

取两支小试管，分别加入馏出液与蒸馏烧瓶中的残液各 1 mL，后加入 3 滴 0.1% $FeCl_3$ 溶液，检查水杨酸的存在。哪个溶液含有水杨酸？哪个没有？为什么？

将馏出液倒入指定的回收瓶中。

五、注意事项

1. 苯胺有毒，操作时应避免与皮肤接触或吸入其蒸气，若不慎触及皮肤时先用水冲洗，再用肥皂水和温水冲洗。

2. 水蒸气发生器上的安全管不宜太短，其下端应接近器底，盛水量通常为其容量的 1/2，最多不超过 2/3，最好在水蒸气发生器中加沸石起助沸作用。

3. 蒸馏烧瓶的容量应保证混合物的体积不超过其 1/3，导入蒸汽的玻璃管下端伸到接近瓶底。

4. 蒸馏过程中，应注意安全管水位是否发生不正常的上升现象，蒸馏瓶内混合物是否飞溅厉害或液体是否倒吸，如遇这些现象应立即旋开螺旋夹，然后移去热源，找出故障的原因，排除后再继续加热。

六、思考题

1. 水蒸气蒸馏的原理是什么？

2. 用水蒸气蒸馏的物质必须具备何种性质？

3. 本实验中用 $FeCl_3$ 检查结果说明什么问题？

参考学时：4 学时

（潘芊秀）

实验三十二　氨基酸的纸上层析

一、实验目的

1. 学习色谱法分离的原理和类型。

2. 学会用纸上层析法进行分离鉴定氨基酸的操作。

二、实验原理

纸上层析法(Paper Chromatography)是层析法的一种，它以特制的滤纸为载体，以吸附在滤纸上的水分为固定相，以与水不相混溶的有机溶剂为流动相(展开剂)，利用滤纸的毛细作用，流动相在滤纸上缓缓移动，溶质在固定相和流动相之间不断地进行分配，由于被分析样品的各组分在两相中的分配系数不同，从而达到分离的目的。

样品分离后，通常用 R_f 值表示某一化合物在滤纸上的相对位置。溶质在滤纸上移动的距离和溶剂移动距离的比值称为该物质的比移值 R_f 值。

$$R_f=\frac{\text{溶质移动的距离（原点到层析斑点中心的距离）}}{\text{溶剂移动的距离（原点到溶剂前沿的距离）}}$$

在同一实验条件（相同的温度、溶剂、滤纸等）下，R_f 值对同一物质是一常数，因此通常采用在相同条件下用标准试样作对比来进行化合物的鉴定。

按其操作方法，纸上层析可分为带形纸层析和圆形纸层析两种方法。纸上层析法所需样品量很少，设备简单，操作方便，广泛用于有机化合物的分离与鉴定，特别是适用于相对分子量较大和沸点较高化合物的分离鉴定。

三、器材与药品

（一）器材

滤纸[①] 标本瓶（筒形，约 10 cm×30 cm） 培养皿 点样毛细管（直径 1 mm） 电吹风（或烘箱） 剪刀 铅笔 尺子 镊子 圆规 量筒

（二）药品

0.5%脯氨酸水溶液 0.5%亮氨酸水溶液 展开剂（$V_{正丁醇}:V_{乙醇}:V_{水}=4:1:5$ 的上层液） 两种氨基酸的混合物 0.5%茚三酮乙醇溶液

四、实验步骤

（一）圆形纸层析

1. 打孔

取圆形滤纸一张，直径比用作层析的培养皿大 2 cm 左右，自圆形滤纸圆心处以 1 cm 为半径画一圆（画圆时不可折叠滤纸），将此圆圈分成 3 等份，并在滤纸边缘上对应于每一等份用铅笔标上脯、亮、混字样，然后在滤纸的圆心处用打孔器打一小孔（孔之大小恰好使纸芯从滤纸无字一面插入）。

2. 点样

将滤纸平放在干净且干燥的培养皿上，在圆圈上每一等份的中部，按所标字样分别用毛细管小心点上脯氨酸、亮氨酸和混合氨基酸样品水溶液，如图 2.5.32.1 所示。

点样时毛细管中的溶液要尽量少些，与纸面接触时间应尽量短些，可重复点样 2～3 次，斑点直径不得超过 0.5 cm。

---

① 常用层析滤纸有国产新华定性滤纸及层析滤纸。本实验用新华 1 号或 2 号滤纸。带形纸层析滤纸规格为 6 cm×20 cm。

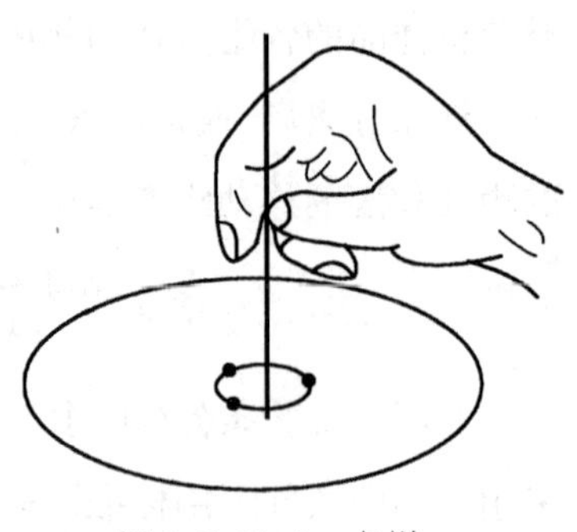
图 2.5.32.1　点样

取规格为 2 cm×1 cm 的同样质料滤纸条卷起作纸芯，插入小孔中，既不紧也不松，纸芯上端要尽量与纸面相齐，下端刚好接触培养皿底为宜，取出备用。

3. 展开

将 10 mL 展开剂倒入干燥的培养皿中，切勿使展开剂沾到培养皿的边沿，再将滤纸放置如前，并迅速用同样大小的培养皿严密盖在上面。

当展开剂沿滤纸芯上升到滤纸并扩散至培养皿边缘时，取出滤纸，拔去纸芯，迅速用铅笔标出展开剂“前沿”的位置。

4. 显色

用电吹风(或烘箱，控制温度于 105℃)吹干。将培养皿中展开剂经漏斗倒回原瓶。喷雾器装茚三酮溶液至半满，把茚三酮溶液均匀地喷到滤纸上，用电吹风吹干或烘箱烘干至显出各氨基酸的弧形色带。

5. 计算 R_f

用铅笔将各氨基酸的弧形色带圈出(如图 2.5.32.2)，计算各种氨基酸的 R_f 值。比较各氨基酸的 R_f 值，确定混合样品中的各种成分。

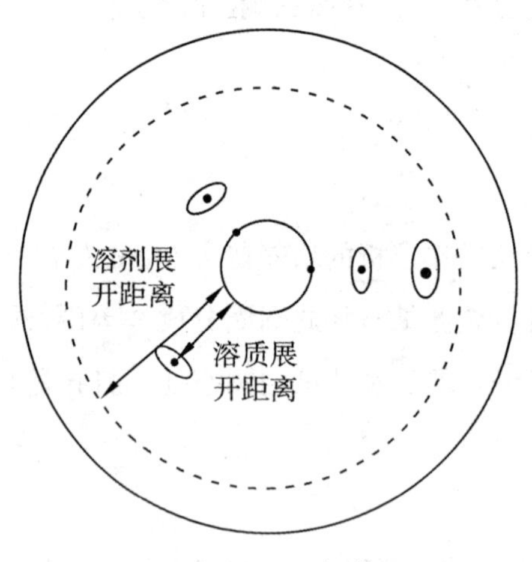

图 2.5.32.2　色谱图

(二)带形纸层析

1. 点样

取滤纸一条，在其一端距滤纸边缘 2 cm 处用铅笔轻轻画一横线，并在横线上等距离地标上三个点，对应于 3 个点用铅笔在滤纸边沿标上脯、亮、混等字样，按所标字样用毛细管分别点上脯氨酸、亮氨酸、混合氨基酸样品的水溶液斑点，斑点直径不得超过 0.5 cm。

2. 展开

在层析槽中注入 20 mL 展开剂，将点样的滤纸悬挂在层析槽内，使点样的一端边缘浸入展开剂约 1 cm(不能让斑点与展开剂接触)，将层析槽严密盖上，当展开剂在滤纸上移动约 12 cm 时，取出滤纸，用铅笔画下展开剂前沿位置的记号。

3. 显色并计算 R_f 值

用电吹风(或烘箱，控制温度于 105℃)吹干。在滤纸上喷茚三酮溶液，烘干显色，用铅笔将斑点圈出留下标记，计算各种氨基酸的 R_f 值。比较各种氨基酸的 R_f 值，确定混合物样品的各种成分。纸层析装置如图 2.5.32.3 所示

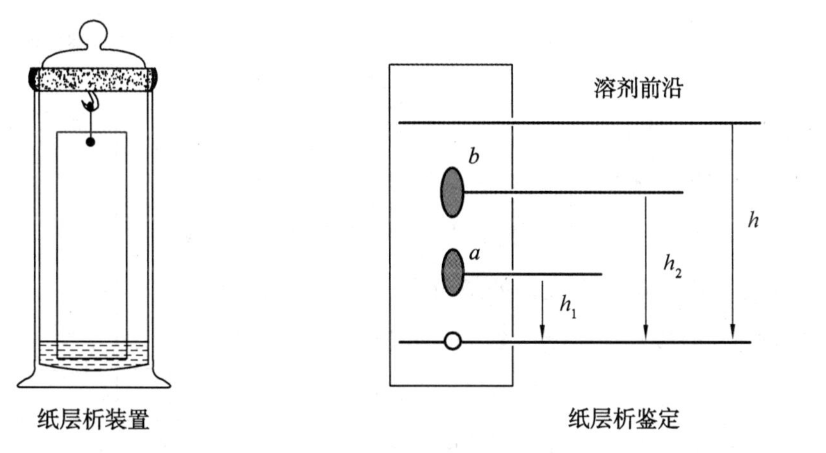

图 2.5.32.3　带形纸层析装置

五、注意事项

1. 层析滤纸不能被手污染，以免影响结果。

2. 层析滤纸点样后，悬挂在层析瓶中(但不与展开剂接触)密闭 0.5～1 h，使滤纸充分被展开剂蒸汽饱和，然后将滤纸下端与展开剂接触进行展开。

六、思考题

1. R_f 值的意义是什么？哪些因素会影响 R_f 值？

2. 如何用纸上层析法对氨基酸进行定性和定量的测定？

参考学时：4 学时

（张剑）

实验三十三　薄层层析

一、实验目的

1. 了解薄层层析的分离原理。

2. 初步掌握薄层层析的操作技术。

二、实验原理

薄层色谱法是把吸附剂(固定相)均匀地铺在玻璃板上制成薄层板,把样品溶液滴加在薄层板的一端,待溶剂挥发后将薄层板置于层析缸中用合适的溶剂展开而达到分离的目的。由于样品中各组分对吸附剂的吸附能力和在展开剂中的溶解度不同,当展开剂流经吸附剂时,各组分在展开剂和吸附剂之间发生无数次吸附和解吸的过程,混合样品中易被固定相吸附的组分(即极性较强的组分)移动较慢,而较难被吸附的组分(即极性较弱的组分)移动较快。经过一段时间展开后,不同组分彼此分开,形成相互分离的斑点。通过物理或化学方法使其显色确定斑点位置。显色后,记录原点至斑点中心及展开剂前沿的距离,如图 2.5.33.1 所示,并计算其相应斑点的比移值(R_f)。计算公式如下:

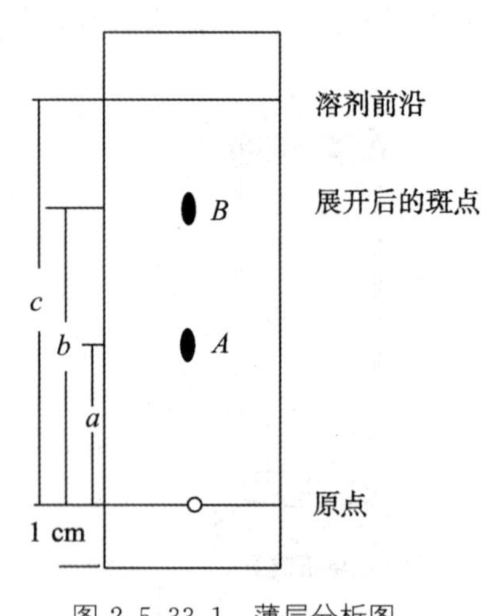

图 2.5.33.1　薄层分析图

$$R_f=\frac{原点中心至斑点中心的距离}{原点中心至溶剂前沿的距离}$$

$$化合物\ A\ 的\ R_f=\frac{a}{c}$$

$$化合物\ B\ 的\ R_f=\frac{b}{c}$$

式中:a、b 为展开后斑点中心到原点中心的距离(cm),c 为原点中心与溶剂前沿的距离(cm)。

R_f 值随分离化合物的结构、固定相与流动相的性质等因素的不同而变化。在相同实验条件下,R_f值为一特定常数,数值在 0～1 之间,因此,可利用和标准样品的 R_f值进行比较来鉴定化合物。

薄层色谱法可适用少量样品(几微克到几十微克)的分离,也可用于多达 500 mg 样品的分离，是近代有机化学中用于定性、定量的一种重要手段。特别适用于那些挥发性小的化合物，以及在高温下易发生化学变化而不能用气相色谱分析的物质。常用于有机物的分离和半微量制备，但更多地应用于化合物的鉴定和其他分离手段的效果检验，是一种易于普遍推广又有实用价值的分析方法。

三、器材与药品

(一)器材

层析缸　玻璃板(12×5 cm) 毛细管　喷雾器　电吹风　台秤

(二)药品

薄层层析用硅胶G　0.1%羧甲基纤维素钠　0.1%精氨酸　0.1%丙氨酸　精氨酸和丙氨酸混合溶液　展开剂($V_{正丁醇}:V_{乙酸}:V_{水}=12:3:5$)　0.5%茚三酮醇溶液

四、实验步骤

(一)薄层板的制备和活化

1.将玻璃板洗净，晾干，备用。

2.用台秤称取2.5 g硅胶G置于洗净的研钵中，加入0.1%羧甲基纤维素钠8 mL，充分研磨，调成糊状，倒在玻璃板上，立即用拇指和食指拿住玻璃板，做前后左右振荡摆动，使流动的硅胶G均匀地平铺在玻璃板上，然后将铺好的薄层板平放在桌面上。室温晾干后，移入烘箱内，于105～110℃活化30 min，稍冷后，储存在干燥器中备用。

(二)点样

在薄层板一端距底边约1.0 cm处，用铅笔轻轻划一条直线作为起点线，然后取管口平整且内径小于1 mm毛细管吸取样品溶液，垂直轻轻地点在起点线上(尽可能不要点在直线的两端，以减少边缘现象的影响)。样品斑点扩散直径以2～3 mm为宜，一次点样不够，需重复点样时，应在溶剂挥发后再点，防止斑点过大造成拖尾、扩散等现象，影响分离效果。一块板可点加3个样品(精氨酸、丙氨酸、两者混合液)，样品之间距离为1～1.5 cm。待样品斑点干燥后，方可进行展开。

(三)展开

取适量展开剂加入层析缸内，使缸内展开剂的高度约为0.5 cm，密闭层析缸，放置5～10 min，使展开剂蒸气达到饱和，再将已点过样品的薄板倾斜放入层析缸内，点样一端朝下，浸入展开剂约0.5 cm(注意勿使点样点浸入展开剂中)，密闭层析缸。当展开剂前沿上升至薄板上端约1.0 cm处或各组分已明显分开时，将层析板取出，迅速用铅笔在展开剂前沿划出标记，晾干或用电吹风吹干(吹反面，即没有硅胶G的一面，以免吹掉硅胶层)。

(四)显色

烘干后用喷雾方式将茚三酮溶液均匀地喷在薄层上，再次烘干，即可显示出紫红色斑点。

(五)比移值 R_f 的计算

量出各斑点中心到原点中心的距离，分别计算 R_f 值，并判断混合样品中氨基酸的成分。

五、注意事项

1. 薄板的制备要厚薄均匀，表面平整光洁。否则，展开剂前沿不齐，色谱结果也不易重复。

2. 铺好的薄层板必须晾干，否则活化时将产生皲裂。

3. 在薄层板上画线和点样时，动作要轻，避免划破吸附层。

4. 点样量要适中，点样量过多则斑点过大，形状不良而使分离不好或拖尾；点样量太小则可能显不出色。

5. 取出薄层板后应立即在展开剂前沿画出标记，以免展开剂挥发后无法确定展开剂上升的高度。

六、思考题

1. 制好的薄层板为什么要活化？

2. 如何利用 R_f 值来鉴定化合物？

参考学时：4 学时

（李文静）

实验三十四　柱层析

一、实验目的

1. 学习柱层析的原理。

2. 掌握柱层析分离技术和操作。

二、实验原理

柱层析法分为吸附柱层析法和分配柱层析法两种。实验室中最常用的是吸附柱层析法。

吸附柱层析是以固体吸附剂为固定相（吸附剂），利用吸附剂对混合物中各组分的吸附能力不同达到分离的柱上层析法。通常在玻璃柱中装入多孔性或粉末状吸附剂，将被分离样品从柱子上端加入已装好的层析柱中，样品各组分在吸附剂上的吸附能力不同，下移的速率也不同，经过一段时间的洗脱，样品各组分被分成不同的层次。若被分离的样品为有色物质，则在柱中自上而下形成若干色带，分别收集不同的色带，就可以获得单一的纯净物质。

吸附剂和洗脱剂的选择是柱层析成败的关键。吸附剂应不溶于洗脱剂，不与洗脱剂及被分离的物质发生反应和催化作用，组成恒定、颗粒均匀、大小适宜。洗脱剂的选择应根据被分离样品中各组分的极性、溶解度和吸附剂的活性来考虑。洗脱时，一般先用极性相对较小的洗脱剂将最容易脱附的、极性小的组分洗出，然后逐渐增大洗脱剂的极性，使各组分依次洗出。

不同的洗脱剂使给定的样品沿着固定相的相对移动能力称为洗脱能力。在硅胶和氧化铝柱上，洗脱能力按以下顺序排列：

石油醚　己烷　环己烷　甲苯　二氯甲烷　氯仿　乙醚　乙酸乙酯　丙酮　1-丙醇　乙醇　甲醇　水
→
洗脱剂能力依次升高

层析柱制作的质量也是影响层析结果的重要因素。一根好的柱子，其吸附剂必须填充紧密、均匀、平整，柱中没有气泡、缝隙，柱高和直径之比在 8∶1 左右为宜。装柱有干法和湿法两种。干法装柱，是在管子的上端放一漏斗，将吸附剂均匀地装入管内，轻轻敲打管子，使之填装均匀，然后加入洗脱剂，至吸附剂全部润湿。另外，吸附剂的含水量，洗脱剂的流速等也影响层析结果。

三、器材与药品

（一）器材

色谱柱（1 cm×15 cm）　铁架台（带铁夹）　小漏斗　25 mL 量筒　50 mL 锥形瓶　脱脂棉

（二）药品

中性氧化铝　95%乙醇　蒸馏水　0.1 $g \cdot L^{-1}$ 亚甲蓝和甲基橙的乙醇溶液

四、实验步骤

（一）装柱

采用干法装柱。取少许脱脂棉放入干净的色谱柱底部。从柱子上端放一漏斗，慢慢加入 8 mL 色谱用的中性氧化铝，用手指轻轻敲打柱身，使填装紧密。然后将层析柱固定在铁架台上，如图 2.5.34.1。向柱中加入 15 mL 95%乙醇，让液体慢慢流出。

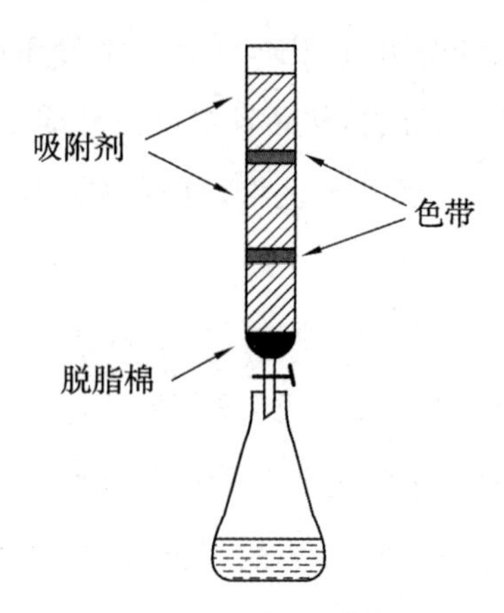

图 2.5.34.1　柱色谱装置图

(二)加入混合样品

当柱中液面下降至氧化铝上面 1～2 mm 时,立即滴入 4 滴已配好的 0.1 g/L 亚甲蓝和甲基橙的乙醇溶液。

(三)展开与色带收集

当液面刚好流到氧化铝表面时,迅速加入 5 mL 95%乙醇进行洗脱(当洗脱液快流完时,应补加适量的 95%乙醇),亚甲蓝首先向柱下移动,甲基橙则留在柱上端。当第一个色带快要流出时,更换另一个接收瓶,继续洗脱。第一个色带快流完时,不再补加 95%乙醇,等到液面流至吸附剂表面时,轻轻沿壁加入蒸馏水,将上层组分洗出。更换另一个接收瓶接收第二个色带,直至无色为止。这样两种组分就被分开了。

五、注意事项

1. 色谱柱下端放一小块脱脂棉,防止氧化铝露出。

2. 吸附剂要压平、压实,勿留有气泡或者出现断层。

3. 洗脱剂流速要合适。

4. 洗脱时,要先用极性较小的洗脱剂洗脱,再用极性较大的洗脱剂洗脱。

六、思考题

1. 为什么必须保证吸附剂均匀结实,没有气泡?

2. 洗脱时,为什么要先用极性较小的洗脱剂洗脱,再用极性较大的洗脱剂洗脱?

参考学时:4 学时

(张怀斌)

实验三十五　氨基酸的纸上电泳

一、实验目的

1. 了解纸上电泳的原理。

2. 掌握纸上电泳的操作技术。

二、实验原理

各种氨基酸都有其特定的等电点，等电点用符号 pI 来表示。在等电点时，氨基酸分子呈电中性，在直流电场中既不向负极移动也不向正极移动，如果将氨基酸置于 pH 值比其等电点大的溶液中，氨基酸带负电，在直流电场中向正极移动。如果将氨基酸置于 pH 值小于其等电点的溶液中，氨基酸带正电，在直流电场中向负极移动，如图 2.5.35.1 所示。

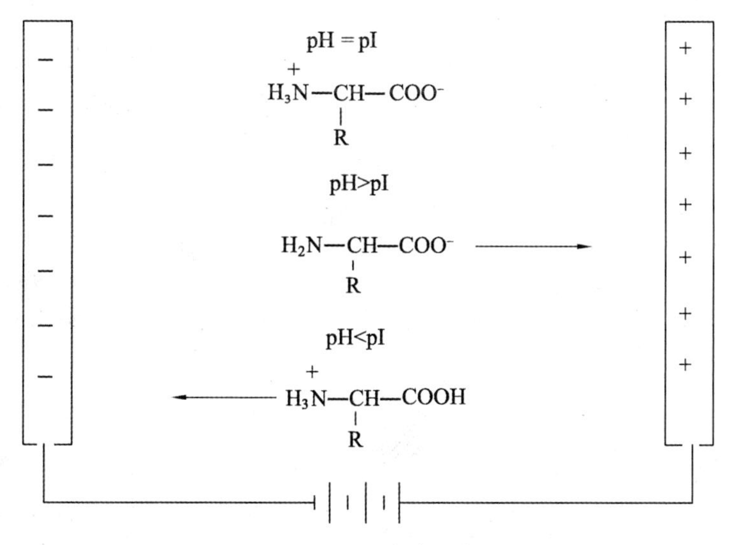

图 2.5.35.1　电泳示意图

这种带电粒子在电场中向电性相反的电极移动的现象，叫作电泳。根据这一原理，我们以滤纸作为支持物，使带电粒子在滤纸上受电场影响而移动，从而达到分离目的的过程，叫纸上电泳(Electrophoresis on paper)。为了保持电泳过程中 pH 值的稳定，必须使用缓冲溶液。将点好样品的滤纸条放在支架上，滤纸条的两端浸在缓冲液中，待滤纸全被湿润后，接通电源，滤纸两端就有一定的电压使带电粒子在滤纸上移动。

由于混合物中各种氨基酸分子量不同，等电点不同(在一定 pH 值的溶液中，粒子的电性及电量不同)，因此在同一电场作用下，各种氨基酸泳动的方向和速度必然不同，电泳一段时间后，各种氨基酸在滤纸上被分离开。在电泳中，如果溶液的 pH 值与氨基酸的等电点差值越大，则氨基酸移动越快，反之，则越慢。

纸上电泳与纸层析一样，采取在相同的实验条件下用标准样品作对比实验的方式来鉴定化合物。

三、器材与药品

(一)器材

DYY－6C 型电泳仪　滤纸(新华 1 号，8×30 cm)　毛细管　喷雾器　镊子　烘箱　铅笔　尺子

(二)药品

0.2%丙氨酸溶液　0.2%精氨酸溶液　0.2%谷氨酸溶液　丙、精、谷混合液　0.5%茚三酮水溶液　邻苯二甲酸氢钾—氢氧化钠缓冲液(pH＝5.8)①

四、实验步骤

(一)点样和湿润

用铅笔在滤纸两端分别写上正负极，在滤纸中央画一横线，并均等地写上丙、精、混、谷字样。用不同的毛细管分别点上相应的溶液，烘干后，将滤纸条放在电泳槽的支架上，两端浸入电泳槽中(每槽各加入 250～300 mL 缓冲液)，当滤纸湿至距样品约 1 cm 处时，沿水平方向拉直，注意采用适当方法使两边缓冲液同时到达点样线。

(二)电泳

滤纸条全部被润湿后，盖好电泳槽，通直流电，调节电泳仪的电压调节按钮，调电压至 300 伏，泳动半小时后停电。

(三)显色

用镊子取出滤纸，烘干，用喷雾器喷上茚三酮水溶液，再将之放在 100℃烘箱中烘几分钟，显出紫色斑点后取出。将混合样品所显斑点与标准品对照，鉴定为何种氨基酸。

五、注意事项

1. 点样时，各种氨基酸瓶里的毛细管不能放错。

2. 湿润时要保证滤纸两端的缓冲液同时到达点样线，否则会影响实验结果。

3. 实验过程中用镊子夹取滤纸，减少指纹对实验结果的影响。

六、思考题

1. 纸层析法与纸上电泳的原理有何不同？

---

① pH＝5.8 邻苯二甲酸氢钾—氢氧化钠缓冲液的配制：准确称取 2.03 g 邻苯二甲酸氢钾，用蒸馏水溶解成 100 mL(浓度为 0.1 $mol \cdot L^{-1}$)。另配制 0.1 $mol \cdot L^{-1}$ NaOH 溶液。取 0.1 $mol \cdot L^{-1}$ 邻苯二甲酸氢钾 50 mL 加 42.3 mL 0.1 $mol \cdot L^{-1}$ NaOH 溶液混合，加蒸馏水稀释至 100 mL。

2. 湿润时采取何种措施保证滤纸两端的缓冲液同时到达点样线？

参考学时：2 学时

（王江云）

实验三十六　离子交换柱层析法分离氨基酸

一、实验目的

1. 熟悉离子交换法分离氨基酸的原理和方法。

2. 学习使用部分收集器进行柱层析。

二、实验原理

离子交换法（Ion Exchange Process）是液相中的离子和固相中离子间所进行的的一种可逆性化学反应，离子交换层析的固定相是载有大量电荷的离子交换树脂，流动相是具有一定 pH 值和一定离子强度的电解质溶液。

由于不同的氨基酸具有不同的等电点，不同的 pH 值及离子强度溶液的所带电荷各不相同，故对离子交换树脂的静电引力也各不相同。在洗脱过程中，不同的离子在离子交换柱上的迁移速度也不同，从而可以按先后顺序洗出，达到分离的目的。

本实验采用磺酸型阳离子交换树脂分离酸性氨基酸天冬氨酸（Asp，pI＝2.97）和碱性氨基酸赖氨酸（Lys，pI＝9.74）的混合液。在 pH＝5.3 条件下，因为 pH 值低于 Lys 的 pI 值，Lys 以阳离子的形式结合在树脂上；此时，Asp 以阴离子形式存在，不被树脂吸附而流出层析柱。在 pH＝12 条件下，因 pH 值高于 Lys 的 pI 值，Lys 可解离成阴离子从树脂上被交换下来。从而，改变洗脱液的 pH 值可使它们被分别洗脱而分离。

三、器材与药品

（一）器材

7200 分光光度计　电热套　层析柱 1.2×19 cm　恒流泵　部分收集器　10 mL 刻度试管　250 mL 烧杯　吸管　50 mL 量筒　2 mL 刻度吸管　细长玻璃棒　坐标纸

（二）药品

0.45 $mol \cdot L^{-1}$，pH＝5.3 柠檬酸缓冲液①（洗脱液）　0.01 $mol \cdot L^{-1}$ NaOH 溶液（pH＝12）　0.5%茚三酮②　0.1% $CuSO_4$ 溶液　氨基酸样品：0.005 $mol \cdot L^{-1}$ 的天冬氨酸和

---

① 称取 57 g 柠檬酸，用适量的蒸馏水溶解，加入 37.2 g NaOH，21 mL 浓 HCl，混匀，用蒸馏水定容至 2000 mL。

② 0.5 g 茚三酮溶于 100 mL 95%乙醇中。

赖氨酸（用0.02 mol·L^{-1} 的 HCl 配制）　732 阳离子交换树脂[①]

四、实验步骤

（一）装柱

垂直安装好层析柱，关闭出口，加入柠檬酸缓冲液约 2 cm 高。将预处理好的树脂 16 mL，加等体积缓冲液，搅匀，沿管内壁缓缓注入交换柱，柱底沉积约 2 cm 高时，缓慢打开出口，继续加入树脂至树脂沉积达 8 cm 高。装柱要求连续、均匀、无分层、无气泡，表面平整，液面不得低于树脂表面，否则要重新装柱。若出现气泡，可用一细长玻璃棒深入柱内树脂层并上下搅动，将气泡导出。装柱后，柱层上方始终保持有不少于 1 厘米液层，以保证树脂始终浸泡在水或溶液中，防止气泡形成。

（二）平衡

将缓冲液瓶与恒流泵相连，恒流泵出口与层析柱入口相连，树脂表面保留 3～4 cm 的液层，开动恒流泵，以 0.5 mL·min^{-1} 的流速平衡，直至流出液 pH 与洗脱液 pH 相同（约需 2～3 倍柱床体积）。

（三）加样

打开层析柱上口盖子，待柱内液体流至树脂表面 1～2 mm 时关闭出口，沿管壁四周小心加入 0.5 mL 样品，慢慢打开层析柱出口，使液面降至与树脂表面相平处关闭，用少量缓冲液冲洗柱内壁数次，加缓冲液至液层 3～4 cm 高，接上恒流泵。加样时应避免冲破树脂表面，避免将样品全部加在某一局限部位。

（四）洗脱

1. 用柠檬酸缓冲液洗脱，洗脱流速 0.5 mL·min^{-1}，将试管编号，用部分收集器（或用刻度试管人工收集）收集洗脱液，3 mL/管×6。

2. 改用 pH＝12 的氢氧化钠溶液洗脱，同法收集洗脱液。

（五）测定

另取试管编号，缓冲液做空白，分别取缓冲液和各管洗脱液 1 mL，各加入显色剂 1 mL，混合后沸水浴加热 5 min，冷却，各加 0.1％$CuSO_4$ 溶液 3 mL，混匀，在波长 570 nm 处测定吸光度。以吸光度 A 为纵坐标，洗脱液累计体积（3 mL 为一个单位）为横坐标绘制洗脱曲线。

---

① 干树脂经蒸馏水浸泡 48 h，倾去细小颗粒，然后用 3 倍体积的 2 mol·L^{-1}HCl 及 2 mol·L^{-1}NaOH 依次浸洗，每次浸泡 2 h，并分别用蒸馏水洗至中性。再用 1 mol·L^{-1}NaOH 浸泡 0.5 h（转型），用蒸馏水洗至中性。

(六)树脂再生处理

在柱中加 1 mol·L^{-1}NaOH 溶液 20 mL,让溶液沿柱下移以浸泡树脂,使其转型,用蒸馏水洗至中性。

五、注意事项

1. 树脂层不能有气泡存在,如有气泡应导出。

2. 装柱后,在整个实验过程中,树脂上层始终保持不少于 1 cm 溶液,勿使柱子表面干燥。

六、思考题

1. 为什么要注意层析柱液面始终不得低于离子交换树脂的上表面?

2. 如何根据所分离氨基酸的等电点选择缓冲液的 pH 值?

3. 在洗脱过程中,为什么选用两种不同 pH 值的洗脱液?

参考学时:4 学时

(王学东)

实验三十七 黄连中黄连素的提取、分离及含量测定

一、实验目的

1. 学习并掌握生物碱的提取方法和原理。

2. 进一步学习减压过滤的操作技术。

3. 熟悉黄连素的化学结构,提取原理和分离方法。

二、实验原理

黄连素(也称小檗碱,Berberine),属于生物碱,是中草药黄连的主要有效成分,含量有 4%～10%。黄连素有抗菌、消炎、止泻的功效,对急性菌痢、急性肠炎、百日咳、猩红热等各种急性化脓性感染和各种急性外眼炎症都有效。黄连素存在以下三种互变异构体,在自然界中多以季铵碱的形式存在。

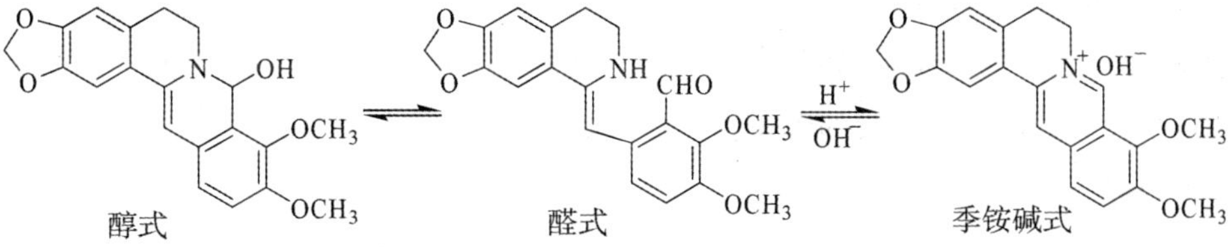

醇式 ⇌ 醛式 $\underset{OH^-}{\overset{H^+}{\rightleftharpoons}}$ 季铵碱式

除了黄连中含有黄连素以外，黄柏、白屈菜、伏牛花、三颗针等中草药中也含有黄连素，其中以黄连和黄柏中含量最高。

黄连素微溶于水和乙醇，较易溶于热水和热乙醇，本实验用乙醇溶剂回流法提取黄连素。然后加入盐酸使其以盐酸盐的固体形式析出。所得黄连素盐酸盐易溶于热水，在冷水中很难溶解，故可用水对其进行重结晶，从而达到纯化目的。

三、器材与药品

（一）器材

100 mL 圆底烧瓶　球形冷凝管　旋转蒸发仪　研钵　温度计　100 mL 烧杯　减压过滤装置　电子天平　烘箱　pH 计

（二）药品

黄连　95％乙醇　1％醋酸　浓盐酸　蒸馏水　石灰乳

四、实验步骤

（一）黄连素的提取

称取 10.0 g 中药黄连，切碎磨细，放入 100 mL 圆底烧瓶中，加入 50 mL 95％乙醇，装上球形冷凝管，加热回流 0.5 h，冷却，静置浸泡 0.5 h，减压过滤，滤渣重复上述操作处理两次（后两次提取可适当减少乙醇用量和缩短浸泡时间），合并三次所得滤液即为黄连素提取液。

（二）黄连素的分离纯化

用旋转蒸发仪蒸除黄连素提取液中的乙醇（注意回收），直至烧瓶内残留液体呈棕红色糖浆状。再加入 1％的醋酸（15～20 mL），加热溶解残留物，趁热减压过滤以除去不溶物。滤液移入烧杯中，滴加浓盐酸至溶液混浊为止（约需 5 mL）。用冰水冷却上述溶液，即有黄色针状的黄连素盐酸盐析出。减压过滤，所得固体用冰水洗涤两次，可得黄连素盐酸盐的粗产品。

将粗产品（未干燥）放入 100 mL 烧杯中，加热水至刚好溶解，加热至沸，用石灰乳调节到 pH 为 8.5～9.8，冷却后滤去杂质，滤液继续冷却到室温，即有游离的黄连素针状结晶析出。

（三）黄连素的含量计算

过滤得黄色针状黄连素晶体，将结晶置于烘箱内，于 50～60℃干燥，电子天平称重并记录数据，计算黄连中黄连素的含量。

（四）产品检验

1. 测黄连素针状晶体的熔点（熔点是 145℃）。

2. 取黄连素盐酸盐少许，加浓硫酸 2 mL，溶解后加几滴浓硝酸，即呈樱红色溶液。

3. 取黄连素盐酸盐约 50 mg，加蒸馏水 5 mL，缓缓加热，溶解后加 20％氢氧化钠溶液 2 滴，显橙色，冷却后过滤，滤液加丙酮 4 滴，即发生浑浊，放置后生成黄色的丙酮黄连素沉淀。

五、注意事项

1. 黄连素的提取回流要充分。

2. 滴加浓盐酸前，不溶物要去除干净，否则会影响产品的纯度。

六、思考题

1. 黄连素为哪种生物碱类的化合物？

2. 为什么要用石灰乳来调节 pH 值，用强碱氢氧化钠（钾）行不行？

参考学时：8 学时

（王江云）

实验三十八　银杏中黄酮类有效成分的提取

一、实验目的

1. 进一步学习从天然产物提取有效成分的原理及实验方法。

2. 熟练掌握索氏提取器的使用方法。

二、实验原理

黄酮类化合物（Flavonoids）是一类存在于自然界的、具有 2-苯基色原酮结构的化合物，银杏叶中的黄酮类化合物由黄酮及其苷、双黄酮、儿茶素三类组成，现已分离出约 40 种黄酮类化合物，其中黄酮及其苷 28 种，双黄酮 6 种，儿茶素 4 种。银杏叶中黄酮类化合物含量较高，含量为 2.5％～5.9％。

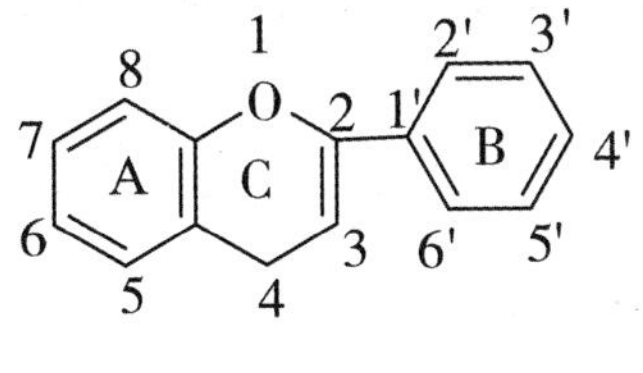

2-苯基色原酮的分子结构图

提取银杏叶中黄酮类化合物的主要方法有有机溶剂萃取法、超临界流体萃取法、微波提取法和超声提取法，常用的有机溶剂有甲醇、乙醇、丙酮和石油醚等。本实验采取有机溶剂萃取法提取银杏叶中的黄酮类化合物。干燥和粉碎过的银杏叶通过索氏提取器（参见图 1.2.7.2）提取后，蒸去溶剂可得黄酮粗提物。粗提物经过萃取精制后，可得精提取物。

根据索氏提取器的大小，将滤纸做成大小相宜的套袋，将碎银杏叶称量后放入滤纸套袋中。加热后的溶剂沿管壁不断上升，萃取银杏叶中的黄酮类物质后，溶剂又流回烧瓶中，这样反复循环。提取液再经浓缩，可得黄酮类物质。

三、器材与药品

(一)器材

索氏提取器　500 mL 圆底烧瓶　电热套　水浴锅　旋转蒸发仪　研钵　500 mL 烧杯　分液漏斗　天平　100 mL 量筒　试管

(二)药品

银杏叶　75%乙醇　无水硫酸钠　二氯甲烷　1%三氯化铝　浓盐酸　镁粉

四、实验步骤

(一)黄酮类粗品的提取

称取干燥粉碎后的银杏叶粉末 25 g，用滤纸包紧，置于索氏提取器中(见图 1.2.7.2)，用 250 mL 75%的乙醇在 80℃水浴下进行提取，至银杏叶颜色逐渐变浅后停止加热。量取2 mL 乙醇提取液以进行产品的定性检验，对剩余提取液用旋转蒸发仪蒸去溶剂，得到棕黑色银杏黄酮粗提取物。

(二)黄酮类精品的制备

将银杏黄酮粗提取物转入 500 mL 烧杯中，加 250 mL 去离子水，搅拌均匀后转移至分液漏斗中，每次用 60 mL 二氯甲烷萃取 3 次。合并萃取液，用无水硫酸钠干燥至萃取液澄清，用旋转蒸发仪蒸去溶剂，剩余物干燥，得精制的黄酮提取物。

(三)产品检验

1. 三氯化铝反应：取乙醇提取液点在滤纸上，滴加 1%三氯化铝乙醇溶液，吹干。在可见光下呈灰黄色，在紫外光下呈黄色荧光斑点。

2. 盐酸—镁粉反应：取乙醇提取液 1 mL 于试管中加镁粉，再加入浓盐酸数滴，在泡沫处呈紫红色。

五、注意事项

1. 银杏叶的加热提取要充分。

2. 实验中旋蒸所得的二氯甲烷不能倒入下水道，应及时回收。

六、思考题

1. 查阅资料，了解从植物中提取黄酮类化合物的其他方法，比较各种方法的优缺点。

2. 对于提高索氏提取器的提取效率，你有什么好的建议或想法？

参考学时：4 学时

（王江云）

实验三十九　红辣椒色素的微波提取

一、实验目的

1. 学习微波辅助萃取技术在天然产物提取中的应用。

2. 巩固薄层色谱、柱层析及旋转蒸发仪的规范操作。

二、实验原理

辣椒红色素是从成熟红辣椒果实中提取的四萜类橙红色天然色素，其中极性较大的红色部分，主要由辣椒红素脂肪酸酯和少量辣椒玉红素脂肪酸酯组成，而极性小的黄色部分，主要是β-胡萝卜素。辣椒红色素可任意溶于植物油、丙酮、乙醚、氯仿、正己烷，易溶于乙醇，不溶于水，是重要的食品添加剂，同时也广泛应用于医学、保健、美容等各个领域。

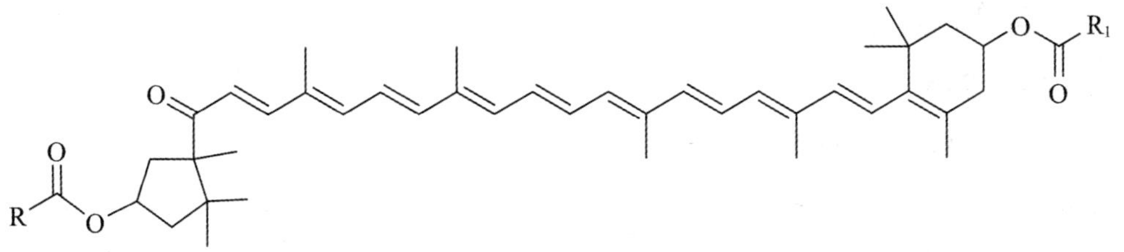

辣椒红素脂肪酸酯

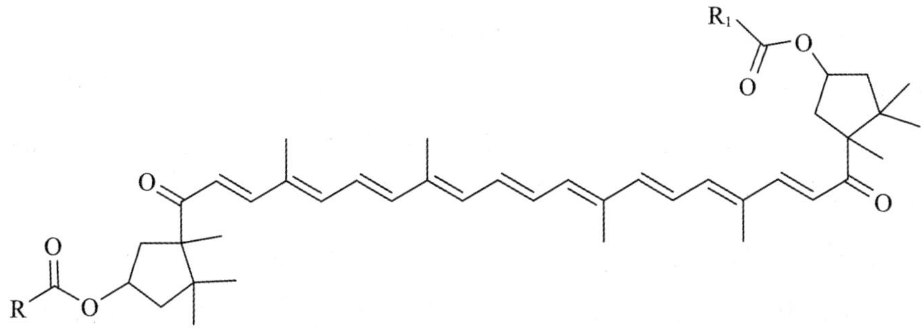

辣椒玉红素脂肪酸酯

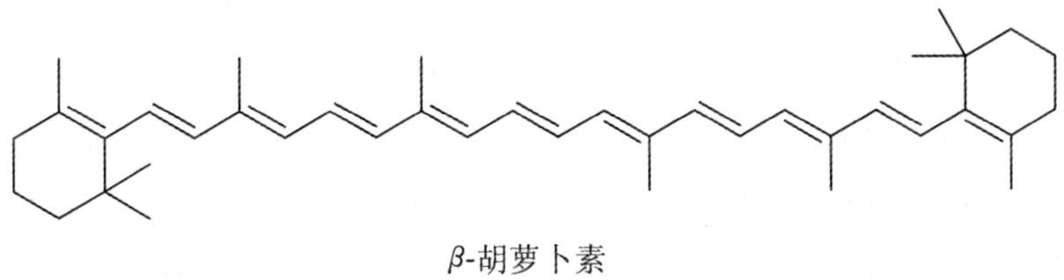

β-胡萝卜素

这些色素可以通过色谱法加以分离。本实验以丙酮作萃取剂，利用微波辅助有机溶剂法从红辣椒中提取辣椒红色素(该方法具有耗时短、得率高、溶剂少、节约成本等优点)，然后采用薄层色谱分析，确定各组分的 R_f 值，再经柱层析分离，分段收集流出液，蒸除溶剂后即可获得各个组分。

三、器材与药品

(一)器材

MarsX 微波快速萃取系统(美国 CEM 公司)　50 mL 圆底烧瓶　旋转蒸发仪　研钵　烘箱　5 mL 具塞刻度试管　干燥器　玻璃棒　载玻片(7.5×2.5 cm)　层析缸　毛细管　50 mL 锥形瓶　铁架台(带铁夹)

(二)药品

市售干红辣椒　硅胶 G(100～200 目)　0.5%的羧甲基纤维素钠水溶液　丙酮　无水乙醇　石油醚(沸程 60～90℃)　二氯甲烷

四、实验步骤

(一)红辣椒粉末的制备

称取 3.0 g 市售干红辣椒，摘蒂去籽，切碎研磨，过 40 目标准筛后，即得红辣椒粉末。

(二)色素的微波萃取和浓缩

在 50 mL 干燥的圆底烧瓶中加入步骤(一)所得红辣椒粉末、8.0 mL 丙酮，设置微波萃取条件：辐射功率 105 瓦，辐射温度 42℃，辐射时间 2 min。

实验结束后，抽滤，滤渣用 3 mL 丙酮洗涤，滤液用旋转蒸发仪蒸除溶剂，即得混合色素的浓缩液。取 2 滴浓缩液放入 5 mL 具塞刻度试管中，加入 10 滴丙酮溶解，备用。

(三)薄层色谱分析

制备层析板，取四块载玻片(7.5×2.5 cm)，洗净后用蒸馏水淋洗，再用少量乙醇淋洗，晾干；在 50 mL 烧杯中加 6 mL 含 0.5%的羧甲基纤维素钠水溶液和 3 g 硅胶 G，用玻璃棒搅匀(切勿剧烈搅拌，以防带入气泡，影响薄板质量)。迅速将调好的匀浆倒在载玻片上，拿住玻片的两端，前后左右轻轻摇晃，使匀浆均匀铺在玻片上。将铺好的薄层板室温水平放置 0.5 小时，然后放入烘箱，缓慢升温至 110℃，恒温半小时取出放在干燥器中备用。

取一块薄层板，用铅笔画好起始线，用毛细管吸取步骤(二)中备用的混合色素点样，用石油醚/二氯甲烷＝1/3 作展开剂，展开后记录各斑点的大小、颜色并计算其 R_f 值。已知 R_f 值最大的 3 个斑点依次是 β-胡萝卜素、辣椒玉红素脂肪酸酯和辣椒红素脂肪酸酯。

(四)柱色谱分离

选用内径 1 cm、长约 20 cm 的层析柱，湿法装柱，用 10 g 硅胶在二氯甲烷中装柱。柱装好后用滴管吸取混合色素的浓缩液，将混合液加入柱顶。小心冲洗柱内壁后，用石油醚/二氯甲烷=3/8洗脱剂洗脱层析柱，随着洗脱的进行，可清晰地看到3个谱带，由下至上依次为β-胡萝卜素、辣椒玉红素脂肪酸酯和辣椒红素脂肪酸酯。分别用3个50 mL锥形瓶接收先流出柱子的3个色带。当第3个色带完全流出后停止洗脱。

（五）柱效和色带的薄层检测

取三块薄层板，用铅笔画好起始线，用不同的毛细管点样。每块板上点两个样点，其中一个是混合色素，另一个分别是第一、第二、第三色带，用石油醚/二氯甲烷=1/3展开剂展开。比较各色带的R_f值，指出各色带是何种化合物。观察各色带样点展开后是否有新的斑点产生，评估柱层析分离是否达到了预期效果。

五、注意事项

1. 微波炉内无任何物质时，不能启动微波快速萃取系统。
2. 按照要求选择微波辐射功率、辐射温度及辐射时间，防止发生意外。
3. 浓缩混合色素的萃取液时，应尽量将溶剂蒸干。
4. 层析柱必须装有玻璃塞，二氯甲烷能溶解橡皮管或塑料管。
5. 不可用同一支毛细管吸取不同的接收液。

六、思考题

1. 本实验中薄层色谱分析的目的是什么？
2. 层析柱中有气泡会对分离带来什么影响？如何除去气泡？
3. 如果样品不带色，如何确定斑点的位置？

参考学时：4学时

延伸阅读

MarsX微波快速萃取系统操作指南

图2.5.39.1 MarsX微波快速萃取系统

一、基本使用操作规程

1. 微波萃取系统准备。开启萃取系统开关。

2. 加入萃取样品并装置萃取管柱。

(1)将所要萃取的样品放入玻璃瓶内。

(2)再放入玻璃瓶一半体积的溶剂,并加入磁搅拌子。

(3)装置好微波衰除装置,并将玻璃瓶置入。

3. 开始微波萃取(选取现存方法)。

(1)在面板主选单按"File"键。

(2)将光标移至欲选择的方法(方法名:SVOC)上按下"Enter"键。

(3)接着按下"Start"键即开始启动该方法。

4. 停止微波萃取或更改加热中的设定条件。

(1)按下"Stop"键则可终止加热进行并开始系统散热冷却。

(2)若是系统在加热进行中,按下"MW power"键可实时修改最大输出功率,并按"Enter"键确认。

(3)若是系统在加热进行中,按下"T℃"键可实时修改温度参数,并按"Enter"键确认。

(4)若是系统在加热进行中,按下"time"键可实时修改进行中之加热时间,并按"Enter"键确认。

5. 拆卸微波衰除装置并将样品瓶移出。

(1)待微波萃取完后,按逆时针方向将微波衰除装置拆卸,并将样品瓶取出,换上下一个样品瓶。

(2)实验结束后,关闭主电源开关。

二、仪器使用注意事项

1. 严禁频繁开关机。

2. 严禁将文献中多模微波仪器(特别是家用微波炉)的反应条件直接用于该仪器。

3. 严禁长时间无人值守,仪器运行过程中,必须经常进行巡视查看,并做好检查记录。

4. 微波衰除装置需锁好,其可于微波加热时,防止微波外漏发生。

5. 炉腔下端有一只集液槽位于主机背面,一旦加热中反应瓶破裂致反应物溢出,除了得将炉腔衬套取出清洗外,集液槽亦应拆下清洗后再装回。

(盛继文)

实验四十 蛋黄中提取卵磷脂

一、实验目的

1. 掌握从蛋黄中提取卵磷脂的方法。

2. 巩固抽滤等基本操作。

二、实验原理

卵磷脂(Phosphatidylcholine)是磷脂类的一种，是天然的乳化剂和营养补品，主要存在于禽蛋的卵黄中，含量占 8%～10%。卵磷脂一般为淡黄色，在空气中易被氧化而呈棕褐色，是无晶形物质。卵磷脂可溶于乙醚、乙醇、氯仿等有机溶剂，但不能溶解于丙酮、水，能在水中膨胀而生成乳状液和胶体溶液，据此可从蛋黄中提取分离卵磷脂。卵磷脂可在碱性溶液中加热水解，得到甘油、脂肪酸、磷酸和胆碱，可从水解液中鉴定出这些组分。

卵磷脂结构式：

```
                               O
                               ‖
         O          CH2—O—C—R1
         ‖           |
R2—C—O—C—H      O
                     |           ‖
                    CH2—O—P—CH2CH2N+ (CH3)3
                                  |
                                  O−
```

R_1：C_{16}，C_{18} 的饱和脂肪酸　　　　R_2：不饱和脂肪酸，如花生四烯酸

卵磷脂提取流程如下：

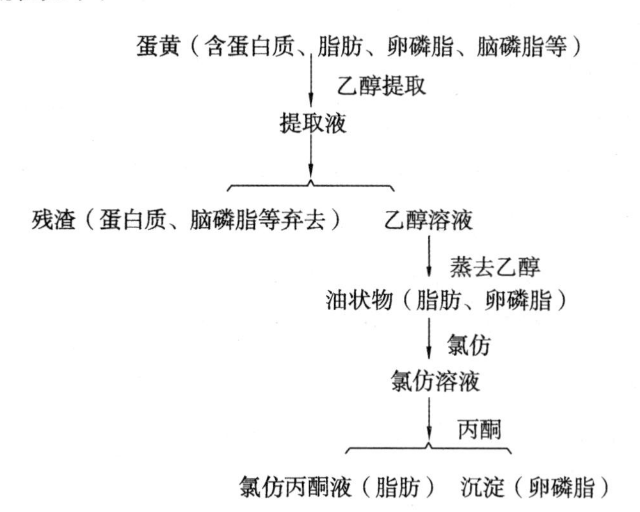

三、器材与药品

(一)器材

研钵　布氏漏斗　玻璃漏斗　铁架台(带铁夹)　150 mL 蒸发皿　水浴锅　pH 试纸　滤纸　棉花　大试管　10 mL 试管　玻璃棒　10 mL 量筒

(二)药品

熟鸡蛋蛋黄　20%NaOH 溶液　10%$Pb(Ac)_2$ 溶液　1%$CuSO_4$ 溶液　2 $mol \cdot L^{-1}$ 硫酸　氯仿　2 $mol \cdot L^{-1}$ 硝酸　95%乙醇　丙酮　碘化铋钾试剂

四、实验步骤

(一)卵磷脂的提取

取熟鸡蛋蛋黄一只,于研钵中研细,先加入 10 mL 95%乙醇研磨,均匀后再加入 10 mL 95%乙醇充分研磨,将得到的糊状物进行减压抽滤(应盖满漏斗),布氏漏斗上的滤渣经充分挤压滤干后,移入研钵,再加 10 mL 95%乙醇研磨,减压抽滤,滤干后,合并两次滤液,如滤液浑浊可再抽滤一次,将澄清滤液移入蒸发皿。

将蒸发皿置于沸水浴上蒸去乙醇至干,得黄色油状物。此油状物冷却后,加入 5 mL 氯仿,玻璃棒搅拌使油状物完全溶解。在搅拌下慢慢加入 15 mL 丙酮,即有卵磷脂析出,搅动使其尽量析出(析出的卵磷脂可黏附于玻璃棒上,成团状),溶液倒入回收瓶内。

(二)水解

取一支干燥大试管,加入提取的一半量的卵磷脂,并加入 5 mL 20%氢氧化钠溶液,放入沸水浴中加热 10 min,并用玻璃棒加以搅拌,使卵磷脂水解,冷却后,在玻璃漏斗中用棉花过滤,棉花上的沉淀及滤液供后面实验使用。

(三)鉴定

1. 取棉花上沉淀少许,置于试管中,加 1 滴 20%NaOH 溶液与 5 mL 水,用玻璃棒搅拌使其溶解,在玻璃漏斗中用棉花过滤得澄清滤液,滴加硝酸溶液使其酸化(以 pH 试纸试之),溶液变浑浊,加入 10% $Pb(Ac)_2$ 溶液 2 滴,浑浊进一步增强,表明有脂肪酸存在。

2. 取试管一支,加入 1% $CuSO_4$ 溶液 1 mL,2 滴 20%NaOH 溶液,振摇,有氢氧化铜沉淀生成,再加入 1 mL 水解液振摇,氢氧化铜沉淀消失,表明水解液中有甘油存在。

3. 另取一支试管,加入水解液 1 mL,滴加硫酸使其酸化(以 pH 试纸试之),加入 1 滴碘化铋钾试剂,有砖红色沉淀生成,表明水解液中有胆碱存在。

五、注意事项

1. 第一次减压抽滤,因刚析出的醇中不溶物很细以及有少许水分,滤出物浑浊,放置后继续有沉淀析出,需合并滤液后,以原布氏漏斗(不换滤纸)反复滤清。

2. 黄色油状物干后，对蒸发皿壁上沾的油状物一定要使其溶于氯仿中，否则会带入杂质。

六、思考题

1. 蛋黄中分离卵磷脂根据什么原理?

2. 为什么实验中要进行减压抽滤?

参考学时：4 学时

（潘芊秀）

实验四十一　茶叶中咖啡碱的提取及分离

一、实验目的

1. 学习咖啡碱的提取方法。

2. 熟悉咖啡碱的性质。

二、实验原理

植物中的生物碱（Alkaloid）常以盐（能溶于水或醇）或游离碱（能溶于有机溶剂）的状态存在，因此可用水、醇或其他有机溶剂提取。生物碱与提取液中其他杂质的分离，可根据生物碱与杂质的不同性质进行具体处理。

茶叶中含有多种生物碱，其中咖啡碱（又称咖啡因）的含量为 1%～5%，还含有少量的茶碱、可可豆碱等，另外还含有丹宁酸（又称鞣酸），为 11%～12%。

茶叶中含有的生物碱均为黄嘌呤衍生物，它们的结构式如下：

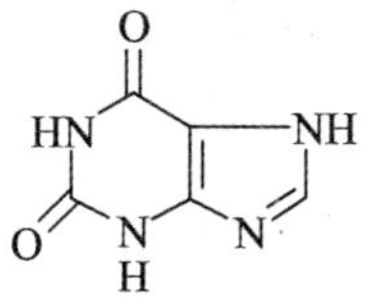

黄嘌呤 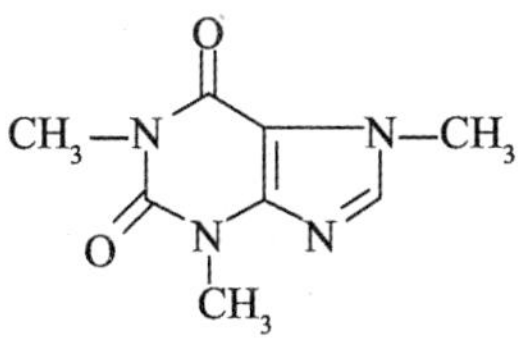　　咖啡碱 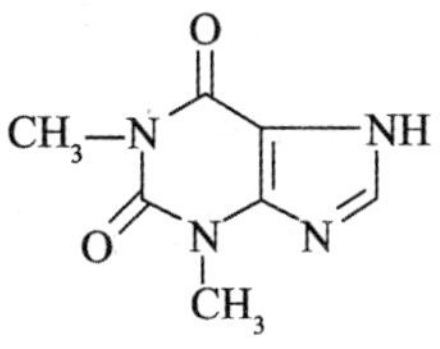　　茶碱 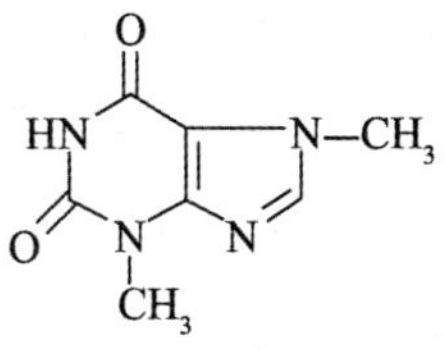　　可可豆碱

咖啡碱是弱碱性化合物，为白色针状结晶，味苦，熔点为 238℃，易溶于氯仿、乙醇、热水等。

丹宁酸为酸性物质，易溶于水和乙醇，能使生物碱从溶液中沉淀析出。因此可在溶液中加入氧化钙，与丹宁酸或丹宁酸的水解产物生成盐。

升华是指物质自固态不经过液态直接变为蒸气的现象，是纯化固体有机物的一种方法。能用升华法纯化的物质必须满足：①在其熔点以下具有相当高的蒸气压（蒸气压＞

2.67 kPa);②杂质的蒸气压与被纯化的固体有机物的蒸气压之间有显著的差异。用升华法常可得到纯度较高的产物,但操作时间长,损失也较大,在实验室里只用于较少量(1～2 g)物质的纯化。

含结晶水的咖啡碱在100℃时失去结晶水,开始升华,178℃以上升华加快,但温度不能高于咖啡碱熔点238℃。而茶碱和可可豆碱于290～295℃升华,据此可纯化咖啡碱。

三、器材与药品

(一)器材

台秤 250 mL烧杯 100 mL量筒 玻璃漏斗 蒸发皿 酒精灯 针锥 试管 小刀 棉花 玻璃棒 圆形滤纸 石棉网 铁架台 称量纸 隔热垫

(二)药品

绿茶 生石灰 5%硫酸 硅钨酸试剂① 碘化铋钾试剂②

四、实验步骤

取8 g绿茶于250 mL烧杯中,加100 mL蒸馏水煮沸15 min(其间加少量蒸馏水,以补充蒸发的水分),趁热过滤除去茶叶渣。将滤液移入蒸发皿中,加热浓缩至30～40 mL时,加4 g生石灰,在不断搅拌下将水分蒸干,然后焙炒片刻除去全部水分。冷却后擦去蒸发皿边上的粉末,以免污染升华产物。

在蒸发皿上盖一张穿有很多小孔的圆形滤纸,然后将大小合适的玻璃漏斗倒盖在上面,在漏斗颈口塞一点棉花,如图2.5.41.1所示,以减少蒸气外逸。将蒸发皿放在石棉网上缓缓加热(若用沙浴更好),小火缓缓加热,控制温度使其略低于咖啡碱的熔点(238℃)。缓缓升华后的咖啡碱蒸气通过滤纸孔,遇到漏斗内壁凝为晶体(必要时在漏斗外壁覆以湿润的滤纸或湿布)。当发现有棕色烟雾,即升华完毕,停止加热。冷却后,揭开漏斗和滤纸,将残渣拌和后用较大的火焰再升华一次。

用小刀将滤纸和漏斗内壁的晶体刮下来,将结晶体溶于2 mL 5%硫酸中,做下面实验:

(1)取此溶液1 mL,加硅钨酸试剂1～6滴,若生成浅黄色或灰白色沉淀,表明有生物碱存在。

(2)取此溶液1 mL,加碘化铋钾试剂1～6滴,若生成淡黄色或红棕色沉淀,表明有生

---

① 硅钨酸试剂的配制:称取5 g硅钨酸溶于100 mL水中,加少量浓硝酸使其呈酸性(pH值在2.0左右)。

② 碘化铋钾试剂的配制:取8 g次硝酸铋溶于17 mL 5.62 mol·L^{-1} HNO_3 溶液,搅拌下慢慢滴加到含有27.2 g碘化钾的20 mL水溶液中。静置一夜,取上清液,加水稀释至100 mL。

物碱存在。

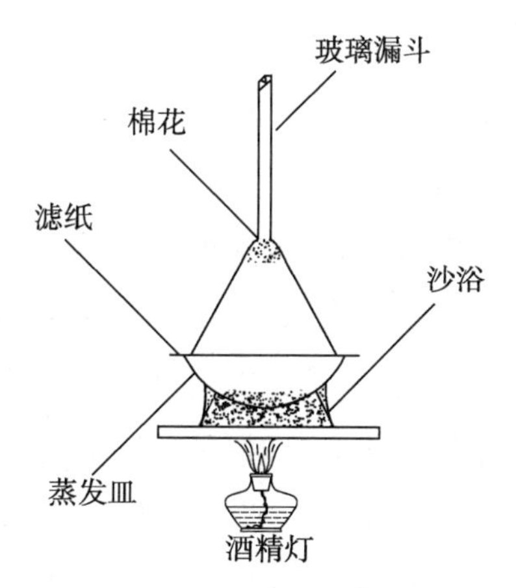

图 2.5.41.1　升华装置

五、注意事项

1. 茶叶滤液要趁热转移。

2. 咖啡碱升华时要控制温度，使之低于咖啡碱的熔点。

3. 玻璃漏斗颈口塞一点棉花，以减少蒸气外溢。

六、思考题

1. 实验中怎样避免咖啡碱的损失？

2. 升华前加入生石灰起什么作用？

参考学时：4 学时

（郑爱丽）

实验四十二　花生油的提取及油脂的性质

一、实验目的

1. 了解从固体物质中连续萃取有机化合物的原理。

2. 掌握索氏提取器的提取原理，学会使用直滴式脂肪提取器。

3. 通过实验验证油脂的某些化学性质。

二、实验原理

（一）液—固连续萃取

固体物质的萃取（Extraction）是利用固体物质在液体溶剂中的溶解度不同达到分离提取的目的，通常用浸出法或加热提取法。如药厂生产酊剂就常以浸出法进行，浸出法需消耗大量的溶剂和较长的时间;实验室一般用加热提取法,如用索氏提取器提取化合物即属于加热提取法。索氏提取器(参见图 1.2.7.2)是一种用于液—固萃取的高效装置,其特点是用少量的溶剂可连续萃取固体化合物。

将滤纸做成与提取器大小相适应的套袋,然后把样品放置在纸套袋内,装入提取器,将萃取溶剂置于烧瓶中,随着溶剂被加热,蒸气便沿着侧臂上升,在冷凝管被冷凝并滴到样品上,当溶剂在提取器内达到一定高度时,其就和所提取的物质一同从侧面的虹吸管流入烧瓶。此过程反复进行,溶剂便被一遍又一遍地重复使用,样品每次都接触到新鲜溶剂,最后将所要提取的物质集中到下面的烧瓶中。

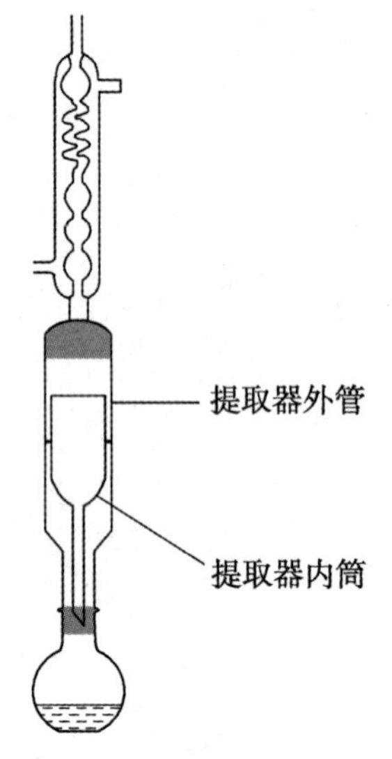

图 2.5.42.1 直滴式脂肪提取器

另一种常用的是直滴式脂肪提取器,其提取原理与索氏提取器相似,提取过程也是多次萃取,溶剂反复使用,样品每次都能接触到新鲜溶剂。装置如图 2.5.42.1 所示。

(二)油脂的性质

油脂是甘油与脂肪酸所生成的酯(Ester),一般难溶于水,而易溶于乙醚、石油醚、氯仿、苯等有机溶剂中。油脂虽难溶于水,但在乳化剂(如肥皂水)的作用下,可形成稳定的乳浊液。

天然油脂中的脂肪酸有饱和的和不饱和的,而油中含不饱和脂肪酸较多,因此均可与溴起加成反应。

油脂在碱性溶液中水解生成肥皂,这种作用称为皂化。油脂皂化所得的甘油溶解于水,而肥皂在水中则形成胶体溶液,当加入饱和食盐水后,肥皂即被析出(盐析),由此可将甘油和肥皂分开。

肥皂易溶于水,当加入盐酸时,肥皂即生成游离的脂肪酸,高级脂肪酸在水中的溶解度很小,析出沉淀。

$$RCOONa + HCl \longrightarrow RCOOH\downarrow + NaCl$$

三、器材与药品

(一)器材

125 mL 直滴式脂肪提取器　电热套　200 mL 圆底烧瓶　回流冷凝管　直型冷凝管　尾接管　100 mL 三角烧瓶　温度计　内径 2.5 cm 大试管　小试管　滤纸　脱脂棉　台秤　小刀　10 mL 量筒　50 mL 量筒　100 mL 烧杯　500 mL 烧杯　滴管

(二)药品

花生仁　氯仿　沸石　苯　肥皂液　四氯化碳　溴的四氯化碳溶液　乙醇　饱和食盐水　40%NaOH　10%HCl

四、实验步骤

(一)花生油的提取

1. 取一洁净的圆底烧瓶,加2～3粒沸石,称重待用。

2. 称取10～12 g花生仁,用小刀切成约1 mm厚的碎片,装入预先塞好棉花的提取器内筒,倾斜提取器外管,缓缓把装有花生仁的内筒放入提取器内。

3. 在已称重的圆底烧瓶中加入100 mL氯仿,按图2.5.42.1装置好,通冷却水后在电热套上加热。连续提取1.5 h后,停止加热,冷却。

4. 将直滴式脂肪提取器从烧瓶上取下,换上常压蒸馏装置,慢慢蒸去氯仿并回收之。

5. 把盛有花生油的烧瓶取下,称重,两次质量之差即花生油质量,计算出油率。将花生油倒入一试管中待用。

$$出油率=\frac{m(花生油)}{m(花生仁)}\times 100\%$$

6. 将烧瓶刷洗干净,置于烘箱中烘干备用。

(二)油脂的化学性质

1. 油脂的溶解性和乳化现象

取干燥小试管3支,各加花生油1滴,然后分别加水、乙醚、苯各5滴,观察哪支试管中的油脂被溶解,然后在不溶的试管中加入浓肥皂水几滴,振荡2 min观察结果。

2. 油脂不饱和性检查

取干燥小试管1支,加入花生油2滴,再滴加四氯化碳使花生油溶解,然后加溴的四氯化碳溶液,振荡后观察结果。

3. 油脂的皂化

取花生油10滴,置于一大试管中,加入乙醇6 mL和40%NaOH溶液4 mL。将试管放在沸水浴中边加热边摇动约10 min,待稍冷后,该溶液即皂化液。取出皂化液1 mL放入小试管中,留作下面试验用,其余的倒入盛有20 mL饱和食盐水的小烧杯,边倒边搅拌,此时即有肥皂析出。

4. 油脂中脂肪酸的检查

取上面实验制得皂化液1 mL,加水6 mL,边搅拌边滴加10%HCl溶液,直至淡黄色或白色脂肪酸完全析出为止。

五、注意事项

1.冷凝管通水方向为下进上出。

2.实验中加热方式均为水浴加热。

3.实验过程中,氯仿不能进入空气中,也不能倒入下水道中,将蒸馏后的氯仿倒入回收瓶中。

六、思考题

1.固—液萃取的原理是什么?

2.用脂肪提取器提取与浸取有什么区别?

3.油脂为什么能使溴水褪色?

参考学时:4学时

(郑爱丽)

2.6 合成实验

在科学技术飞速发展的时代，绝大多数材料、成品使用的都是合成原料。用来治疗疾病的药物 90%以上都是合成药物。尽管从自然界动植物体内可以提取许多有效成分，但有些化合物存在量极少或者提取成本很高，往往要通过化学合成来获得。化学合成在药物研究中具有重要的不可替代的作用。

本部分选择了几个简单的、与医学有关的合成实验，使学生对化学合成的内容和基本过程有个初步的了解。

实验四十三 葡萄糖酸锌的制备及锌含量的测定

一、实验目的

1. 掌握葡萄糖酸锌的制备原理和方法。

2. 掌握锌含量测定的方法。

3. 了解锌元素对人体的作用。

二、实验原理

葡萄糖酸锌作为补锌药，具有见效快、吸收率高、副作用小等优点，主要用于治疗儿童及妊娠妇女缺锌引起的各种病症，也可以作为儿童食品、糖果添加剂。

葡萄糖酸锌为白色或接近白色的晶体，无臭，易溶于沸水，不溶于无水乙醇、氯仿和乙醚。

以葡萄糖酸钙、硫酸、氧化锌等为原料制备葡萄糖酸锌，合成方法如下。

$$Ca(C_6H_{11}O_7)_2 + H_2SO_4 = 2HC_6H_{11}O_7 + CaSO_4\downarrow$$

过滤除去 $CaSO_4$，得到葡萄糖酸，经阳离子交换树脂过滤，纯化葡萄糖酸，再与氧化锌反应得到葡萄糖酸锌。

$$2HC_6H_{11}O_7 + ZnO = Zn(C_6H_{11}O_7)_2 + H_2O$$

采用配位滴定法测定产品中 Zn 的含量，用 EDTA 标准溶液在 NH_3-NH_4Cl 弱碱性条件下滴定葡萄糖酸锌，根据所消耗滴定剂 EDTA 的量计算 Zn 的含量。在 NH_3-NH_4Cl 缓冲溶液（pH 值约为 10）中，Zn^{2+} 与铬黑 T(EBT)可形成紫红色的配位化合物Zn-EBT，加入 EDTA 后，Zn^{2+} 与 EDTA 可生成更稳定的无色配位化合物 Zn-EDTA，从而使指示剂铬黑 T 游离出来，溶液显示蓝色。

$$\underset{\text{(紫红色)}}{\text{Zn-EBT}} + \text{EDTA} = \text{Zn-EDTA} + \underset{\text{(蓝色)}}{\text{EBT}}$$

三、器材与药品

（一）器材

恒温水浴装置　100 mL 烧杯　20 mL、50 mL 量筒　减压抽滤装置　托盘天平　称量纸　滤纸　离子交换柱　玻璃棒　50 mL　酸式滴定管　移液管　100 mL 容量瓶　锥形瓶　滴定台　电子天平

（二）药品

葡萄糖酸钙　稀硫酸　氧化锌　阳离子交换树脂　95％乙醇　0.01 $mol \cdot L^{-1}$ EDTA 标准溶液　NH_3-NH_4Cl 缓冲溶液（pH≈10）　铬黑 T 指示剂

四、实验步骤

（一）葡萄糖酸的制备

在 100 mL 烧杯中加入 30.0 mL 0.09 $g \cdot mL^{-1}$ 的稀硫酸，再边搅拌边加入 11.0 g 葡萄糖酸钙，然后放入 90℃恒温水浴中加热反应 40 min，趁热减压抽滤，除去硫酸钙，得到淡黄色液体。滤液冷却后，流过装有 5 cm 高的强酸性阳离子交换树脂的交换柱，10 min 内完成过柱，得到无色透明高纯度的葡萄糖酸溶液。

（二）葡萄糖酸锌的制备

取上述葡萄糖酸溶液，加入 2 g 氧化锌，用玻璃棒搅拌后放入 60℃水浴中加热反应 1 h。减压抽滤，收集滤液，往滤液中加入 20 mL 95％乙醇，边加边搅拌，冷却静置（或放置在冰水浴中）得到葡萄糖酸锌固体。减压过滤，50℃下烘干，称重，计算产率，将结果填于表 2.6.43.1。

表 2.6.43.1　葡萄糖酸锌产率

项目	结果
理论产品质量/g	
产品质量/g	
产率	

(三)锌含量的测定

用电子天平称取 0.4500 g 所制得的葡萄糖酸锌，溶解后转移至 100 mL 容量瓶中定容。用移液管移取 25.00 mL 上述溶液于 250 mL 锥形瓶中，加 10 mL NH_3-NH_4Cl 缓冲溶液、4 滴铬黑 T 指示剂，然后用 0.01 $mol \cdot L^{-1}$ EDTA 标准溶液滴定，滴至溶液由红色刚好转变成蓝色为止，记录所用 EDTA 标准溶液的体积(mL)，按下式计算样品中 Zn 的含量。

$$Zn\% = \frac{c(EDTA) \cdot V(EDTA) \times 65 \times 4}{W_S \times 1000} \times 100\%$$

式中，W_s 为称取样品的质量(g)。将结果填于表 2.6.43.2。

表 2.6.43.2 葡萄糖酸锌中锌含量的测定

实验编号	1	2	3
称取葡萄糖酸锌的质量/g			
V(葡萄糖酸锌溶液)/mL	25.00	25.00	25.00
$V_{始}$(滴定前 EDTA 的体积)/mL			
$V_{终}$(滴定后 EDTA 的体积)/mL			
ΔV(EDTA)/mL			
$V_{平均}$(EDTA)/mL			
Zn 含量/%			

五、注意事项

1. 将阳离子交换树脂用蒸馏水洗至中性后，交换柱内剩余少量水时再加入葡萄糖酸溶液纯化。

2. 由于产物在水中溶解度大，故在抽滤产品过程中，需用乙醇润湿滤纸，而不能用水润湿。

六、思考题

制备葡萄糖酸锌时，为何加入乙醇能降低葡萄糖酸锌在水中的溶解度，使之析出？

(程远征)

实验四十四　相转移催化法制备苯甲醇

一、实验目的

1. 理解相转移催化反应的原理，学会利用相转移催化反应制备苯甲醇的方法。

2. 复习巩固萃取、干燥、常压蒸馏等实验基本操作及机械搅拌器和旋转蒸发仪的使用。

3. 练习高温蒸馏和空气冷凝管的使用方法。

二、实验原理

苯甲醇是重要的精细化工产品和有机中间体，广泛用于造纸、染料、香料和医药等行业。传统的苯甲醇制备方法是将苄基氯与氢氧化钠的水溶液或碳酸钾的水溶液共沸水解得到的，由于苄基氯不溶于水，是两相反应，反应进行得很慢，需要的时间长。如果加入相转移催化剂如氯化苄基三乙基铵，则反应时间可以大大缩短。

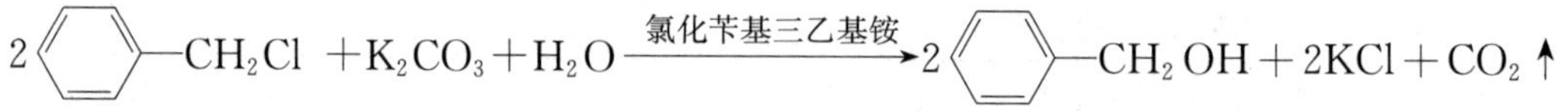

$$2\,C_6H_5{-}CH_2Cl + K_2CO_3 + H_2O \xrightarrow{\text{氯化苄基三乙基铵}} 2\,C_6H_5{-}CH_2OH + 2KCl + CO_2\uparrow$$

相转移催化可有效改善液－液相反应条件，提高收率，具有反应速率快、产品纯度高、操作简便等优点，常用的相转移催化剂有季铵盐、聚醚、冠醚。以季铵盐为催化剂时，其相转移催化原理如图 2.6.44.1 所示。

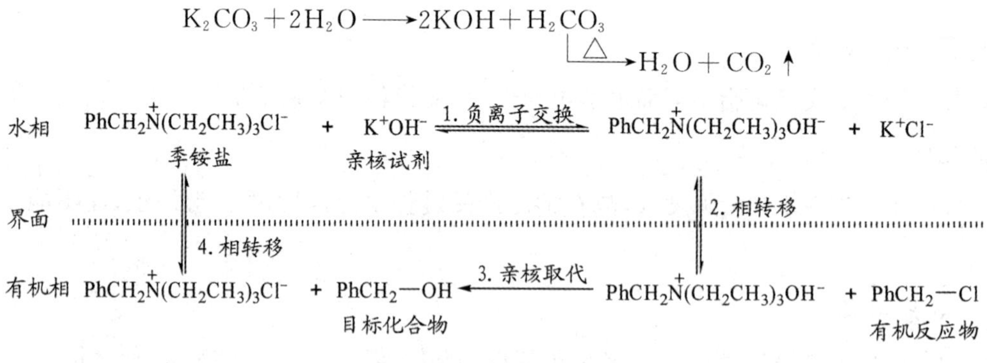

$$K_2CO_3 + 2H_2O \longrightarrow 2KOH + H_2CO_3$$
$$H_2CO_3 \xrightarrow{\triangle} H_2O + CO_2\uparrow$$

水相　$PhCH_2\overset{+}{N}(CH_2CH_3)_3Cl^-$（季铵盐） + K^+OH^-（亲核试剂） $\rightleftharpoons$（1. 负离子交换） $PhCH_2\overset{+}{N}(CH_2CH_3)_3OH^-$ + K^+Cl^-

界面　（2. 相转移；4. 相转移）

有机相　$PhCH_2\overset{+}{N}(CH_2CH_3)_3Cl^-$ + $PhCH_2{-}OH$（目标化合物） $\longleftarrow$（3. 亲核取代） $PhCH_2\overset{+}{N}(CH_2CH_3)_3OH^-$ + $PhCH_2{-}Cl$（有机反应物）

图 2.6.44.1　相转移催化原理

氯化苄基三乙基铵是由亲油的 $PhCH_2N^+(CH_2CH_3)_3$ 正离子和亲水的 Cl^- 构成的季铵盐类化合物，Cl^- 与亲核试剂的 OH^- 进行交换，形成新的离子对 $PhCH_2N^+(CH_2CH_3)_3OH^-$，具有亲油性的 $PhCH_2N^+(CH_2CH_3)_3$ 将 OH^- 转移到有机相中，与苄基氯反应，生成目标化合物苯甲醇和复原的氯化苄基三乙基铵，氯化苄基三乙基铵重新返回水相，如此重复以上过程，促使反应发生。

三、器材与药品

(一)器材

250 mL 三口烧瓶(24 口)　机械搅拌器　搅拌器套管(24 口)　球形冷凝管(24 口)　玻璃塞(24 口)　沸石　500 mL 电热套　10 mL 吸量管　125 mL 分液漏斗　100 mL 锥形瓶　布氏漏斗　抽滤瓶　真空水泵　100 mL 圆底烧瓶(24 口)　旋转蒸发仪　温度计(300℃)　空气冷凝管　蒸馏头 尾接管　锥形瓶　量筒　红外光谱仪　铁架台(带铁夹)

(二)药品

碳酸钾　氯化苄基三乙基铵　苄基氯　乙酸乙酯　无水硫酸镁　沸石

四、实验步骤

(一)安装仪器

在 250 mL 三口烧瓶上分别装置机械搅拌器和球形回流冷凝管,反应装置图如图 2.6.44.2 所示。安装时,应使搅拌器的轴与搅拌棒在同一直线上,先用手试验搅拌器转动是否灵活,再以低速开动搅拌器,试验运转情况。搅拌棒下端距离烧瓶底部 3～5 mm 为宜。

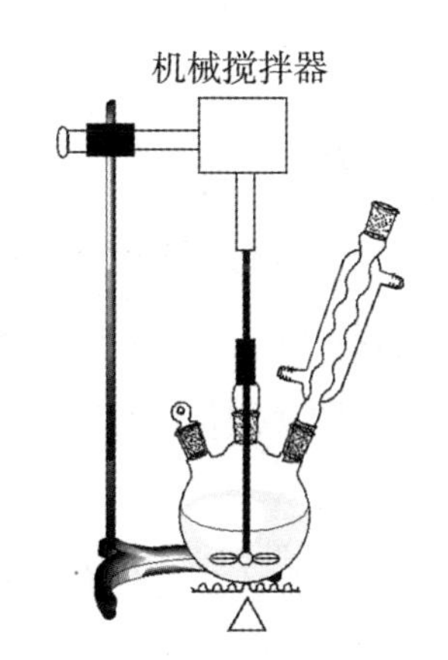

图 2.6.44.2　苯甲醇的制备装置

(二)制备苯甲醇粗品

从三口烧瓶的一侧加入 9.0 g 碳酸钾、80.0 mL 水,搅拌溶解,再依次加入 2.0 g 氯化苄基三乙基铵和 10.0 mL 苄基氯,塞上玻璃塞。搅拌,调节电压,缓慢加热至回流,回流反应 1～1.5 小时。

(三)反应后处理

反应结束后,待反应液冷却至 30～40℃,把反应液转入 125 mL 分液漏斗中,静置分层,水层放置三口烧瓶中,收集上层苯甲醇粗品置于 100 mL 锥形瓶中。水层再转入 125 mL 分液漏斗中,用乙酸乙酯萃取三次,每次用 10 mL 乙酸乙酯。把乙酸乙酯萃取液倒入上述 100 mL 锥形瓶中与苯甲醇粗品合并,用无水硫酸镁干燥至溶液澄清。

(四)精制苯甲醇

抽滤除去硫酸镁,滤液转移至 100 mL 圆底烧瓶,用旋转蒸发仪减压浓缩除乙酸乙酯,用带有空气冷凝管的蒸馏装置进行常压蒸馏,收集 204.0～206.0℃的馏分。称重,计算产率。

(五)产品的性质、鉴定与表征

纯净的苯甲醇是具有芳香气味的无色透明液体,极易溶于乙醇、乙酸乙酯等有机溶剂。沸点为 205.4℃,$n_D^{20}=1.5396$,$d_4^{20}=1.045$,其红外光谱如图 2.6.44.3 所示。

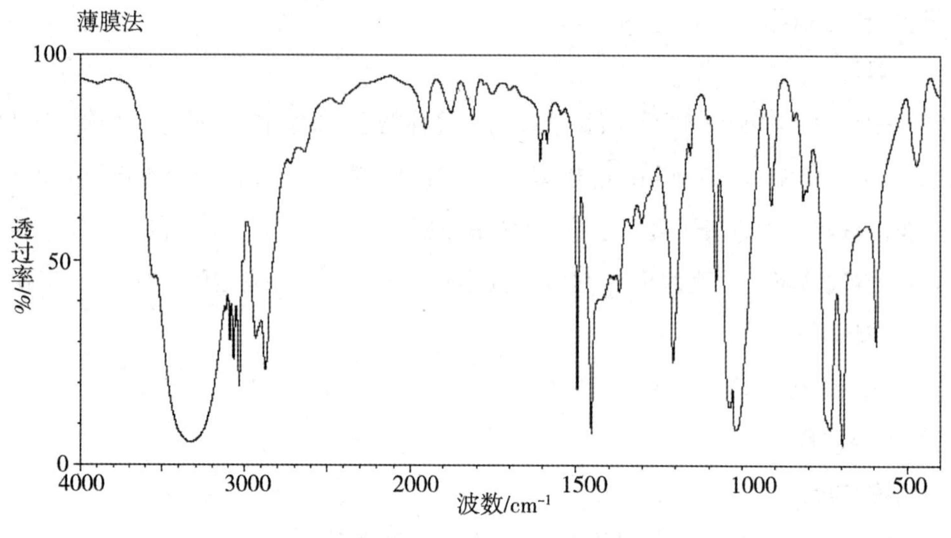

图 2.6.44.3 苯甲醇的红外光谱图

五、注意事项

1. 苄基氯属致癌物质，具有刺激性气味，有腐蚀性，本反应应在通风橱中进行；加料时不要溅到皮肤上，一旦溅到皮肤上，要立刻用水冲洗，再用肥皂水洗。

2. 相转移催化剂氯化苄基三乙基铵可用溴化四乙基铵、溴化四丁基铵、氯化四丁基铵等代替。

3. 虽然加入了相转移催化剂，反应仍需要搅拌来加快相转移的速度。本实验用相转移催化技术，反应时间为1～1.5小时，不加相转移催化剂，需反应7～8小时才能达到相应的产率。

4. 反应中生成 CO_2 气体，回流开始时，反应液呈泡沫状沸腾，开始时要缓慢加热至回流，以免泡沫冲出冷凝管。大约回流10分钟后泡沫消失。

5. 反应结束后，冷却至30～40℃为宜，过低的温度会有固体析出，影响下一步的分离工作。

6. 高温蒸馏时，应使用空气冷凝管，且温度较高，小心烫伤。

六、思考题

1. 简述相转移催化反应的原理。

2. 为什么用乙酸乙酯进行萃取？能否用其他试剂代替？

3. 本实验中可能的副产物是什么？

4. 以苄基氯为原料，还可以采用什么方法制备苯甲醇？

参考学时：4学时

（盛继文）

实验四十五　乙酸乙酯的制备

一、实验目的

1. 掌握酯化反应的原理。

2. 学习制备乙酸乙酯的操作技术。

二、实验原理

羧酸和醇在酸催化下加热生成酯和水的反应叫作酯化反应，其逆反应为酯的水解反应，当酯化反应进行到一定程度后，酯化与水解达成如下动态平衡：

$$R-\overset{\overset{\displaystyle O}{\|}}{C}-OH + H-OR' \underset{\text{水解}}{\overset{\text{酯化}}{\rightleftharpoons}} R-\overset{\overset{\displaystyle O}{\|}}{C}-OR' + H_2O$$

在无催化剂的情况下，酯化反应进行得非常慢，需要很长的时间才能达到平衡。催化剂和加热的方法可以使反应迅速达到平衡，但是不能改变平衡混合物的比例关系。

为了提高酯的产率，根据平衡移动原理应采取以下措施：

(1)增加反应物的浓度。

(2)减少生成物的浓度(如使酯与水或两者之一脱离反应体系)。

本实验用冰醋酸和乙醇为原料，以浓硫酸为催化剂，加热制备乙酸乙酯。采用乙醇过量和同时不断蒸出乙酸乙酯及利用浓硫酸的吸水作用，使平衡向生成酯的方向移动以提高产率。

乙酸乙酯和水形成共沸混合物(沸点为70.4℃)，比乙醇(沸点为78℃)和乙酸(沸点为118℃)的沸点都低，很容易被蒸出。

除生成乙酸乙酯的主反应外，还有生成乙醚、亚硫酸[①]等的副反应。

主反应：

$$CH_3COOH + C_2H_5OH \underset{110\sim120℃}{\overset{\text{浓 } H_2SO_4}{\rightleftharpoons}} CH_3COOC_2H_5 + H_2O$$

---

① 亚硫酸的来源：
$C_2H_5OH + H_2SO_4(\text{浓}) \longrightarrow CH_3CHO + H_2SO_3$
$CH_3CHO + H_2SO_4(\text{浓}) \longrightarrow CH_3COOH + H_2SO_3$

副反应：

$$2C_2H_5OH \xrightarrow{\text{浓 } H_2SO_4} C_2H_5—O—C_2H_5$$

首次蒸出的粗制品常夹杂有少量未作用的醋酸、乙醇以及乙醚、亚硫酸等，精制操作就是为了除去这些杂质。

三、器材和药品

(一)器材

250 mL 或 125 mL 三口烧瓶　150℃温度计　温度计套管　100 mL 滴液漏斗　蒸馏头　玻璃塞　直形冷凝管　真空尾接管　250 mL 圆底烧瓶　分液漏斗　量筒　烧杯　玻璃棒　漏斗　电热套　沸石　50 mL 锥形瓶　50 mL 圆底烧瓶

(二)药品

95%乙醇　冰醋酸　浓硫酸　饱和碳酸钠溶液　饱和食盐水　饱和氯化钙溶液　pH 试纸　无水硫酸钠

四、实验步骤

(一)粗产品的制备

在烧杯中加入 25 mL 95%乙醇，沿玻璃棒慢慢加入 15 mL 浓硫酸，搅拌均匀后通过漏斗移入三口烧瓶内，加入几粒沸石。在烧瓶的中间一口和左侧口分别插入 100 mL 滴液漏斗及带套管的温度计，温度计的水银球浸入液面以下，距瓶底 0.5～1 cm。右侧口装蒸馏头，与直形冷凝管相连接，冷凝管末端经尾接管伸入圆底烧瓶中。装置如图 2.6.45.1 所示。

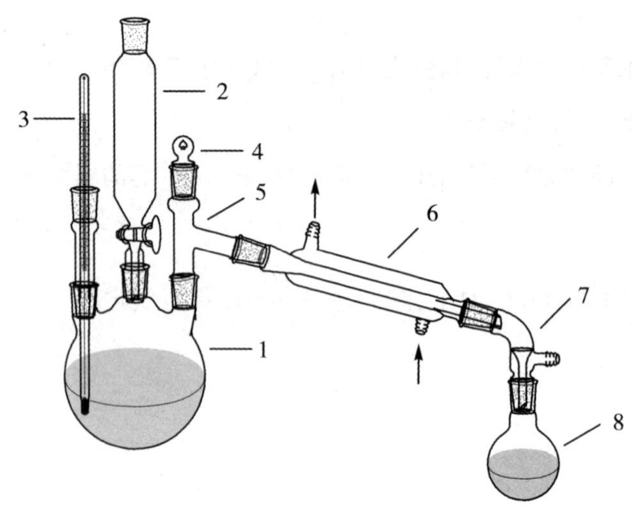

1.三口瓶　2.滴液漏斗　3.温度计　4.玻璃塞　5.蒸馏头　6.冷凝管　7.真空尾接管　8.圆底烧瓶

图 2.6.45.1　乙酸乙酯制备装置图

将三口烧瓶在电热套上加热，当反应温度升高到110～120℃时，开始通过滴液漏斗滴加由20 mL乙酸和20 mL 95%乙醇组成的混合液，控制滴入速度与流出速度大致相等，并始终维持反应温度在110～120℃[①]，滴加完毕后继续加热数分钟，直到反应液温度升到130℃不再有液体流出为止。

（二）粗产品的洗涤、干燥

在馏出液中慢慢加入饱和碳酸钠溶液（约20 mL），同时摇动，直至无二氧化碳气体逸出（用pH试纸检验，酯层应呈中性）。将混合液移入分液漏斗中，充分振摇（注意活塞放气[②]）后，静置。分去下层水溶液。酯层用20 mL饱和食盐水洗涤一次，再用40 mL饱和氯化钙溶液分两次洗涤。弃去下层液，酯层自漏斗上口倒入干燥的锥形瓶内，加3 g无水硫酸钠（或无水硫酸镁）[③]干燥至液体澄清。

（三）粗产品的精制

将干燥后的粗乙酸乙酯滤入50 mL圆底烧瓶中，加入沸石后在水浴上进行蒸馏，收集74～78℃的馏分，产率在60%左右。

纯乙酸乙酯为无色而有香味的液体，沸点为77.06℃，折光率n_D^{20}为1.3723。

五、注意事项

1. 乙酸乙酯和水、乙醇能形成二元或三元共沸混合物，这些共沸物的组成和沸点如下表：

表2.6.45.1　乙酸乙酯、乙醇和水形成的共沸物的组成及沸点

沸点/℃	组成/%		
	乙酸乙酯	乙醇	水
70.2	82.6	8.4	9.0
70.4	91.8		8.1
71.8	69.0	31.0	

2. 浓硫酸的加入速度不易过快，否则混合物的温度迅速上升，小心烫伤。

3. 蒸馏过程中升温不可过快，否则可能将未反应的原料蒸出，同时也会引起副产物的

---

① 温度不宜过高，否则会增加副产物乙醚的量。滴加速度太快会使醋酸和乙醇来不及作用就随着酯和水一起蒸出，从而影响酯的得率。

② 注意分液漏斗震摇后应及时放气（二氧化碳），以免漏斗内压力过大。

$$2CH_3COOH+Na_2CO_3 \longrightarrow 2CH_3COONa+H_2O+CO_2\uparrow$$

$$H_2SO_3+Na_2CO_3 \longrightarrow Na_2SO_3+H_2O+CO_2\uparrow$$

③ 也可用无水碳酸钾，这些干燥剂分别结合水后可生成$K_2CO_3\cdot 2H_2O$、$MgSO_4\cdot 7H_2O$、$Na_2SO_4\cdot 10H_2O$。

增加。

4.碳酸钠必须洗去，否则下一步用饱和氯化钙溶液洗去醇时，会产生絮状的碳酸钙沉淀，造成分离的困难。为减少乙酸乙酯在水中的损失，本实验选用饱和食盐水进行洗涤。

六、思考题

1.本次实验中浓硫酸起什么作用？

2.为什么要用过量的乙醇？

3.蒸出的粗乙酸乙酯中有哪些杂质？

4.能否用浓氢氧化钠溶液代替饱和碳酸钠溶液洗涤馏出液？

5.用饱和氯化钙溶液洗涤，能除去什么物质？是否可用水代替？

6.二次蒸馏前，乙酸乙酯为什么必须彻底干燥？

参考学时：4学时

（张凤莲）

实验四十六　乙酰水杨酸的制备

一、实验目的

1.通过乙酰水杨酸制备，初步了解有机合成中乙酰化反应原理及方法。

2.进一步熟悉减压过滤、重结晶操作技术。

二、实验原理

乙酰水杨酸也叫阿司匹林(Acetylsalicylic Acid, Aspirin)，不仅是解热止痛药，而且可用于预防老年人心血管疾病。制备乙酰水杨酸最常用的方法是将水杨酸与乙酸酐作用。水杨酸分子中含羟基(—OH)、羧基(—COOH)，具有双官能团。本实验采用以强酸浓硫酸为催化剂，以乙酸酐为乙酰化试剂，与水杨酸的酚羟基发生酰化作用形成乙酰水杨酸。反应如下：

$$\text{C}_6\text{H}_4(\text{COOH})(\text{OH}) + (\text{CH}_3\text{CO})_2\text{O} \xrightleftharpoons[80\sim90^\circ\text{C}]{\text{浓 H}_2\text{SO}_4} \text{C}_6\text{H}_4(\text{COOH})(\text{OCOCH}_3) + \text{CH}_3\text{COOH}$$

水杨酸的分子内氢键使羟基的活性降低，故在酰化时加入浓硫酸使氢键破坏，从而促进乙酰化的进行。

在乙酰化的同时发生一些副反应，生成少量副产物，成为杂质。在温度不高(低于90℃)的情况下副反应程度较小，产物中的主要杂质是未反应完全的水杨酸、乙酸酐及生成的乙酸。乙酸酐在水中反应生成乙酸，乙酸溶于水；而水杨酸和乙酰水杨酸不溶于水，据此可除去产物中的大部分乙酸酐及乙酸。在反应时乙酸酐是过量的，故酰化进行得比较完全，未反应完的水杨酸很少，可用乙醇-水混合溶剂重结晶的方法将其除去①。重结晶时，残留的乙酸也同时除去。

本实验用 $FeCl_3$ 检查产品的纯度，杂质中有未反应完的水杨酸，其酚羟基遇 $FeCl_3$ 呈紫蓝色。如果在产品中加入一定量的 $FeCl_3$，无颜色变化，则认为纯度基本达到要求。

三、器材与药品

(一)器材

水浴锅　布氏漏斗　抽滤瓶　真空泵　滤纸　50 mL 烧杯　50 mL 锥形瓶　温度计(100℃)　冰浴　试管　玻棒　台称　10 mL、25 mL 量筒

(二)药品

水杨酸　乙酸酐　浓 H_2SO_4　95%乙醇　$1\ g\cdot L^{-1}\ FeCl_3$

四、实验步骤

(一)酰化反应

1. 称取 2.0 g 固体水杨酸，放入 50 mL 锥形瓶中，再缓缓加入 5 mL 乙酸酐，摇匀后，用滴管加入 5 滴浓 H_2SO_4，摇匀，将锥形瓶放在 80～90℃水浴中加热 10 分钟，不断摇动锥形瓶，使乙酰化反应尽可能完全。

2. 取出锥形瓶，加入 2 mL 水以分解过剩的乙酸酐，分解作用完成后(不再有气泡)再加 20 mL 水，摇匀后置冷水浴中冷却至大量晶体析出②。

3. 将锥形瓶中所有物质倒入布氏漏斗中抽滤，用滤液冲洗锥形瓶，将瓶中沉淀全部转移至布氏漏斗中，抽干。用 10 mL 冷蒸馏水分两次洗涤晶体，抽干得粗产品。

4. 取豆粒大小粗产品溶于几滴乙醇中，加入 2 滴 $1\ g\cdot L^{-1}$ 三氯化铁水溶液，检查水杨酸的存在。

(二)重结晶

1. 将粗产品转入 50 mL 烧杯中，加入 6 mL 95%乙醇，置 60℃水浴中加热溶解，加入 20 mL 水，静置冷却至大量晶体析出(约 60 min)，抽滤，用滤液将烧杯中晶体全部转移至布氏漏斗中，抽干。

2. 用 10 mL 水-乙醇混合液($V_{水}$ ∶ $V_{乙醇}$=4∶1)分两次润湿洗晶体，抽干。

---

① 乙酰水杨酸在水中能缓慢分解，应尽量减少与水的接触时间。若对产品纯度要求较高，可将乙醚-石油醚或苯作为溶剂重结晶。

② 若无晶体析出，可用玻棒摩擦瓶内底部，然后再静置一会儿。若温度较高，则须用冰水浴冷却。

3. 将精产品转入表面皿中，干燥，称重，计算产率(以水杨酸为标准)。

4. 用 1 g·L^{-1} 三氯化铁水溶液检查纯品中是否有水杨酸。

五、注意事项

1. 仪器要全部干燥，药品也要事先经干燥处理，乙酸酐要使用新蒸馏的，收集 139～140℃的馏分。

2. 反应过程温度须控制在 80～90℃，温度过高会加快副产物的生成。

3. 抽滤后洗涤用水要少。

4. 乙酰水杨酸受热后易发生分解，分解温度为 126～135℃，因此重结晶时不宜长时间加热，控制水温，产品采取自然晾干。

六、思考题

1. 什么是酰化反应？什么是酰化试剂？进行酰化反应的容器是否需要干燥？

2. 重结晶的目的是什么？

3. 前后两次用 $FeCl_3$ 溶液检测，其结果说明什么？

参考学时：4 学时

(张剑)

实验四十七　乙酰苯胺的制备

一、实验目的

1. 掌握芳胺的乙酰化反应及操作方法。

2. 掌握重结晶的方法。

二、实验原理

苯胺($C_6H_5NH_2$)与酰基化试剂如冰醋酸、醋酸酐、乙酰氯等作用可制得乙酰苯胺。其中苯胺与乙酰氯反应最快，醋酸酐次之，冰醋酸最慢。但用冰醋酸作乙酰化试剂价格便宜，操作方便，故本实验用冰醋酸作乙酰化试剂。反应方程式为：

$$C_6H_5\text{—}NH_2 + CH_3COOH \longrightarrow C_6H_5\text{—}NHCOCH_3 + H_2O$$

三、器材与药品

(一)器材

圆底烧瓶　分馏柱　蒸馏头　吸收尾管　烧杯　可调式电热套　温度计　量筒　布氏漏斗　台秤

(二)药品

苯胺　冰醋酸　锌粉　活性炭

四、实验步骤

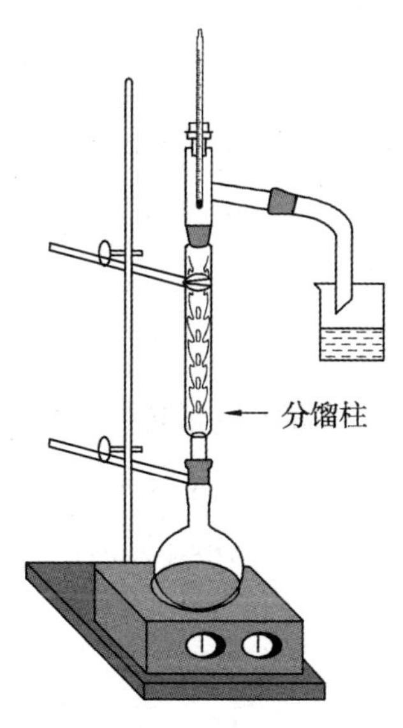

图 2.6.47.1　乙酰苯胺合成装置

向 50 mL 干燥的圆底烧瓶中加入 5 mL 新蒸馏的苯胺 (5.1 g,0.055 mol)和 7.5 mL 冰醋酸(7.8 g,0.13 mol),再加入少量锌粉。立即装上分馏柱、蒸馏头、温度计及吸收尾管,用烧杯收集蒸出的水和乙酸,实验装置如图 2.6.47.1 所示。用电热套缓慢加热至反应物沸腾。调节电压,保持温度在 105℃以上,但不超过 110℃。① 约 30 min,反应生成的水基本蒸出。当温度计读数不断下降或容器内出现白雾时,反应达到终点,停止加热。

在搅拌下将反应物趁热②慢慢倒入盛有 150 mL 水的烧杯中,继续搅拌并冷却烧杯,使乙酰苯胺完全析出。用布氏漏斗抽滤,固体再用 5～10 mL 冷水洗涤,除去多余的酸。

将粗乙酰苯胺移入烧杯中,加入 150 mL 水,加热沸腾。如仍有油珠状物,需补加热水。直到油珠在沸腾下全部溶解后,再加入约 2 mL 水。稍冷,在搅拌下加入 0.5 g 活性炭,煮沸 5 min,趁热进行过滤。滤液冷至室温,乙酰苯胺呈片状晶体析出。减压过滤,尽量除去晶体中的水,将产品放在表面皿上干燥或在 100℃以下的烘箱中烘干,称量,计算产率。表 2.6.47.1 所示为乙酰苯胺在水中的溶解度。

---

① 温度过低水分除不掉,过高易将 HAc 蒸出,不能保证反应体系中的 HAc 量。

② 反应物冷却后,立即会有固体析出,沾在瓶壁上不易处理,故须趁热将其倒入冷水中,以除去过量的 HAc 及未作用的 $C_6H_5NH_2$(可成为苯胺醋酸盐而溶于水)。

表 2.6.47.1 乙酰苯胺在水中的溶解度

温度(℃)	20	25	50	80	100
溶解度(g/100mL)	0.46	0.56	0.84	3.5	5.2

五、注意事项

1. 苯胺久置颜色加深有杂质，会影响乙酰苯胺的产量和产率，故最好用新蒸馏的苯胺。

2. 锌粉的作用是防止苯胺在反应过程中被氧化，但不宜多加，否则在后处理中会出现不溶于水的 $Zn(OH)_2$，影响操作。

六、思考题

1. 本实验中采用了哪些措施来提高乙酰苯胺的产率？

2. 反应时为什么要控制分流柱上端的温度在 105℃左右？

3. 根据理论计算，反应完成时应产生多少水？为什么实际收集的液体要比理论量多？

参考学时：4 学时

（王雷）

实验四十八 肉桂酸的制备

一、实验目的

1. 掌握柏琴(Perkin)反应及合成肉桂酸的基本原理与方法。

2. 进一步学习并掌握回流、水蒸气蒸馏等操作。

二、实验原理

芳香醛和酸酐在碱性催化剂作用下，可以发生类似羟醛缩合的反应，生成不饱和芳香酸，此反应称 Perkin 反应，反应方程式如下：

$$C_6H_5CHO + (CH_3CO)_2O \xrightarrow[104\sim108℃]{K_2CO_3} C_6H_5CH{=}CHCOOH + CH_3COOH$$

催化剂通常是相应酸酐的羧酸钾盐或钠盐，也可使用碳酸钾或叔胺等碱性试剂代替，因为少量酸酐可能水解，进而与碳酸钾生成了羧酸钾。用碳酸钾代替乙酸钾来催化合成肉桂酸,操作方便,反应时间缩短,产率也有所提高。

该反应的机理是,酸酐受乙酸钾(钠)的作用,生成一个酸酐的负离子,负离子和醛发生亲核加成,生成中间物β-羟基酸酐,然后再发生失水和水解作用,即得到不饱和芳香酸。

$$\begin{matrix} CH_3C{=}O \\ \ \ \ \ O \\ CH_3C{=}O \end{matrix} \xrightarrow{CH_3COOK} \left[\begin{matrix} ^{-}CH_2C{=}O \\ \ \ \ \ O \\ CH_3C{=}O \end{matrix} \leftrightarrow \begin{matrix} H_2C{=}C{-}O^{-} \\ \ \ \ \ O \\ CH_3C{=}O \end{matrix} \right] \overset{PhCHO}{\rightleftharpoons} \begin{matrix} C_6H_5{-}CH(OH){-}CH_2C{=}O \\ \ \ \ \ O \\ CH_3C{=}O \end{matrix}$$

$$\xrightarrow{-H_2O} \xrightarrow{H_2O} C_6H_5{-}HC{=}CH{-}\overset{\overset{O}{\|}}{C}{-}OH$$

肉桂酸有顺式和反式两种构型异构体。顺式异构体不稳定,在加热条件下很容易转变为热力学更稳定的反式异构体。

三、器材与药品

(一)器材

200 mL 圆底烧瓶　空气冷凝管　水蒸气蒸馏装置　干燥箱　熔点测定仪　红外光谱仪

(二)药品

苯甲醛　乙酸酐　无水碳酸钾　10%氢氧化钠　1∶1 盐酸水溶液　沸石

四、实验步骤

(一)装置安装与加料反应

安装回流装置,如图 2.6.48.1,可采用简单的空气浴、油浴或电热套加热,采用空气冷凝管冷却。

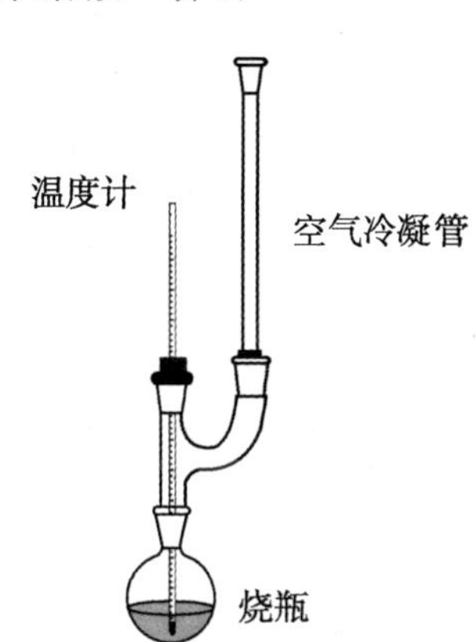

图 2.6.48.1　肉桂酸合成装置

在 200 mL 圆底烧瓶中加入 3 mL(3.15 g,0.03 mol)新蒸馏过的苯甲醛、8 mL(8.64 g,0.084 mol)新蒸馏过的乙酸酐、研细的 4.2 g(0.03 mol)无水碳酸钾和几粒沸石。

然后,加热回流 1 小时,使液体处于微沸状态,控制温度在 170℃以下。由于产生二氧化碳,初期会有泡沫产生。

(二)分离纯化

待反应结束后,稍冷(不易过冷,否则瓶中固体会变硬),加入 20 mL 热水浸泡几分钟,并用玻璃棒轻轻捣碎瓶内的固体。然后进行简单的水蒸气蒸馏(蒸除过量的苯甲醛),直至无油状物质蒸出为止。

将烧瓶内的残留液稍冷后,加入 10%氢氧化钠 20 mL,使肉桂酸转变为钠盐。如果钠盐不能完全溶解,可加适量水。

抽滤,滤液冷却至室温后,在搅拌下向滤液中小心加入 10 mL 左右 1∶1 盐酸溶液至滤液 pH=2～3,用刚果红试纸检验呈蓝色。此时,会有白色晶体析出,冷却滤液使结晶充分析出。抽滤,用少量冷水洗涤晶体(洗去残留的酸);干燥(80℃左右烘箱烘干)得粗产品,称量(约 3 g)。若产品不纯,可再用 3∶1 的水－乙醇进行重结晶纯化,称量,计算产率。

(三)产品的性质、鉴定与表征

纯品肉桂酸是一种白色单斜晶体,分子量 148.15, m. p. 135.6℃, b. p. 300℃, n_D^{20} 1.2475,易溶于醚、苯、丙酮、冰醋酸、二硫化碳等,溶于乙醇(1 g/6 mL)、甲醇(1 g/5 mL)和氯仿(1 g/12 mL),微溶于冷水(0.06 g/100 g),可溶于热水。肉桂酸的红外光谱图如图 2.6.48.2 所示:

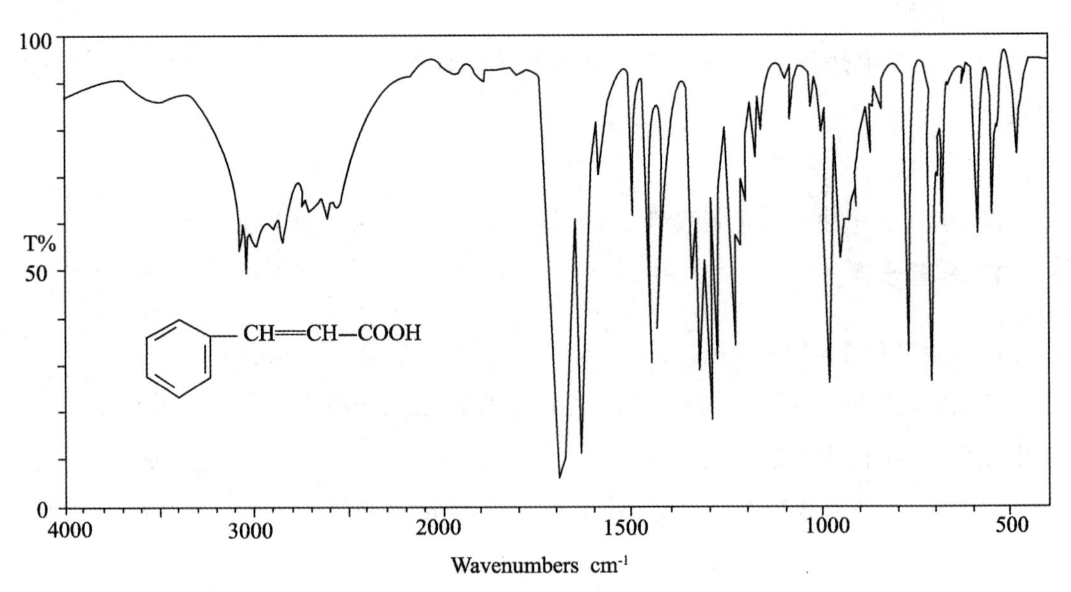

图 2.6.48.2 肉桂酸的红外光谱图

五、注意事项

1.苯甲醛久置后自动氧化生成苯甲酸(b. p. 249.6℃),苯甲酸的存在一方面影响制备反应，另一方面在产品中不易被除干净。故本实验所需苯甲醛(b. p. 179. 2℃)要事先蒸馏，获取 170～180℃馏分使用。

2. 乙酸酐久置后吸潮水解产生乙酸(b. p. 118℃)，故本实验所需乙酸酐(b. p. 139. 6℃)必须重新蒸馏。

六、思考题

1. 本实验中水蒸气蒸馏前是否应将肉桂酸进行碱化处理，使其以盐的形式存在，增加其在水中的溶解度，以免被蒸馏出来造成损失？

2. 本实验若采用乙酸钾作为缩合剂，实验过程会有什么不同吗？

3. 若采用丙酸钾作为缩合催化剂，苯甲醛与乙酸酐进行反应将会得到什么产物？

参考学时：8 学时

(张剑)

实验四十九　苯甲酸乙酯的微波合成

一、实验目的

1. 掌握苯甲酸乙酯的合成原理。

2. 巩固萃取、回流等基本操作。

3. 学习 Discover SP 单模聚焦微波合成仪的使用方法。

4. 了解微波技术在有机合成中的应用。

二、实验原理

苯甲酸乙酯又称安息香酸乙酯，为无色或淡黄色液体，具有较强的冬青油和水果香气，不仅作为食用香精应用在食品、香烟及酒类中，作为高分子材料的聚合催化剂、染料分散剂广泛用于化工原料。

微波辐射化学是研究微波技术在化学中应用的一门新兴的前沿交叉学科。1986 年 Gedye 和 Smith 等把微波技术应用到酯化、水解、氧化等反应，在微波辐射下，反应速度明显加快。现已发现微波辐射促进合成方法具有显著的节能、提高反应速率、缩短反应时间等优点。

本实验采用微波技术合成苯甲酸乙酯，可加快反应速率，提高收率。反应如下：

$$C_6H_5COOH + CH_3CH_2OH \underset{\text{微波辐射}}{\overset{H_2SO_4}{\rightleftharpoons}} C_6H_5COOC_2H_5 + H_2O$$

三、器材与药品

(一)器材

Discover SP 单模聚焦微波合成仪　红外光谱仪　35 mL 圆底烧瓶　球形冷凝管　布氏漏斗　抽滤瓶　烧杯　锥形瓶　分液漏斗　空气冷凝管　克氏蒸馏头　支管接引管　量筒　毛细管　干燥管　铁架台(带铁夹)

(二)药品

苯甲酸　无水乙醇　乙酸乙酯　浓硫酸　饱和碳酸钠溶液　无水氯化钙　pH 试纸

四、实验步骤

(一)微波辐射合成苯甲酸乙酯

在 35 mL 干燥的圆底烧瓶中加入干燥的苯甲酸 3.1 g(25 mmol)、无水乙醇 8.0 mL (125 mmol)、浓硫酸 0.8 mL,摇匀后加入 2 粒沸石。把烧瓶放入微波炉反应器炉腔内,安装球形冷凝管,球形冷凝管上安装干燥管。设置微波反应条件:辐射功率 140 瓦,辐射温度 75℃,辐射时间 8 分钟。

(二)微波辐射合成苯甲酸乙酯反应的后处理

实验结束后,冷却气阀门自动开启。通入空气进行降温,降温时间 2 min 左右。然后把混合液倒入 20 mL 水中,加入饱和碳酸钠溶液至无二氧化碳气体中放出,溶液呈中性。分出下层水溶液,水溶液用乙醚萃取 2 次,每次 10 mL,萃取液与分出的有机层合并,用无水硫酸镁干燥。

(三)精制苯甲酸乙酯

等溶液干燥至澄清后,抽滤,滤液用旋转蒸发仪减压蒸除溶剂,所得粗产品用减压蒸馏装置精制,收集 101～103℃/20 mmHg 馏分,称重计算产率。

(四)产品的性质、鉴定与表征

纯苯甲酸乙酯为无色液体,沸点 212.4℃,折射率 1.5001,相对密度 1.0509,其红外光谱如图 2.6.49.1 所示。

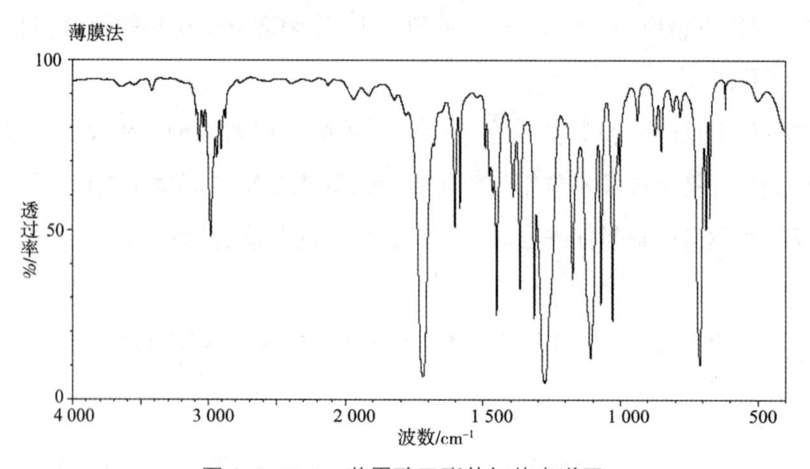

图 2.6.49.1　苯甲酸乙酯的红外光谱图

五、注意事项

1. 玻璃仪器需要干燥。

2. 用饱和碳酸钠溶液中和时，注意控制加入的速度，否则大量泡沫的产生可使液体溢出。

3. 微波炉内无任何物质时，不能启动微波反应器。

4. 按照要求选择微波辐射功率、辐射温度及反应时间，防止发生意外。

5. 微波反应结束后，待炉内仪器冷却后再取出，以免烫伤。

六、思考题

1. 本实验采用了什么措施来缩短酯化反应的时间？

2. 比较微波促进反应与常规加热反应的优缺点。

3. 实验中除了用浓硫酸作催化剂，也可以用其他的催化剂代替吗？

参考学时：4 学时

延伸阅读

Discover SP 单模聚焦微波合成仪操作指南

一、基本使用操作规程

1. 开机顺序：先打开计算机电源，再打开微波合成仪主机电源，然后运行 Synergy 软件，最后打开空压机电源。Discover SP 单模聚焦微波合成仪如图 2.6.49.2 所示。

2. 启动软件：运行 Synergy 软件，选择用户名并输入密码，进入软件操作界面。

3. 放入样品：按实验样品用量选用微波反应瓶，将加好样品的微波反应瓶放入仪器衰减器中。安装回流装置。常压反应时，一定要使用反应瓶垫片。

图 2.6.49.2 Discover SP 单模聚焦微波合成仪

4. 选择方法：打开软件界面中相应用户的"Method"文件夹图标，选择所需已经设定好的方法，单击鼠标左键拖拽到相应样品位置。

如有需要，可新建方法或对方法进行修改。点击软件界面上部工具栏中左上角"New"按钮，建立一个新的方法。选用 Dynamic 方法：

(1)在 Method Name 对话框输入方法名。

(2)在 Pre Stirring 对话框输入预搅拌的时间,一般 15～30 s。

(3)在 Temp 对话框输入反应所需达到的温度。注意:温度不可超过 200℃,禁止设置温度高于反应溶剂沸点 50℃以上,并必须小于溶剂沸点的 2 倍。

(4)在 Hold Time 对话框输入反应达到设定温度后的保持时间。注意:保持时间不要超过 30 分钟。

(5)在 Pressure 对话框输入压力上限。注意:一般设置为 100 PSI,最大上限为 220 PSI。切勿擅自提高压力上限,否则造成的仪器损害属于非正常操作的范畴。

(6)在 Power 对话框中输入反应最大微波功率。允许上限为 150 W,特殊反应条件如需设置更大功率,必须经仪器管理员同意(在实验记录条件栏签字)。

(7)在 Power Max 选择框中通过“Off”或“On”来关闭或开启 Power Max 功能。通常设定为“Off”。

(8)在 Stirring 选择框中选择所需的搅拌速度。通常设定为“High”。

(9)通常反应只需要一步就可以完成,如需多步,单击按钮“Add”,设置步骤同上。

(10)单击“OK”,方法编辑完毕。

5. 运行前检查:检查衰减器是否处于锁定状态;察看屏幕右侧温度、压力的显示是否正常。

6. 运行方法:点击软件界面上部工具栏中的“Play”按钮,仪器自动运行。

二、仪器使用注意事项

1. 严禁频繁开关机。

2. 严禁在仪器运行过程中手动或通过软件改变机械手、Adapter 等硬件状态或位置。

3. 严禁修改电脑系统设置如注册表项等内容。

4. 严禁使用破损的、有裂痕的、划痕严重的反应瓶。

5. 严禁使用变形的样品盖。

6. 严禁将标签纸粘贴在反应瓶的任何部位。使用较细黑色油性记号笔将标记写在反应瓶的上部侧壁。

7. 严禁将文献中多模微波仪器(特别是家用微波炉)的反应条件直接用于该仪器。

8. 严禁长时间无人值守,仪器运行过程中,必须每 2 小时进行巡视查看,并做好检查记录。

9. 微波程序运行过程中,严禁非仪器管理员在线修改反应参数。

10. 微波反应瓶的装配,10 mL 反应瓶,最佳样品量 2～5 mL,最少不能低于 0.5 mL,最多不能超过 7 mL。35 mL 反应瓶,最佳加入量 10～20 mL,最少不能低于 7 mL,最多不能超过 25 mL。样品量最好在最佳条件下,反应过程更安全。

11. 加入样品时,注意尽量不要让反应物和催化剂黏附在瓶壁。如有样品黏附,则使用吸管吸取溶剂将黏附物尽量冲洗下去。

12. 如使用常压反应装置,装配前应检查支撑是否牢固;水冷凝管要先开水源,确认正常时再装配。

(盛继文)

实验五十　对氨基苯甲酸乙酯的合成

一、实验目的

1. 掌握对氨基苯甲酸乙酯的合成原理和基本操作。

2. 了解多步有机合成规律。

3. 巩固机械搅拌、回流、重结晶等基本操作技术。

二、实验原理

对氨基苯甲酸乙酯临床上被称为苯佐卡因,是一种局部麻醉药,主要用于手术后创伤止痛,溃疡痛,一般性止痒。同时它也是合成低钠血症治疗药莫扎伐普坦的重要中间体。合成对氨基苯甲酸乙酯有多种方法,本实验以 1-甲基-4-硝基苯为原料,通过氧化、酯化、还原等步骤合成。反应如下:

$$CH_3C_6H_4NO_2 \xrightarrow[H_2SO_4]{Na_2Cr_2O_7} HOOCC_6H_4NO_2 \xrightarrow[H_2SO_4]{C_2H_5OH} C_2H_5OOCC_6H_4NO_2 \xrightarrow[CH_3COOH]{Fe} C_2H_5OOCC_6H_4NH_2$$

三、器材与药品

(一)器材

250 mL 三口烧瓶(24 口)　机械搅拌器　温度计(150℃)球形冷凝管　沸石　50 mL 滴液漏斗　500 mL 电热套　玻璃棒　100 mL 和 500 mL 烧杯　布氏漏斗　抽滤瓶　真空水泵　250 mL 圆底烧瓶(24 口)　干燥管　洗液瓶　量筒　干燥管　石棉网　酒精灯　泥三角　铁架台(带铁夹)　红外光谱仪

(二)药品

1-甲基-4-硝基苯　重铬酸钠　浓硫酸　5%氢氧化钠溶液　10%氢氧化钠溶液　5%硫酸溶液　无水乙醇　95%乙醇　无水氯化钙　乙酸乙酯　10%碳酸钠溶液　铁屑　冰

乙酸　2%盐酸　pH 试纸　碎冰

四、实验步骤

(一)制备对硝基苯甲酸

1. 在 250 mL 三口烧瓶上分别装置温度计、机械搅拌器和球形回流冷凝管，球形冷凝管上安装滴液漏斗，搅拌棒下端转动时不要接触到温度计。反应装置如图 2.6.50.1 所示。

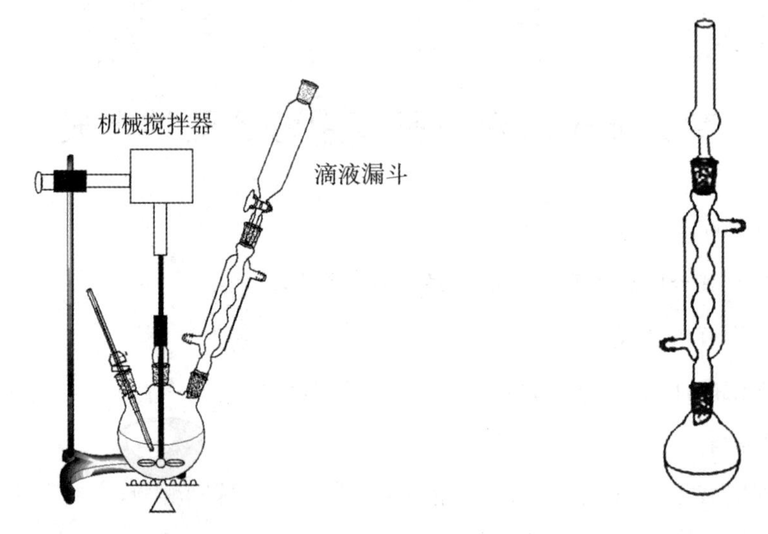

图 2.6.50.1　对硝基苯甲酸的制备装置　　图 2.6.50.2　对硝基苯甲酸乙酯的制备装置

2. 取下温度计，向三口烧瓶中加入 23.6 g 重铬酸钠和 52.0 mL 水，开启搅拌器搅拌，待重铬酸钠溶解后加入 8.0 g 研碎的 1-甲基-4-硝基苯，装上温度计。

3. 向滴液漏斗中加入 32.0 mL 浓硫酸，缓慢滴加至三口烧瓶中，约 30 分钟滴加完毕。浓硫酸加完后，加热微沸 1 小时。

4. 停止加热，冷却反应液，在不断搅拌下将反应液慢慢倒入盛有 200 克碎冰的烧杯中，立刻有黑色沉淀物析出。抽滤，水洗，即得黑色的粗产品。

5. 为了除去粗产物夹杂的铬盐，将固体置于 100 mL 烧杯中，向烧杯中加入 76 mL 5%氢氧化钠溶液，温热(不超过 60℃)使粗产物溶解。冷却后抽滤，在玻璃棒搅拌下将滤液慢慢倒入盛有 60 mL 5%硫酸溶液的另一大烧杯中，浅黄色沉淀立即析出。用试纸检验溶液是否呈强酸性，否则需补加少量的酸，使溶液呈强酸性。呈酸性后抽滤，固体用少量冷水洗至中性，抽干后放置晾干后称重，计算产率。必要时再用 50%乙醇溶液重结晶，可得到浅黄色小针状晶体。纯对硝基苯甲酸为浅黄色单斜叶片状晶体，熔点 242.0℃。

(二)制备对硝基苯甲酸乙酯

1. 在干燥的 250 mL 圆底烧瓶中依次加入 4.0 g 对硝基苯甲酸，20.0 mL 无水乙醇，逐滴加入 1.5 mL 浓硫酸，振摇使混合均匀。

2. 加入几粒沸石，装上附有氯化钙干燥管的球形冷凝管，加热回流 1 小时，直至固体全部溶解。反应装置图如图 2.6.50.2 所示。

3. 冷却后倒入盛有 50 mL 10%氢氧化钠溶液和 50 g 碎冰的烧杯中，有结晶析出，待结晶析出完全，过滤，用少量冷水洗涤固体 2 次，干燥，称重，计算产率。必要时可用乙醇重结晶。纯对硝基苯甲酸乙酯为无色结晶，熔点 57.0℃。

（三）对氨基苯甲酸乙酯的制备

1. 在 250 mL 三口烧瓶中，加入 5.6 g 铁屑、18.0 mL 水、1.0 mL 冰乙酸，搅拌回流煮沸 10 min 使铁屑活化，放冷。反应装置参照图 2.6.50.1。

2. 加入 2.0 g 对硝基苯甲酸乙酯和 18.0 mL 95%乙醇溶液，剧烈搅拌下慢慢回流 1.5 h。

3. 将 13.0 mL 温热的 10%碳酸钠溶液慢慢加入热的反应物中，搅拌片刻，趁热抽滤（布氏漏斗、抽滤瓶应预热），滤液冷却，析出结晶，抽滤，得对硝基苯甲酸乙酯粗品，干燥，称重，计算产率。

（四）对氨基苯甲酸乙酯的性质、鉴定与表征

对氨基苯甲酸乙酯是无嗅无味、无色斜方形结晶，分子量 165.19。易溶于醇、醚、氯仿，难溶于水，熔点 90.0～91.0℃。其红外光谱如图 2.6.50.3 所示。

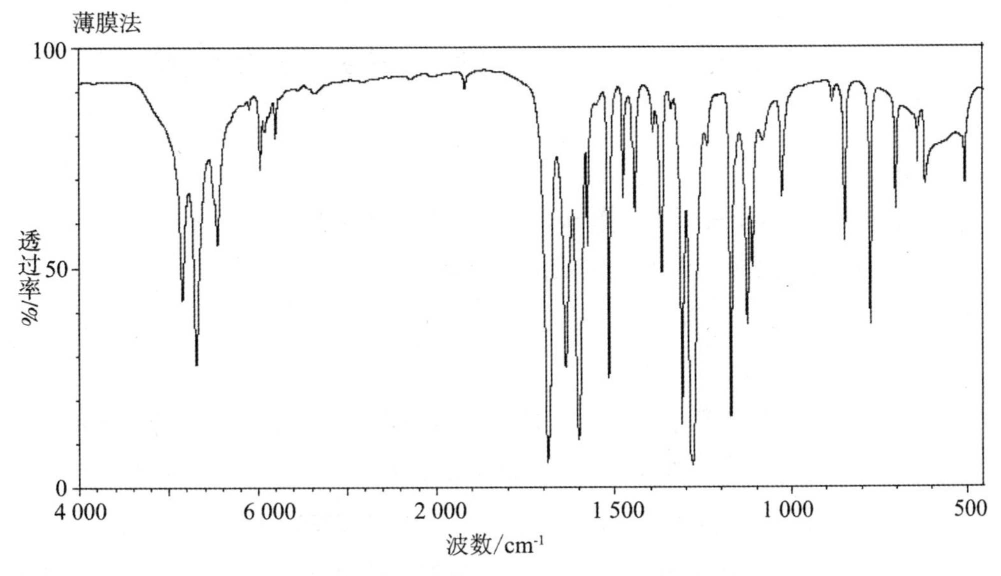

图 2.6.50.3　对氨基苯甲酸乙酯的红外光谱图

五、注意事项

1. 安装仪器前，要先检查机械搅拌装置转动是否正常，搅拌棒要垂直安装，安装好仪器后，再检查转动是否正常。

2. 滴液漏斗在使用前要检查是否漏水。

3.滴加浓硫酸时,只搅拌不加热。严格控制滴加浓硫酸的速度,防止混合物高于沸腾温度,必要时用冷水浴冷却烧瓶。温度过高会导致1-甲基-4-硝基苯挥发而凝结在冷凝管内壁上,此时可适当关小冷凝水,让其熔融重新滴回反应瓶中继续反应。

4.酯化反应需在无水条件下进行,如有水进入反应系统中,收率会降低。

5.所用的铁粉需进行预处理,方法是称取10.0 g铁粉置于烧杯中,加入25.0 mL 2%的盐酸,在石棉网上加热至微沸,抽滤,水洗至pH值为5~6,烘干,备用。

6.还原反应中,因铁粉比重大,沉于瓶底,需激烈搅拌,将其搅拌起来才能使反应顺利进行。

六、思考题

1.氧化反应完毕,将对硝基苯甲酸从混合物中分离出来的原理是什么?

2.酯化反应为什么需要无水操作?

3.铁屑还原反应的机理是什么?

4.酯化反应后为何先用固体碳酸钠中和,再用10%碳酸钠中和反应液?

参考学时:12学时

(盛继文)

实验五十一　1,2-二氯-4-硝基苯的合成

一、实验目的

1.掌握用邻二氯苯制备1,2-二氯-4-硝基苯的原理及方法。

2.学会反应温度控制方法、恒压滴液漏斗的使用。

3.熟悉搅拌、过滤、重结晶的操作技术。

二、实验原理

1,2-二氯-4-硝基苯,常温下为淡黄色针状结晶,不溶于水,溶于热乙醇和乙醚。常用来合成3-氯-4-氟苯胺、2,4-二氯-1-氟苯及3,4-二氯苯胺。其中3-氯-4-氟苯胺及2,4-二氯-1-氟苯是制备诺氟沙星、环丙沙星、氧氟沙星等喹诺酮类抗菌药的原料。

1,2-二氯-4-硝基苯的合成主要是利用邻二氯苯的硝化反应,该反应过程虽然比较简单,但在硝化过程中会产生一定量(通常占10%)的异构体1,2-二氯-3-硝基苯。实验中要控制好反应条件以减少副产物的生成,利用重结晶方法纯化反应产物。

$$C_6H_4Cl_2 \xrightarrow[H_2SO_4]{HNO_3} O_2N\text{—}C_6H_3Cl_2$$

三、器材与药品

(一)器材

机械搅拌器　恒温水浴锅　温度计(100℃)　恒压滴液漏斗　50mL 量筒　烧杯　真空泵　铁架台　移液管　电子分析天平　三口烧瓶　球形冷凝管　克莱森接头　玻璃棒　分液漏斗　布氏漏斗　真空泵　抽滤瓶　pH 试纸　滤纸　短颈漏斗　锥形瓶　表面皿　真空干燥器

(二)药品

邻二氯苯　浓硝酸　98%浓硫酸　乙醇　活性炭

四、实验步骤

(一)配制混酸溶液

先将 20.0 mL 98%浓硫酸加入三口圆底烧瓶，再将 8.0 mL 浓硝酸慢慢滴加到浓硫酸中，并及时搅拌和冷却，该操作要在通风橱中进行。

(二)合成产物

在三口圆底烧瓶上分别安装恒压滴液漏斗、机械搅拌器、克莱森接头、温度计以及球形冷凝管，反应装置如图 2.6.51.1 所示。

在搅拌状态下，将 14.0 mL 邻二氯苯慢慢滴加到混酸溶液中，维持反应物温度在 40～50℃，必要时可用冷水浴冷却烧瓶。加料完毕后，10 min 内把反应混合物的温度加热到 55℃，保温反应 2 h，至反应完全。

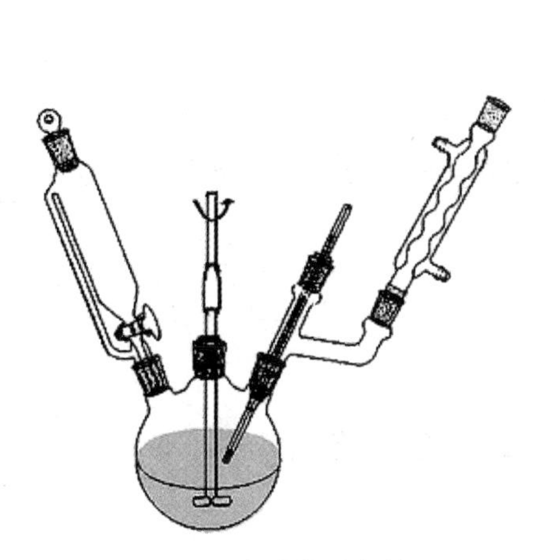

图 2.6.51.1　硝化反应装置图

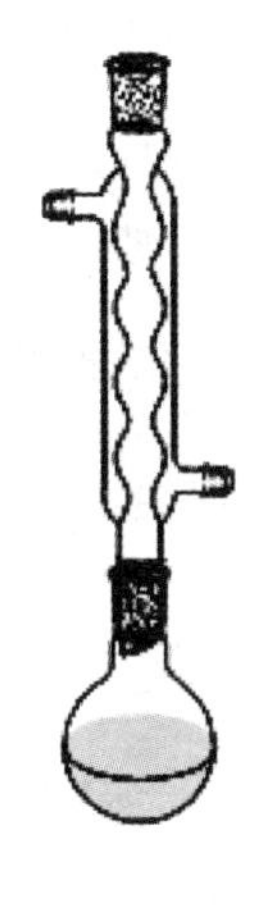

图 2.6.51.2　重结晶回流装置图

(三)粗产品分离

冷却后，将圆底烧瓶中的液体置于分液漏斗中，静置分层大约 5 min。将下层液体(酸层)除去,倒入回收瓶内。上层油状液体倾入 5 倍量的水中,搅拌,固化,放置 30 min,抽滤,将固体水洗至中性(用 pH 试纸检测),得到粗产品。

(四)粗产品提纯

1. 将粗产品转移到 50 mL 装有球形回流冷凝管的圆底烧瓶中,反应装置如图 2.6.51.2 所示。加入 20 mL 95%乙醇及 1 粒沸石,开通冷凝水,将产品在 60℃的水浴中加热,待完全溶解后再多加 5 mL 乙醇。关闭热源,稍冷后可加少量活性炭脱色,并重新回流加热 5 min。

2. 趁热用预热的短颈漏斗和折叠滤纸过滤,滤纸先用乙醇润湿,滤液用干燥的 50 mL 锥形瓶接收。

3. 将盛有滤液的锥形瓶静置冷却,最后用冷水冷却至大量固体析出,用布氏漏斗抽滤,用滤液将锥形瓶中的固体全部转移至漏斗中。抽干,得淡黄色针状结晶。

4. 将产品转移到干净的表面皿上,在真空干燥器中将其干燥后称重,计算产率(以邻二氯苯为标准)。

五、注意事项

1. 混酸的制备一定要在通风橱中进行。

2. 硝化反应需达到 40℃才能反应,低于此温度,滴加混酸会导致大量混酸聚集,使反应温度急剧升高,生成副产物,因此滴加混酸时应调节滴加速度,控制反应温度在 40～50℃。

3. 1,2-二氯-4-硝基苯的熔点 41.0～44.0℃,不能用红外灯或烘箱干燥。

六、思考题

1. 配制混酸时为何要将浓硝酸加到浓硫酸中去?

2. 苯酚与甲苯硝化的产物是什么? 在反应条件上与本反应有何差异? 为什么?

参考学时:4 学时

(郑爱丽)

实验五十二 查尔酮的合成

一、实验目的

1. 掌握羟醛缩合反应的原理和查尔酮的制备方法。

2. 进一步熟悉重结晶的操作技术。

二、实验原理

具有α-活泼氢的醛酮在稀碱催化下，分子间发生羟醛缩合反应，生成β-羟基醛酮，提高反应温度，β-羟基醛酮进一步脱水，生成α，β-不饱和醛酮，这是合成α，β-不饱和羰基化合物的重要方法，也是有机合成中增长碳链的重要反应。常用的催化剂是钠、钾、钙、钡的氢氧化物的水溶液或醇溶液，也可使用醇钠或仲胺。

无α-活泼氢的芳醛可与有α-活泼氢的醛酮发生交叉的羟醛缩合，缩合产物自发脱水生成稳定的共轭体系α，β-不饱和醛酮。该反应是合成侧链上含有两种官能团的芳香族化合物及含有几个苯环的脂肪族体系中间体的一条重要途径。

$$C_6H_5CHO + CH_3CHO \xrightarrow{OH^-} C_6H_5{-}\underset{\displaystyle OH}{\underset{|}{CH}}{-}CH_2{-}CHO \xrightarrow{-H_2O} C_6H_5CH{=}CH{-}CHO$$

查尔酮化学名称为苯亚甲基苯乙酮，查尔酮及其衍生物是芳香醛酮发生交叉羟醛缩合的产物，它是一种重要的有机合成和药物合成中间体，尤其是合成黄酮类化合物的重要中间体，广泛应用于医药和日化产品的合成。其本身也有重要的药理作用，如抗蛲虫作用、抗过敏作用、活血、消肿、止痛、止血、抗癌等多种药效。

本实验中是利用苯甲醛与苯乙酮间的交叉羟醛缩合反应来制备查尔酮。

$$C_6H_5COCH_3 + C_6H_5CHO \xrightarrow{NaOH} C_6H_5COCH_2{-}CH(OH){-}C_6H_5 \xrightarrow{-H_2O} C_6H_5COCH{=}CH{-}C_6H_5$$

三、器材与药品

(一)器材

机械搅拌器　恒压滴液漏斗　温度计(100℃)　布氏漏斗　短颈漏斗　100 mL三口烧瓶　抽滤瓶　石蕊试纸　50 mL量筒　水浴锅　玻璃棒　烧杯　真空泵　铁架台　锥形瓶　滤纸　表面皿　球形冷凝管　克莱森接头　真空干燥器

(二)药品

苯甲醛(新蒸)　苯乙酮　10%氢氧化钠溶液　95%乙醇　活性炭

四、实验步骤

(一)安装仪器

在100 mL三口烧瓶上分别安装恒压滴液漏斗以及机械搅拌器，另一口上安装克莱森接头，在上面分别安装温度计和球形冷凝管，反应装置如图 2.6.51.1 所示。

(二)羟醛缩合反应

1. 在 100 mL 三口烧瓶中，加入 12.5 mL 10%氢氧化钠水溶液、7.5 mL 95%乙醇和 3.0 mL(0.025 mol)苯乙酮，搅拌下由恒压滴液漏斗慢慢滴加 2.5 mL(0.025 mol)新蒸过的苯甲醛，控制滴加速度保持反应温度 20～25℃，必要时用冷水浴冷却。

2. 滴加完毕后，继续在此反应温度下搅拌 30 min。

3. 加入几粒查尔酮(苯亚甲基苯乙酮)作为晶种，室温下继续搅拌 1 h 左右，即有固体析出。将三口烧瓶置于冰水浴中冷却 15～30 min，使结晶完全。

4. 将三口烧瓶中的所有物质倒入布氏漏斗中抽滤，用滤液冲洗三口烧瓶，将瓶中黏附在容器壁上的残留晶体转移到布氏漏斗中，抽干。用水充分洗涤，至洗涤液对石蕊试纸显中性。然后用少量冷乙醇(5～6 mL)洗涤晶体，抽干得查尔酮的粗产品。

(三)重结晶

1. 将粗产品转移到 50 mL 的装有球形回流冷凝管的圆底烧瓶中，反应装置如图 2.6.51.2 所示。加入 15 mL 95%乙醇及 1 粒沸石，开通冷凝水，将产品在 60℃的水浴中加热，若粗产品不能完全溶解，可从冷凝管上口添加少量乙醇，待完全溶解后再多加 5 mL 乙醇。关闭热源，稍冷后可加少量活性炭脱色，并重新回流加热 5 min。

2. 趁热用预热的短颈漏斗和折叠滤纸过滤，先用乙醇润湿滤纸，用干燥的 50 mL 锥形瓶接收滤液。

3. 将盛有滤液的锥形瓶静置冷却，最后用冷水冷却至大量晶体析出，用布氏漏斗抽滤，用滤液将锥形瓶中的晶体全部转移至漏斗中。用 10 mL 乙醇溶液分两次润湿洗涤晶体，抽干，得浅黄色片状结晶①。

4. 将产品转移到干净的表面皿上，在真空干燥器中干燥后称重，计算产率(以苯乙酮为标准)。

五、注意事项

1. 苯甲醛须新蒸馏后使用。

2. 由于产物熔点较低，重结晶加热时易呈熔融状，故须加乙醇作溶剂到呈均相。

3. 反应温度以 20～25℃为宜，一般不高于 30℃，不低于 15℃。温度过高，副产物多；

---

① 苯亚甲基苯乙酮存在几种不同的晶型。通常得到的是片状的 α 体，纯粹的 α 体的熔点是 58～59℃，另外还有棱状或针状的 β 体(熔点 56～57℃)及 γ 体(熔点 48℃)。

温度过低，产品发黏，不利于过滤和洗涤。

4. 查尔酮可引起人皮肤过敏，故操作时勿接触皮肤。

六、思考题

1. 本实验中若将稀碱换成浓碱可以吗，为什么？

2. 本实验中如何避免副反应的发生？

参考学时：4 学时

（郑爱丽）

2.7 设计性实验

所谓设计性实验，就是要求学生运用学过的实验原理和方法，通过查阅相关资料，自行设计实验方案，完成实验目标的实验类型。设计方案涉及对实验原理的选择、实验方法的确定、实验器材的配置，试剂用量的计算、实验步骤的安排，数据处理方法，误差分析与结果评价等过程。设计性实验可以考查学生是否具有灵活运用知识的能力，是否具有在不同情况下迁移知识的能力，它以培养学生综合运用所学知识解决实际问题的能力为主要目的。设计实验的原则是：①科学性。实验方案所依据的原理应当正确，符合化学的基本规律。②可行性。根据设计方案，在规定的时间内能够得到合理的实验结果。③安全性。实验方案的实施要安全可靠，不会对人身、器材及环境造成危害。④准确性。实验的误差应在允许的范围内。若有多种可能的实验方案，应尽可能选择误差较小的方案。⑤简便性。实验应当便于操作、读数及数据处理。

实验五十三　食盐中碘含量的测定

碘是合成甲状腺激素的主要成分，适量的碘可提供人体合成生长发育所必需的甲状腺激素，缺乏碘会产生地方性甲状腺肿和地方性克汀病，但碘过量则又可引起甲状腺功能低下和甲状腺肿大。为了保障人民群众的健康，国家规定食用盐中必须加碘，且严格控制碘的加入量。国家标准 GB26878—2011 规定食用盐产品（碘盐）中碘含量的平均水平（以碘元素计）为 20～30 $mg \cdot kg^{-1}$。为防止过高或过低摄入碘，对食用盐碘含量开展监测是一项重要工作。请你根据所学知识并通过文献检索，自行设计实验，完成食盐中碘含量的定性定量测定。

一、实验目的

1. 通过对实际样品分析方案的设计及实验，培养独立分析问题和解决问题的能力。

2. 学会食盐中碘含量的某种测定方法。

二、设计要求

1. 写出测定的基本原理和计算公式。

2. 写出具体的实验步骤，注明器材名称及型号、药品浓度及用量等。

3. 独立完成实验后，按要求格式撰写实验报告。包括题目、作者、摘要、关键词、方法原理、器材与药品、实验步骤、结果与讨论等。

三、设计提示

1. 食盐中加碘有两种方法，一是加入碘化钾(KI)，二是加入碘酸钾(KIO_3)，请先设计实验定性检测食盐中碘的存在形式。

2. 食盐中碘含量的测定方法很多。例如，I^- 为中等强度的还原剂，IO_3^- 为中等强度的氧化剂，两者均可以用氧化还原滴定法进行测定，也可以将其转化为 I_2，利用 I_2 自身的颜色或 I_2—淀粉的颜色，通过分光光度法进行测定。

四、器材与药品

(一)器材

722(或 723)型分光光度计　pH 计 电子天平　500 mL 容量瓶　250 mL 容量瓶　50 mL 容量瓶　10 mL 容量瓶　25 mL 移液管　10 mL 吸量管　5 mL 吸量管　1 mL 吸量管　滴定管　碘量瓶　锥形瓶　其他玻璃仪器任选

(二)药品

加碘盐　0.1×××$mol \cdot L^{-1}$ $Na_2S_2O_3$ 标准溶液　0.1×××$mol \cdot mL^{-1}$ KI 标准溶液　KI 固体　KIO_3 固体　CCl_4　0.1 $mol \cdot L^{-1}$ HCl　0.1 $mol \cdot L^{-1}$ H_2SO_4　0.1 $mol \cdot L^{-1}$ NaOH　$K_2Cr_2O_7$ 固体　淀粉溶液　(其他需要而未列出的药品请提前说明)

五、注意事项

1. 需控制好 KIO_3 与 KI 反应的酸度。酸度太低，反应速度慢；酸度太高则 I^- 易被空气中的 O_2 氧化。

2. 为防止生成的 I_2 分解，反应需在碘量瓶中进行，且需避光放置。

3. 要用加标回收率检验测定方法的准确度。

参考学时:4 学时

(马丽英)

实验五十四　食醋中总酸度的测定

一、实验目的

1. 进一步练习滴定管、移液管、容量瓶的操作方法。

2. 学会食醋中总酸度的测定方法。

3. 掌握强碱滴定弱酸的实验原理及指示剂的选择。

二、设计要求

1. 写明测定原理：应写出食醋性质，选择合适的分析方法，包括反应方程式、标准溶液、指示剂、计算公式等。

2. 列出实验仪器及试剂的名称、规格和浓度等。

3. 写出实验的具体步骤。包括标准基准物质的配置，碱溶液的配制、标定，样品含量的测定等。实验步骤中需详细列出所需试样及试剂的浓度和用量、仪器名称规格、终点颜色变化等。

4. 根据自己设计的实验步骤进行实验，记录实验数据，计算实验结果，并进行结果分析，按要求格式提交实验报告。

三、设计提示

最好选用白醋，如果选用有颜色的食醋，对观察滴定终点有影响，应考虑样品的预处理方法。

四、器材与药品

(一)器材

台秤(准确至 0.1 g)　电子分析天平(准确至 0.0001 g)　烧杯　量筒　移液管　吸量管　容量瓶　洗瓶　碘量瓶　锥形瓶　酸式滴定管　碱式滴定管

(二)药品

酚酞指示剂　甲基橙指示剂　甲基红指示剂　食醋　浓盐酸　浓氨水　NaOH 固体　$Na_2C_2O_4$(AR)　EDTA(AR)　邻苯二甲酸氢钾($KHC_8H_4O_4$)(AR)

五、注意事项

1. 取用食醋后应立即将瓶盖盖好，防止挥发。

2. 稀释食醋时，最好煮沸所用蒸馏水，以除去溶解在水中的 CO_2。

六、思考题

1. 测定食醋含量时，所用的蒸馏水不应含有 CO_2，为什么？

2. 测定食醋含量时，是否可以选用甲基橙作为指示剂？

3. 已标定好的 NaOH 标准溶液，在存放过程中若吸收了二氧化碳，用它来测定 HCl 溶液的浓度，以酚酞为指示剂对测定结果有何影响？如换用甲基橙为指示剂又如何？

参考学时：4 学时

（马丽英）

实验五十五　碳酸钠和碳酸氢钠混合物的分析

一、实验目的

1. 熟悉酸碱滴定原理和滴定分析的基本操作。

2. 学会混合物组成分析的步骤和确定的方法。

3. 通过设计实验培养学生独立分析问题、解决问题的能力。

二、设计要求

1. 写出设计方案。包括实验原理、反应方程式、实验步骤和实验所用的仪器、试剂名称及用量。

2. 根据自己设计的实验步骤进行实验操作，如实记录实验数据，计算实验结果，并进行结果分析。

3. 独立完成实验后，按要求撰写实验报告。包括题目、作者、摘要、关键词、实验部分（方法原理、仪器与试剂、实验步骤）、结果与讨论等。

三、设计提示

1. 碳酸钠又叫纯碱，俗称苏打。无水碳酸钠是白色粉末或细粒，易溶于水，稳定性较强，但长期暴露在空气中能吸收空气中的水及二氧化碳，生成碳酸氢钠，并结成硬块。碳酸氢钠，俗称小苏打，也为白色固体粉末或细粒，可溶于水。

2. 实验室常用指示剂变色范围见下表所示：

表 2.7.55.1　实验室常用指示剂变色范围

指示剂	颜色			变色范围
	酸溶液	过渡	碱溶液	
甲基橙	红	橙	黄	3.1～4.4
甲基红	红	橙	黄	4.4～6.2
酚酞	无色	浅红	红	8.0～9.6

四、器材与药品

(一)器材

烧杯　吸量管　移液管　量筒　碱式滴定管　酸式滴定管　锥形瓶　洗瓶　容量瓶　玻璃棒　电子天平

(二)药品

混合物样品　甲基红指示剂　酚酞指示剂　甲基橙指示剂　0.1 $mol \cdot L^{-1}$ NaOH 标准溶液　0.1 $mol \cdot L^{-1}$ HCl 标准溶液　0.1 $mol \cdot L^{-1}$ $BaCl_2$ 标准溶液　0.1 $mol \cdot L^{-1}$ $Ba(OH)_2$ 标准溶液　0.1 $mol \cdot L^{-1}$ $CaCl_2$ 标准溶液　0.1 $mol \cdot L^{-1}$ $Ca(OH)_2$ 标准溶液　无水碳酸钠(基准物)　硼砂(基准物)

五、注意事项

1.滴定时速度不宜过快,否则会造成溶液中 HCl 局部过浓,引起 CO_2 的损失,带来较大的误差;滴定速度也不能太慢,以免溶液吸收空气中的 CO_2。

2.接近滴定终点时,一定要充分摇动,以防形成 CO_2 的过饱和溶液而使终点提前到达。

参考学时:4 学时

(胡威)

实验五十六　从工业酒精制备无水乙醇(99.9%)

一、实验目的

1.学会从工业酒精制备无水乙醇的方法。

2.通过设计实验培养独立分析问题、解决问题的能力。

3.进一步练习蒸馏的基本操作。

二、设计要求

1.写出设计方案。包括实验原理、反应方程式、实验步骤和实验所用的仪器、试剂名称及用量。

2.根据自己设计的实验步骤进行实验,记录实验数据,计算实验结果。

3.独立完成实验后,按要求格式撰写实验报告。包括题目、作者、摘要、关键词、实验部分(方法原理、仪器与试剂、实验步骤)、结果与讨论等。

三、设计提示

1.本实验提供的工业酒精约含乙醇 95.6%,水 4.4%。

2. 从工业酒精制备无水乙醇有多种方法。实验室中通常采用化学方法。即加入适量的吸水剂，通过加热回流和蒸馏等操作，制得无水乙醇。

3. 选择合适的试剂检验制得的乙醇是否为无水乙醇。

四、器材与药品

(一)器材

控温电热套　250 mL 蒸馏烧瓶　回流冷凝管　干燥管　直形冷凝管　蒸馏头　温度计接头　100℃温度计　真空尾接管　长颈漏斗　50 mL 量筒　100 mL 蒸馏烧瓶　乳胶管　铁架台(附铁夹)　沸石　100 mL 量筒

(二)药品

氧化钙(s)　无水氯化钙(s)　镁条(s)　碘(s)　无水硫酸铜(s)　苯(AR)　金属钠　邻苯二甲酸二乙酯

五、注意事项

1. 实验所用的仪器必须彻底干燥，因为无水乙醇有很强的吸水性，故在操作中和存放时必须防止水分侵入。

2. 蒸馏时升温速度不宜过快，否则易引起爆沸。

3. 蒸馏时不能蒸得太干，因氧化钙过热生成过氧化钙，易爆。

4. 蒸馏完毕，注意先关闭电源，再移开电热套，稍冷后，关闭水源。

参考学时：4 学时

（邓树娥）

实验五十七　未知有机化合物的鉴定

一、实验目的

1. 综合复习有机化合物物理常数的测定方法。

2. 培养学生分析和解决实际问题的能力。

二、设计要求

1. 写出化合物的鉴定方案。包括实验原理、实验步骤和实验所用的仪器。

2. 根据自己设计的实验步骤进行实验，如实记录实验数据，根据实验数据得出实验结论。

3. 独立完成实验后，撰写实验报告。包括题目、实验部分(方法原理、仪器与试剂、实验步骤)、数据记录、实验结论。

三、设计提示

本实验共提供四组样品，其中三组样品为纯净物，第四组样品是确定葡萄糖的浓度。可根据待鉴定的物质特性选择不同的方法进行鉴定。所选方法仅限于已学过的实验方法，且只能使用下面所列出的仪器。待鉴定样品如下。

第一组：萘，苯甲酸，尿素，草酸，均为固体纯净物。

第二组：乙醇，三氯甲烷，异丁醇，水。

第三组：乙酰乙酸乙酯，乙酸乙酯，苯，苯乙酮。

第四组：5%葡萄糖，7.5%葡萄糖，10%葡萄糖。

四、器材与药品

(一)器材

阿贝折射仪　蒸馏仪器　熔点测定装置　旋光仪

(二)药品

萘　苯甲酸　尿素　草酸　乙醇　三氯甲烷　异丁醇　水　乙酰乙酸乙酯　乙酸乙酯　苯　苯乙酮　5%葡萄糖　7.5%葡萄糖　10%葡萄糖

五、注意事项

1. 实验前每个同学均要对三组样品做出鉴定设计，临场时抽签决定每个同学待鉴定的内容。

2. 写结论时应写样品的全称。

参考学时：4学时

（王学东）

实验五十八　新鲜蔬菜中胡萝卜素的提取及分离

一、实验目的

1. 学习从新鲜蔬菜或植物叶中提取、分离胡萝卜素的原理和方法。

2. 熟练掌握薄层层析和柱层析的操作。

二、设计要求

1. 设计胡萝卜素提取、分离的可行方案。

2. 选择合适的仪器。根据提示确定有关试剂的合理用量。

3. 由实验数据分析实验结果。

三、设计提示

胡萝卜素(Carotene)可以看作异戊二烯的聚合体,属四萜类化合物,具有高度共轭的多烯类结构。β-胡萝卜素(Beta carotene)的结构式如下:

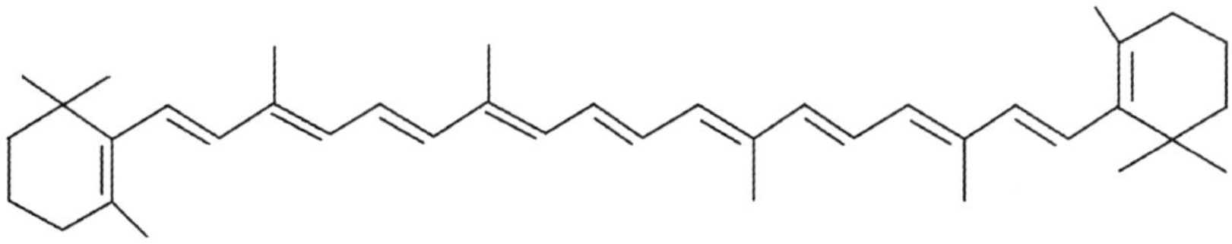

胡萝卜素包括 α-,β-,γ-胡萝卜素三种异构体,广泛存在于有色的蔬菜和水果中,其中以 β-胡萝卜素含量最多,一般所说的胡萝卜素多指 β-胡萝卜素。结晶 β-胡萝卜素为暗红色粉末;易溶于石油醚而难溶于水,在石油醚溶液中呈橙黄色;对热较稳定;但因有许多双键而易被氧化(特别是在脂肪氧化酶、过氧化氢酶的作用下更易被氧化)变褐色。

胡萝卜素一般用石油醚-丙酮混合液从植物中提取,得到胡萝卜素的石油醚提取液后,再用层析法如柱层析、薄层层析等进行分离。

四、器材与药品

(一)器材

层析柱(20×700 mm) 薄层板 旋转蒸发仪 毛细管 展开缸 铁架台 锥形瓶 烧杯 滴液漏斗 量筒 玻璃棒 研钵 滴管 剪刀 脱脂棉 支试管 铅笔

(二)药品

80~100 目柱层析硅胶 石英砂 层析用氧化铝 石油醚 乙醇 丙酮 乙酸乙酯 无水 Na_2SO_4 固体硫酸镁 1% $AgNO_3$ 水溶液 pH 试纸 β-胡萝卜素(自备) 新鲜蔬菜(菠菜)

五、注意事项

1. 应尽量将样品研细。研磨使溶剂与色素充分接触,并将其浸取出来。

2. 黄色色带容易消失,需及时观察。

3. 提取液不宜长期存放,必要时应抽干,避光,低温保存。

参考学时:4 学时

(张剑)

第三篇

实验新技术新材料介绍

3.1 微波技术在化学领域中的应用简介

微波在电磁波谱中介于红外辐射(光波)和无线电波之间,又称超高频,其波长在1 mm～1 m,频率在300 MHz～300 GHz。用于加热技术的微波波长一般固定在12.2 cm或33.3 cm。为了防止民用微波功率对无线电通信、广播、电视和雷达等造成干扰,国际上规定工业、科学研究、医学及家用等民用微波的频率为2450±50 MHz。从最初的军事应用到家用,再到用于化学合成,Gedye起了关键作用,1986年Gedye报道了利用微波辐射技术促进有机化学反应的研究,使微波辐射技术真正应用于化学反应中,其成为用于加速化学反应的一项重要技术;其同时也成为不同于传统加热方法而应用于化学领域中的一项新兴的有机合成技术。利用微波使化学物质进行反应,其反应速度较传统加热方法快十倍乃至千倍。

关于微波加热的原理,一般认为:微波振动同物质分子偶极振动有相似的频率,在快速振动的微波磁场中,物质分子的偶极振动尽力同微波振动相匹配,而分子的偶极振动通常落后于微波磁场,这样物质分子吸收电磁能以数十亿次的高速振动产生热能,因此微波对物质的加热是从物质分子出发的。微波对化学反应的加速主要归结为对极性物质的选择性加热。有观点认为微波对化学反应的作用机理不能仅用微波致热效应来描述。微波除了具有致热效应外,还存在一种不是由温度引起的非热效应。微波作用下的化学反应,虽不足以使化学键断裂,但可以使化合物中某些化学键振动或转动,导致这些化学键的减弱,从而降低反应活化能,改变反应动力学。但对于微波加速反应机理的研究,还需要做更多的探索研究。

随着微波设备制造技术的不断提高,给传统的化学领域,特别是有机合成领域带来了冲击,这成为化学领域中一门引人注目的新技术。以下简单介绍微波技术在化学领域中的应用,以期读者对微波技术有个概括的了解。

1.微波技术在有机化学中的应用

由于极性有机化合物分子受微波作用后可以通过偶极旋转被加热,所以许多有机反应在微波辐射下可以高效率地完成。利用微波技术,控制反应条件,可以极大提高许多有机反应的速度。所用仪器主要是微波合成仪。

已发现利用微波辐射加热进行的有机合成反应主要有 Diels-Alder 反应、酯化反应、重排反应、Knoevenagel 反应、Perkin 反应、Reformatsky 反应、Deckmann 反应、缩醛（酮）反应、Witting 反应、羟醛缩合、开环、烷基化、水解、氧化、烯烃加成、消除反应、取代、成环、环反转、酯交换、酰胺化、脱羧、聚合、主体选择性反应、自由基反应及糖类反应等，几乎涉及有机合成反应的各个主要领域。这些反应在微波辐射下均大大提高了反应效率。李军等人研究了微波法合成邻异丁烯氧基苯酚方法，常规加热回流 3 h，产率为 35%，而用微波处理 90 s 产率达 68%。

微波技术应用于高分子化学领域的研究较多，在聚合物合成、交联、固化等方面都有成功的应用。如甲基丙烯酸-2-羟乙酯、苯乙烯、甲基丙烯酸甲酯等已烯基类单体的自由基聚合反应，聚酰胺酸的亚胺化反应，芳香二胺和芳香二羧酸合成芳香聚酰胺的缩合反应，引发聚醚反应、聚烯烃的交联反应、聚氨酯的固化反应以及聚氨酯的合成反应等。这些反应除可以显著缩短反应时间，有些性能还明显优于传统加热方法。如聚氨酯经微波辐射形成膜的硬度较传统方法有明显提高，丙烯酸类树脂在微波辐射下 3～8 min 就可固化出物理性能优于传统方法的树脂固化物。

2. 微波技术在样品处理方面的应用

微波消解通常是指利用微波加热封闭容器中的消解液和试样，从而在高温增压条件下使各种样品快速溶解的湿法消化。微波消解仪的研制和使用，大大提高了样品消解的速度和范围，缩短了消解时间，提高了消解效率。可用于工业、农业、环保、卫生检验、冶金、地质、医药、化工等部门各种试样的消解；特别适用于用原子光谱如原子吸收仪、ICP-发射光谱仪、原子荧光仪、ICP-质谱仪以及阳极溶出仪等对各种试样中的微量、痕量及超痕量元素的准确测定。

3. 微波萃取技术

微波萃取技术起步较微波消解技术晚，在微波消解应用得到充分验证以后，Gedye 等人于 1986 年将微波技术应用于有机化合物萃取的研究，目前已有多家公司成功研制生产了性能优良的微波萃取设备，微波萃取效率高、纯度高、能耗小、操作费用低，符合环境保护要求，已广泛应用到土壤分析、化工、食品、香料、中草药和化妆品等领域。

微波萃取是高频电磁波穿透萃取媒质，到达被萃取物料的内部，微波能迅速转化为热能使细胞内部温度快速上升，当细胞内部压力超过细胞壁承受能力，细胞破裂，细胞内有效成分自由流出，在较低的温度下溶解于萃取媒质，再通过进一步过滤和分离，便获得萃取物料。在微波辐射作用下被萃取物料成分加速向萃取溶剂界面扩散，从而使萃取速率提高数倍，同时还降低了萃取温度，最大限度保证萃取的质量。

此外，微波技术还广泛用于无机化学、生物化学等领域，如利用微波技术可以快速对蛋白质及肽进行水解，并且可以控制裂解部位，极大提高酶催化反应的效率。

随着科学技术的不断发展，越来越多的交叉学科正在形成，微波辐射技术扩展到化学领域就形成了一门新的交叉学科——微波化学，无论是在理论上还是在应用技术上，这都无疑是化学领域中的一大新进展。当然，微波技术的应用还存在诸多有待解决的问题，如提高样品处理量等，如将微波技术应用于生产领域，则可开拓更加广泛的应用空间。

（王学东）

3.2 二氧化碳超临界流体萃取介绍

传统的提取物质中有效成分的方法，如水蒸气蒸馏法、减压蒸馏法、溶剂萃取法等，工艺复杂、产品纯度不高，而且易残留有害物质，易破坏生物活性成分。超临界流体萃取是一种新型的分离技术，它是利用流体在超临界状态时具有密度大、黏度小、扩散系数大等优良的传质特性而成功开发的。具有提取率高、产品纯度好、流程简单、能耗低等优点。二氧化碳超临界流体萃取(CO_2-SCFE)技术由于温度低，且系统密闭，可大量保存对热不稳定及易氧化的挥发性成分，为中药挥发性成分的提取分离提供了目前最先进的方法，具有广阔的发展前景。

一、超临界流体萃取的基本原理

(一)超临界流体定义

任何一种物质都存在三种相态——气相、液相、固相，三相平衡共存的点叫三相点，两相呈平衡状态的点叫临界点，在临界点时的温度和压力称为临界压力。不同物质临界点所要求的压力和温度各不相同。

超临界流体(Supercritical Fluid，SCF)是指温度和压力均高于临界点的流体，如二氧化碳、氨、乙烯、丙烷、丙烯、水等。高于临界温度和临界压力而接近临界点的状态称超临界状态。处于超临界状态时，气液两相性质非常相近，以至无法分别，所以称之为 SCF。

目前研究较多的超临界流体是二氧化碳，因其具有无毒，不燃烧，对大部分物质呈惰性，价廉等优点，最为常用。在超临界状态下(温度高于临界温度 $T_c=31.26$℃，压力高于临界压力 $P_c=7.2$ MPa)，CO_2 流体兼有气液两相的双重特点，既具有与气体相当的高扩散系数和低黏度(扩散系数为液体的 100 倍)，又具有与液体相近的密度和良好的物质溶解能力。其密度对温度和压力变化十分敏感，且与溶解能力在一定压力范围内成比例，所以可通过控制温度和压力改变物质的溶解度。

(二)超临界流体萃取的基本原理

超临界流体萃取分离过程是利用超临界流体的溶解能力与其密度的关系，即利用压力和温度对超临界流体溶解能力的影响而进行的。当气体处于超临界状态时，具有和液体相近的密度，黏度虽高于气体但明显低于液体，扩散系数为液体的10～100倍，因此对物料有较好的渗透性和较强的溶解能力，能够将物料中某些成分提取出来。

在超临界状态下，将超临界流体与待分离的物质接触，使其有选择性地依次把极性大小、沸点高低和分子量大小不同的成分萃取出来。并且超临界流体的密度和介电常数随着密闭体系压力的增加而增加，极性增大，利用程序升压可将不同极性的成分进行分步提取。当然，对应各压力范围所得到的萃取物不可能是单一的，但可以通过控制条件得到最佳比例的混合成分，然后借助减压、升温的方法使超临界流体变成普通气体，被萃取物质则自动完全或基本析出，从而达到分离提纯的目的，并将萃取分离两过程合二为一，这就是超临界流体萃取分离的基本原理。

1. 超临界 CO_2 的溶解能力

超临界状态下，CO_2 对不同溶质的溶解能力差别很大，这与溶质的极性、沸点和分子量密切相关，一般来说有以下规律：

(1)亲脂性、低沸点成分可在低压(104 Pa)萃取，如挥发油、烃、酯等。

(2)化合物的极性基团越多，就越难萃取。

(3)化合物的分子量越高，越难萃取。

2. 超临界 CO_2 的特点

超临界 CO_2 成为目前最常用的萃取剂，它具有以下特点：

(1)CO_2 临界温度为31.1℃，临界压力为7.2 MPa，临界条件容易达到。

(2)CO_2 化学性质不活泼，无色无味无毒，安全性好。

(3)价格便宜，纯度高，容易获得。

因此，CO_2 特别适合天然产物有效成分的提取。

二、超临界流体萃取的特点

1. 萃取和分离合二为一，当饱含溶解物的二氧化碳超临界流体流经分离器时，压力下降使得 CO_2 与萃取物迅速成为两相(气液分离)而立即分开，不存在物料的相变过程，不需回收溶剂，操作方便；不仅萃取效率高，而且能耗较少，节约成本。

2. 压力和温度都可以成为调节萃取过程的参数。临界点附近，温度压力的微小变化，都会引起 CO_2 密度显著变化，从而使待萃取物的溶解度发生变化，可通过控制温度或压力的方法达到萃取目的。压力固定，改变温度可将物质分离；反之温度固定，降低压力使萃取物分离；因此，其工艺流程短、耗时少。对环境无污染，萃取流体可循环使用，真正实现生产过程绿色化。

3. 萃取温度低。较低的萃取温度可以有效地防止热敏性成分的氧化和逸散，完整保留生物活性，而且能把高沸点、低挥发度、易热解的物质在其沸点温度以下萃取出来。

4. 临界 CO_2 流体常态下是气体，无毒，与萃取成分分离后，完全没有溶剂的残留，有效地避免了传统提取条件下溶剂毒性的残留，同时也防止了提取过程对人体的毒害和对环境的污染。

5. 超临界流体的极性可以改变，一定温度条件下，只要改变压力或加入适宜的夹带剂即可提取不同极性的物质，可选择范围广。

三、超临界流体萃取技术的应用

(一)超临界流体技术在国内天然药物研制中的应用

在超临界流体技术中，超临界流体萃取技术(Supercritical Fluid Extraction，SCFE)与天然药物现代化关系密切。SCFE 对非极性和中等极性成分的萃取，可克服传统的萃取方法中回收溶剂而致样品损失和对环境的污染，尤其适用于对热不稳定的挥发性化合物提取；对于极性偏大的化合物，可采用加入极性的夹带剂如乙醇、甲醇等，改变其萃取范围，提高抽提率。

目前，国内外采用 CO_2 超临界萃取技术可利用的资源有：紫杉、黄芪、人参叶、大麻、香獐、青蒿草、银杏叶、川贝草、桉叶、玫瑰花、樟树叶、茉莉花、花椒、八角、桂花、生姜、大蒜、辣椒、橘柚皮、啤酒花、芒草、香茅草、鼠尾草、迷迭香、丁子香、豆蔻、沙棘、小麦、玉米、米糠、鱼、烟草、茶叶等。另外，用 SCFE 法从银杏叶中提取的银杏黄酮，从鱼的内脏、骨头等提取的多烯不饱和脂肪酸(DHA，EPA)，从沙棘籽提取的沙棘油，从蛋黄中提取的卵磷脂等对心脑血管疾病具有独特的疗效。

(二)超临界 CO_2 萃取技术在中药开发方面的优点

用超临界 CO_2 萃取技术进行中药研究开发及产业化，和中药传统方法相比，具有许多独特的优点。

1. 二氧化碳的临界温度在 31.2℃，能够比较完好地保存中药有效成分不被破坏或发生次生化，尤其适合于那些对热敏感性强、容易氧化分解的成分的提取。

2. 流体的溶解能力与其密度的大小相关，而温度、压力的微小变化会引起流体密度的大幅度变化，从而影响其溶解能力。所以可以调节操作压力、温度，从而可减少杂质，使中药有效成分高度富集，产品外观大为改善，萃取效率高，且无溶剂残留。

3. 根据中医辨证论治理论，中药复方中有效成分是彼此制约、协同发挥作用的。超临界二氧化碳萃取不是简单地纯化某一组分，而是将有效成分进行选择性的分离，更有利于中药复方优势的发挥。

4. 超临界 CO_2 还可直接从单方或复方中药中提取不同部位或直接提取浸膏进行药理

筛选，大大提高新药筛选速度。同时，其可以提取许多传统方法提取不出来的物质，且较易从中药中发现新成分，从而发现新的药理药性，开发新药。

5. 超临界 CO_2 萃取，操作参数容易控制，因此，有效成分及产品质量稳定。而且其药理、临床效果能够得到保证。

6. 提取时间快、生产周期短。一般提取 10 分钟便有成分分离析出，2～4 小时便可完全提取。同时，它不需浓缩等步骤，即使加入夹带剂，也可通过分离功能除去或只是简单浓缩。

（三）超临界流体技术在其他方面的应用

1. 在食品方面的应用

目前已经可以用超临界二氧化碳从葵花籽、红花籽、花生、小麦胚芽、可可豆中提取油脂，这种方法比传统的压榨法的回收率高，而且不存在溶剂法的溶剂分离问题。

2. 天然香精香料的提取

用 SCFE 法萃取香料不仅可以有效地提取芳香组分，而且还可以提高产品纯度，能保持其天然香味，如从桂花、茉莉花、菊花、梅花、米兰花、玫瑰花中提取花香精，从胡椒、肉桂、薄荷提取香辛料，从芹菜籽、生姜、芫荽籽、茴香、砂仁、八角、孜然等原料中提取精油，不仅可以用作调味香料，而且一些精油还具有较高的药用价值。

啤酒花是啤酒酿造中不可缺少的添加物，具有独特的香气、清爽度和苦味。传统方法生产的啤酒花浸膏不含或仅含少量的香精油，破坏了啤酒的风味，而且残存的有机溶剂对人体有害。超临界萃取技术为酒花浸膏的生产开辟了广阔的前景。

3. 在化工方面的应用

在美国，超临界技术还用来制备液体燃料。以甲苯为萃取剂，在 Pc＝100 atm，Tc＝400～440℃条件下进行萃取，在 SCF 溶剂分子的扩散作用下，促进煤有机质发生深度的热分解，能使三分之一的有机质转化为液体产物。此外，从煤炭中还可以萃取硫等化工产品。

美国最近研制成功用超临界二氧化碳既作反应剂又作萃取剂的新型乙酸制造工艺。俄罗斯、德国还把 SCFE 法用于油料脱沥青技术。

（王学东）

3.3 铁基磁性纳米材料的制备方法及在肿瘤诊疗方面的应用

一、概述

恶性肿瘤已成为严重危害人类健康的重大疾病之一。手术、放疗和化疗是目前治疗肿瘤的常用方法，这几种方法在治疗中会对患者机体造成一定程度的损伤，治疗效果也不尽人意。纳米材料是20世纪80年代初发展起来的新材料领域。纳米材料的小尺寸效应、表面效应、量子尺寸效应、宏观量子隧道效应等优良性能，为肿瘤的诊断和治疗提供了新方向，其中磁性纳米材料用于肿瘤诊疗已成为众多学者研究的热点。以氧化铁纳米颗粒为代表的铁基磁性纳米材料已通过了美国食品药品监督管理局（FDA）审批，并在临床中得以应用。Fe_3O_4 基磁性纳米材料因其具有较好的理化性质、生物相容性和生物医药应用前景也备受关注。

二、铁基磁性纳米材料的制备方法

铁基磁性纳米材料的制备方法有物理法、化学法和生物法。化学法是三种方法中常用的合成方法，下面介绍几种化学制备方法。

1. 化学共沉淀法

共沉淀法是制备磁性纳米材料的经典方法。该方法是将 Fe^{3+}、Fe^{2+} 按照一定的比例溶解到水中，快速加碱调节 pH 值，充分搅拌。共沉淀方法具有简单、快速、易修饰、原料成本低、生物相容性好和适合工业生产等优点，可以制备粒径为几纳米到几百纳米粒子，但该方法反应速度快、易团聚、易氧化、纯度较低，制备时需要惰性气体保护防止氧化，常加入羧酸盐或磷酸盐的稳定剂。

2. 高温分解法

高温分解法是加热分解有机金属化合物来制备纳米材料的方法。该方法是在高沸点有机溶剂中，精准控制反应条件，使铁的有机配合物前驱体在高温下反应得到铁基磁性纳米粒子，常用的有机试剂主要有脂肪酸、油酸和十六胺等。高温分解法制备的铁基磁性纳米粒子具有粒径分布窄、分散性好、粒径和形貌可控等优点，该方法制备成本较高，制备的铁基磁性纳米粒子只能分散在有机溶剂中，在很大程度上限制了它在生物医学上的应用。

3. 水热法

水热法是在高温高压密闭容器中，以水为溶剂进行的化学反应，再经分离和热处理得到纳米颗粒。根据反应类型不同分为水热氧化、还原、沉淀、合成、水解、结晶等，其中水热结晶用得最多。该法制得的铁基磁性纳米粒子纯度高、分散性好、晶形好且大小可控，但对设备要求较高，操作复杂，安全性能差。

4. 溶胶—凝胶法

溶胶—凝胶法是用易水解的金属化合物(无机盐或金属醇盐)在某种溶剂中与水发生反应，经过水解与缩聚过程逐渐凝胶化，再经干燥、烧结等处理得到所需的材料。其基本反应有水解反应和聚合反应。溶液的 pH、浓度、反应温度和时间等都会影响溶胶凝胶的形成。在制备 Fe_3O_4 磁性纳米粒子时通常将 Fe^{2+} 与 Fe^{3+} 以摩尔比 2∶1 混合，加入缓冲溶液调节 pH，缓慢蒸发从而形成凝胶。此方法反应温度低，操作简便，可制备出粒径小、活性较高的纳米颗粒，可以实现分子水平上的均匀掺杂，缺点是原料价格比较昂贵，制备周期较长，在干燥过程中产品容易裂开。

5. 微乳液法

微乳液由水、油两种不相溶的溶剂及在表面活性剂的作用下形成。微乳液有水包油(O/W)型和油包水(W/O)型。微乳液中存在大量的微乳颗粒，在微乳颗粒中反应形成纳米粒子。一般以含铁溶液为水相，有机物为油相，加入表面活性剂，在惰性气体保护下，控制反应条件，制得磁性纳米粒子。用此方法制备出的磁性纳米颗粒分散性好、尺寸小，但成本也较高、产率较低，不适合大批量合成。

6. 其他方法

制备磁性纳米粒子的方法还有回流法、有机物模板法、机械研磨法等，这些方法也各自有其优缺点。随着纳米技术的飞速发展，磁性纳米粒子的制备方法不断完善，将会使磁性纳米粒子在生物医药方面的应用更加广泛。

三、铁基磁性纳米粒子肿瘤诊疗上的应用

磁性纳米粒子在光、热、电、磁、力及化学等多方面具有独特的性能，在军事、信息、化学化工及环境保护等领域的应用已相当广泛。近年来，随着纳米科技的发展，磁性纳米粒子在生物医学应用上也取得了令人瞩目的成绩。以下介绍几个 Fe_3O_4 磁性纳米粒子在生物医药方面的应用。

1. 在肿瘤成像方面的应用

在影像学诊断中，磁共振成像(MRI)技术能够对生物体内器官进行快速检测，MRI增强扫描时，临床上常用钆喷替酸葡甲胺(Gd-DTPA)为造影剂，但Gd-DTPA有明显不足，如循环时间短、注射后迅速通过细胞间隙经肾脏代谢出体外，体内特异性分布差，在一定的时间内不能维持相应的浓度，不利于MRI观察，价格也比较昂贵。磁性纳米材料是一种新型的造影剂，具有血循环半衰期长、体内组织特异性高、毒副作用小等优点，成为近年来MRI研究的热点。磁性纳米粒子经过某些生物物质表面修饰后，容易被肿瘤组织等部位吸附，在磁场作用下可进行精确定位观测，同时又具有不透过性，所以磁性氧化铁成为优良的造影剂。Gao等科研人员采用一步法制备PEG修饰的Fe_3O_4纳米粒子，将抗体功能化的Fe_3O_4纳米粒子通过尾静脉注入小鼠体内后，通过MRI显示磁性纳米粒子富集于在癌细胞处，抗体功能化的Fe_3O_4纳米粒子在体内代谢较慢，能够进行长时间的监控，具有良好的MR成像效果。Du等探讨了粒径和组成对Fe_3O_4纳米粒子成像效果的影响，同时将肿瘤靶向肽与Fe_3O_4纳米粒子共轭连接，该复合纳米粒子具有较高的肿瘤靶向性和双模式成像的特点，进一步提高了诊断的准确性。MRI是一种有效的肿瘤诊断方法，具有无创、实时的监测的优点，高靶向磁性纳米粒子进一步促进了精准诊断的发展。

2. 在肿瘤靶向药物递送方面的应用

治疗恶性肿瘤常用的方法中，化疗被认为是最有希望的治疗方法，但是传统的化疗不可避免的会产生严重的毒副作用。纳米药物载体不但可以降低化疗药物的毒副作用，而且可以大大提高治疗效果。磁性纳米粒子体积小，比表面积较大，且具有高渗透长滞留效应(EPR)，对其表面化学修饰后其作为药物载体，可以使抗肿瘤药物富集在肿瘤部位，起到递送靶向药物的作用。有研究者合成了Fe_3O_4@$mSiO_2$介孔复合材料，将阿霉素(DOX)负载到其中，制备了pH可控的纳米载药体系，将药物释放到指定位置，达到肿瘤治疗的效果。张杰等成功制备了聚乳酸@Fe_3O_4@阿奇霉素复合微球，体外释药性试验证明微球具有良好的药物缓控作用。Zhang等制备了一种以Fe_3O_4为核心负载吲哚菁绿，以聚乙二醇多酚为涂层装载R837盐酸盐的复合纳米粒子，该给药系统实现了MRI引导和磁靶向，起到精准治疗的作用，大大提高了肿瘤治疗的效果。

3. 在肿瘤磁热疗方面的应用

肿瘤热疗是一种利用热作用杀灭肿瘤细胞的方法，当肿瘤组织温度升高到42～46℃时，肿瘤细胞内许多结构和酶蛋白都发生改变，从而起到杀死肿瘤细胞的作用。肿瘤磁热疗则是根据该原理，将铁基磁性纳米粒子注射到肿瘤部位，在外加交变磁场的作用下，使肿瘤部位局部升温杀死肿瘤细胞。磁热疗可对深部肿瘤起到治疗作用，同时不会对正常组织造成损害。Sonvico 等将 Fe_3O_4 磁性纳米粒子注入肿瘤组织，在交变磁场作用下，使肿瘤组织局部温度升高引起肿瘤细胞死亡。Kawai 等将磁性阳离子脂质体注入裸鼠前列腺瘤内，在交变磁场中进行磁热疗实验，结果显示裸鼠的肿瘤得到完全抑制。磁热疗已经成为继手术、放疗、化疗、免疫疗法后的第五种肿瘤治疗手段，磁性纳米粒子起了重要作用。

4. 在肿瘤化学动力学治疗方面的应用

化学动力学疗法(CDT)是利用肿瘤组织弱酸性环境，过渡金属离子与肿瘤组织中过氧化氢发生芬顿反应或类芬顿反应产生高毒性的羟基自由基(·OH)，诱导肿瘤细胞凋亡，实现肿瘤治疗的目的。Fe_3O_4 磁性纳米粒子释放的 Fe^{2+}/Fe^{3+} 可诱导产生芬顿反应，导致肿瘤细胞死亡，因具有高生物相容性和独特的磁性等优点受到广泛关注。Sun 等合成了一种介孔 SiO_2、Fe_3O_4 纳米粒子和抗坏血酸棕榈酯(PA)复合纳米粒子，在酸性肿瘤微环境中，在 PA 的协同作用下产生剧毒的羟基自由基诱导肿瘤细胞凋亡。Tang 课题组设计了一种 Au-Fe_2O_3 的异质结构纳米粒子，利用 Fe_2O_3 催化细胞内羟基自由基的生成，达到肿瘤治疗的目的，并且能够实时监测由羟基自由基诱导的 caspase-3 依赖的细胞凋亡过程，实现了“诊疗一体化”。

5. 在肿瘤细胞分离方面的应用

恶性肿瘤难治愈、死亡率高的主要原因之一是存在癌细胞的转移。原发上皮肿瘤的癌细胞会脱落并进入血液循环系统，随着血液循环在其他组织和器官上生长成新的肿瘤组织。这种存在于循环血液中的癌细胞被称为循环肿瘤细胞(Circulating Tumor Cells，CTCs)。循环肿瘤细胞(CTCs)与肿瘤疾病的发生和发展有密切联系，分离和检测循环血液中 CTCs 的存在及数目变化是一种有效的癌转移监控手段。传统的 CTCs 分离方法主要包括密度梯度离心技术、膜过滤法、免疫磁珠分离方法等，这些方法分离效率低、特异性不高，影响肿瘤分离的准确性。磁分离是一种借助外部磁场实现物质分离的技术。Fe_3O_4 磁性复合纳米粒子是目前生物磁分离材料研究热点之一。功能化的 Fe_3O_4 磁性复合材料对细胞、病毒等多种生物活性物质都有优秀的特异性和极高的分离效率。Xiao 等设计合成了一种上皮细胞黏附分子(EpCAM)抗体修饰的 $Fe_3O_4@MnO_2$ 核壳结构的磁性纳米粒子，用以捕获活 CTCs，此方法对靶细胞的损伤小，有助于实现肿瘤个性化治疗。病毒和细菌感染是致病的关键性因素之一，精准分离病原体是此类疾病诊疗的关键。Fe_3O_4 磁性纳米复合材料可用于分离病原体。Zhao 等制备了纤维素包覆的 Fe_3O_4 磁性复合材料，实现了惰性微生物从群落中分离的目的，分离效率超过 99.2%，这为纤维素分解菌的分离提供了新思路。

铁基磁性纳米材料在生物医学方面的应用远不止上述提到的几个方面，它在基因靶向治疗、固定化酶、生物传感、抗菌等方面也有大量的研究。铁基磁性纳米材料在合成和应用中仍存在诸多问题，如粒径问题、团聚和氧化问题、长期慢性毒性效应等，相信随着纳米技术研究的不断深入，这些问题终会得到解决，铁基磁性纳米材料在肿瘤的诊断和治疗以及其他重大疾病的治疗中也必将会发挥更大的作用。

（张怀斌）

3.4　高通量实验技术在有机合成中的应用简介

高通量实验(High-throughput Experimentation)是一种可以同时执行大量平行实验的技术,与传统实验手段相比,高通量实验能够降低每个实验的成本,同时极大地提高筛选效率。这种技术起源于 20 世纪 50 年代的生物学领域,到目前为止,已经可以做到在3456一孔微量滴定板中进行高通量筛选的实验。高通量实验技术虽然在化学领域的应用不如生物学领域,但因为它能够使化学家快速执行大量合理设计的实验以测试多维假设并收集大量数据,因此越来越受到合成化学家的关注。高通量实验技术被用于化学研究时,经常被用来大量筛选反应条件,以迅速确定最优的催化剂、试剂和溶剂等条件。该技术也可以被用于天然产物全合成中单个反应步骤的条件优化以及新方法学的发现中。高通量实验技术与传统的单次实验相比之所以存在如此大的优势,主要在于它能同时实现多因子优化,同时进行的是小型化实验,可以做到微摩尔级或纳摩尔级,节省资源。此外,由于同时进行大规模类似的实验操作,因此非常适合机械化,再搭配各种分析测试平台等,使得操作更加简单化。以下将对高通量实验技术的具体细节进行简单介绍。

一、多因子优化

利用高通量实验技术,可同时对大量的化学反应条件进行筛选。高通量实验方法的反应优化从一开始就需要时间密集型的反应设计,因为几个分类变量(例如催化剂、溶剂、碱等)可能会同时发生变化,而这样一次较为详尽的条件筛选能比进行单独的反应筛选更快、更有效的确定最优反应条件。利用这种技术,可在执行的矩阵阵列中筛选变量子集,并将所有分类变量相互比较,以分析得出相应的实验结果。尽管这种方法的设计和分析可能更耗时,但小型化的实验规模消耗更少的反应原料,因此它比常规的反应优化方法更具成本效益。

二、反应小型化

高通量筛选技术作为一种强大的工具在制药行业得到广泛应用,贯穿整个药物研发过程,尤其是在与化学研发相关的过程中优势突出。在药物研发的先导优化阶段,临床候选药的开发可能极其地消耗资源和时间,高通量筛选技术可用于优化潜在的复杂反应,如过渡金属催化的高度官能化类药化合物的交叉偶联等，而这些特殊医药中间体的价值可能比所使用的贵金属催化剂贵几倍甚至几十倍。高通量实验能够使反应小型化，因此，这种技术不仅可以降低原料成本，而且还能增加反应筛选的数量，得到更多的实验数据。

过去几十年来，高通量筛选技术已经可以做到微升或纳生的规模，这种小型化的方法既能节省原材料进行更多实验，还非常适合自动化。很多供应商已经开发了各种仪器设备平台，如默克公司、汉密尔顿、帝肯等。随着配备了自动进样器的分析系统的出现，数据采集工作流程也得到进一步简化。

三、高通量实验平台

可用于自动化高通量实验的平台有多种类型，这些平台也实现了不同程度的应用，包括小型化合成和反应发现等。

(一)基于微型板的反应优化

板式反应器是单个反应直接在板的孔中或插入板孔内的玻璃上进行。将 96 个单独的玻璃瓶装配在金属板内，然后进行高通量实验是最常用的一种优化方法。所需设备成本相对较低，并且可以使用多通道位移移液器和固体试剂快速给液，固体试剂可以手动称重。尽管向微型反应器中添加固体可能比添加液体或溶液更耗时，但却更有意义，因为它拓宽了可以进行的化学反应种类。另外，将玻璃瓶置于 96-孔金属板内进行的反应范围比在塑料微型反应器中进行的反应更广泛，这种小玻璃瓶内的反应与传统圆底烧瓶中进行的反应类似，可以进行加热、光照、震动以及搅拌等操作。

(二)高通量实验的连续流反应

流动化学是一种高度适用于优化反应方法的技术。美国辉瑞公司定制了一个基于改进高效液相色谱设备的纳米级高通量实验流动平台。其在 45 秒内组装完成，其中每种试剂各抽吸 1 μL，然后全部注入流动的溶剂流中，并输送到反应器中维持大约 1 分钟的停留时间，随后将反应混合物导入 96 孔板馏分收集器中，最后通过 LC-MS 进行分析。这一平台能在 24 小时内执行并分析约 1500 个反应。已经用于优化光催化的 minisci 类型的脱羧 C—H 芳基化反应构建双环[1.1.1]戊烷类化合物。

(三)高通量实验数据分析

使用高通量实验优化化学反应时，很重要的一点是不仅要考虑到如何同时进行多个化学反应，还要考虑如何进行快速大量的结果分析。如果不仔细考虑整个实验和分析工作流程，则可能会遇到各种各样的瓶颈。在过去的十年里，相关的分析领域也取得了一些突破性发展，现在可以对高通量反应筛选进行超快分析。如可以在连接至默克公司开发的单次实验多次注射(MISER)技术的四极质谱仪的标准 UHPLC 上进行快速分析。据报道,使用廉价的 UHPLC-MS 设备,每个样本的运行时间低至 10 秒,从而可能在大约 6 小时内采集 1536 个样本数据。

四、高通量实验的前景

现如今高通量筛选技术已经成为世界各地生物实验室的一种标配技术,相比而言,高通量筛选技术在化学领域的发展尚处于起步阶段,使用频率较低。虽然在 96-孔反应器中进行的高通量筛选实验技术已经趋于成熟,但是增加反应规模和降低反应的载量仍然是高通量实验在有机合成中的瓶颈。高通量实验技术在化学领域的利用程度不如生物领域,主要因为存在巨大的技术挑战:绝大多数生物学和生物化学实验通常都是在水相和室温或接近室温的条件下进行的,而化学实验则可能需要更广的温度范围和各种不同的有机溶剂,并且有很多非均质的反应需要搅拌条件,难以在多孔板中进行。此外,使用具有挥发性的有机溶剂对材料的稳定性和溶剂的蒸发损失也带来了新挑战。截止到目前,高通量筛选技术在化学中的应用主要集中在工业领域实验室中,在学术研究方面应用的例子较少。但由于该项技术可以同时进行大批量实验,因此研究者经常能发现一些意想不到的反应条件,该项技术在学术研究领域中的作用也越来越大。

高通量实验可以在多个维度加速实验过程。能够最大限度地节省时间,减少实验操作过程。虽然在处理固体试剂时仍然存在挑战,但在液体试剂的处理方面,高通量实验既快速又准确。美国已经对高通量实验进行了二十几年的研究,以解决药化和工艺方面的问题,充分证明了该技术在解决有机合成挑战方面的巨大潜力。虽然在化学实验的应用中仍然存在很多限制,但随着后续研究的不断深入,这些工具的广泛应用有可能从根本上改变合成化学家解决工业界和学术界问题的方式,从而大幅增加研究产出,加快整个有机化学领域的发展步伐。

(王斌)

3.5 光催化技术在有机合成中的应用

随着社会的发展，有机化学的地位日益凸显，其中有机合成化学在药物开发、材料合成、环境治理等方面起到了重要作用。社会的可持续性发展，对有机合成化学提出了更高的要求：朝着高选择性、原子经济性和环境友好型三大趋势发展。光催化技术符合绿色化学及可持续性发展的要求，其研究及应用日益广泛。

一、光催化技术简介

光催化技术是一种将太阳能转化为化学能的新技术，光催化是催化化学、光化学、半导体物理学、材料科学、环境科学等多学科交叉的新兴研究领域。光催化在有机合成中的应用可追溯到二十世纪初期，意大利化学家 Ciamician 和 Silber 等科学家发现了光驱动化学反应的可行性。初期光催化研究主要以高能量紫外线作为反应驱动力，随着光催化研究的不断深入，人们逐渐认识到紫外光催化在合成应用中依然存在一定的局限性：

1. 传统光催化以高能量的紫外光为反应驱动力，需要利用高压汞灯或者氙灯等特殊的光反应装置，该装置对反应过程安全性和操作过程安全性都提出了很高的要求，且光照过程中热量耗散比较大，利用效率不高。

2. 紫外光源能量高，很多反应底物分子耐受性较差，常常伴随底物分解。

3. 尤其需要注意的是，大部分官能团对紫外光均有响应，因此造成反应选择性不高、副产物多、体系复杂。

2008 年，美国普林斯顿大学 MacMillan 课题组通过可见光催化与小分子催化协同催化的反应模式实现了醛类化合物 α-位不对称烷基化反应。自此，操作简便、反应条件温和的可见光催化逐渐进入人们的视野。可见光催化的实质是利用某些特定的吸光分子，如钌、铱、铂、铜、铁等金属配合物、分子染料、吸光半导体材料实现体系内的能量传递或者电子转移，从而实现反应底物的活化并构筑 C-C 键或者 C-杂键。可见光催化相较于传统的紫外光催化具有如下优势：

1. 可见光催化主要以 380～780 nm 的光源(普通的太阳光、家用日光灯、LED 灯等)为反应驱动力，反应装置简单易得，显著降低成本。

2. 反应驱动力为可见光，反应体系中仅光催化剂对光源有响应，其他反应底物在可见光条件下并不会被激发，有效避免了反应底物光催化分解的可能，显著提高了反应的选择性。

3. 通过调控反应体系中的光敏剂的氧化还原电位，可实现不同反应底物的活化，从而提高反应的多样性。

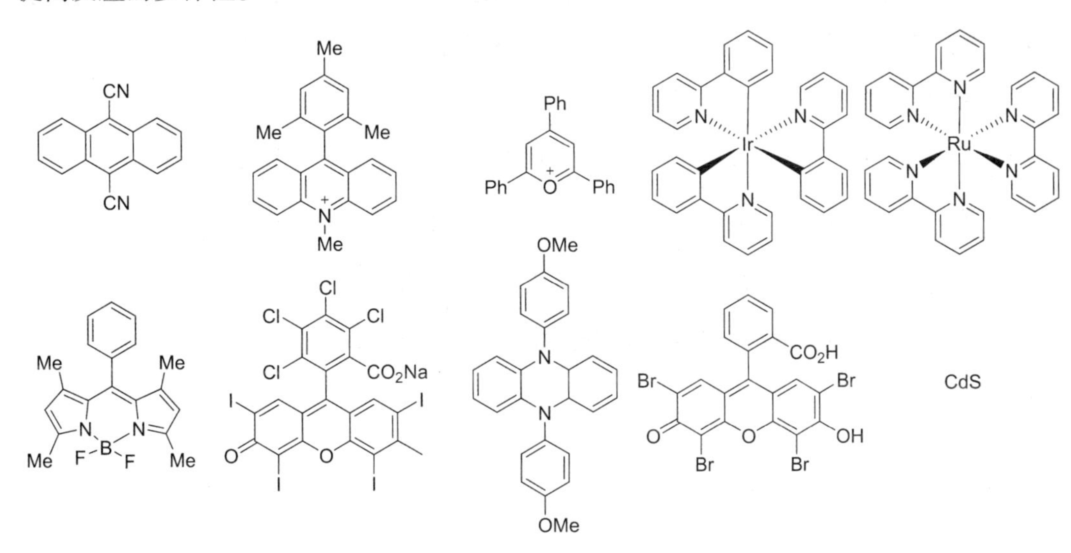

常见的可见光催化剂

二、光催化优势

1. 低温深度反应：光催化氧化可在室温下将水、空气和土壤中有机污染物完全氧化成无毒无害的物质。传统的高温焚烧技术则需要在极高的温度下才可将污染物摧毁，即使用常规的催化氧化方法亦需要几百度的高温。

2. 净化彻底：它直接将空气中的有机污染物，完全氧化成无毒无害的物质，不留任何二次污染，目前广泛采用的活性炭吸附法不分解污染物，只是将污染源转移。

3. 绿色能源：光催化可利用太阳光作为能源来活化光催化剂，驱动氧化—还原反应，而且光催化剂在反应过程中并不消耗。从能源角度而言，这一特征使光催化技术更具魅力。

4. 氧化性强：大量研究表明，半导体光催化具有氧化性强的特点，对臭氧难以氧化的某些有机物如三氯甲烷、四氯化碳、六氯苯都能有效地加以分解，所以对难以降解的有机物具有特别意义，光催化的有效氧化剂是羟基自由基，羟基自由基的氧化性高于常见的臭氧、双氧水、高锰酸钾、次氯酸等。

5. 广谱性：光催化对从烃到羧酸种类众多的有机物都有效，美国环保署公布的九大类

114 种污染物均被证实可通过光催化得到治理，即使对有机物如卤代烃、染料、含氮有机物、有机磷杀虫剂也有很好的去除效果，一般经过持续反应可达到完全净化。

6. 寿命长：理论上，催化剂的寿命是无限长的。

7. 安全保障：经美国 FDA 食品检验中心认定，二氧化钛对人体无害。因此，在食品、日常生活用品、化妆品、医药、养殖业中也被广泛采用。在日本，二氧化钛同样被厚生省法令指定为食品添加剂之一，可最大限度保证人体健康。

三、光催化基本原理

以可见光催化剂 $Ru(bpy)_3{}^{2+}$ 为例，在可见光照射下，其受光激发形成长寿命（1100 ns）激发态，$^*Ru(bpy)_3{}^{2+}$ 可得到电子发生还原淬灭，生成还原能力更强的 $Ru(bpy)_3{}^{+}$ 中间体，又可以失去电子发生氧化淬灭，生成氧化能力更强的 $Ru(bpy)_3{}^{3+}$ 中间体。在催化循环过程中伴随生成的自由基可通过自由基偶联或者自由基加成等方式构筑新的碳—碳或者碳—杂键。

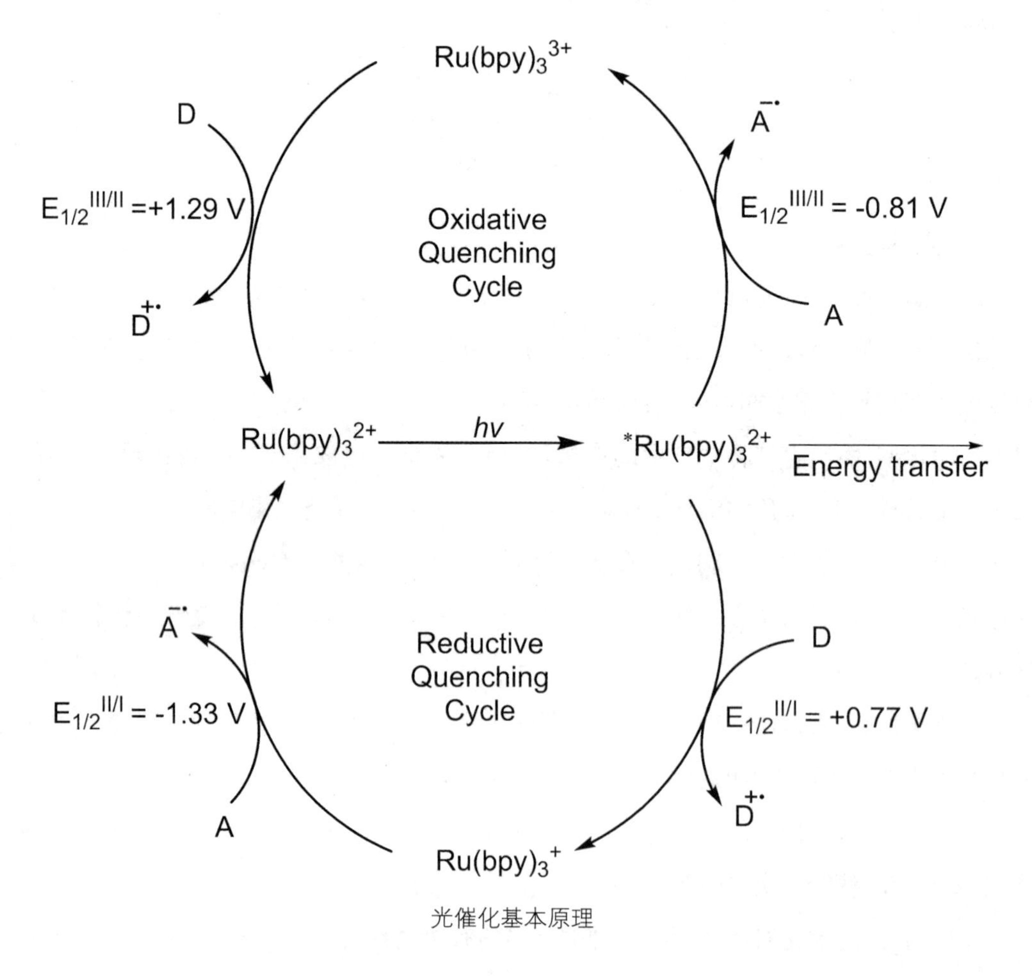

光催化基本原理

四、光催化在生活生产中的应用实例

随着光源、分光装置、产物分离鉴定仪器设备的快速发展以及人们对光催化反应原理认识的不断提高，光催化反应在基础研究和实际应用中均取得了不错的成果：

1. Norrish 反应。在紫外光照射下，羰基化合物容易发生 α 键均裂（Norrish Ⅰ型），得到酰基自由基和烷基自由基中间体；受光激发后的羰基化合物（双自由基中间体）也可通过 1，5-H 迁移的方式生成 1，4-双自由基中间体，其进一步消除小分子烯烃，得到短链羰基产物（Norrish Ⅱ型消除反应），此外，上述生成的 1，4-双自由基中间体可通过双自由基耦合发生 Yang 光环化反应，生成四元环丁烷产物。

Norrish 反应

2. 国内科学家在光化学合成方面也做出了很多有意义的转化，比如中国科学院理化所曹怡研究员和张宝文研究员等人巧妙利用光异构化的反应模式实现了维生素 D_3 的合成。全新维生素 D_3 合成技术的开发，生产成本明显降低，打破了该药品被国外垄断的局面，同时彰显了光催化在合成应用中的魅力。

光化学维生素 D_3 的合成

（刘赞）

3.6 膜分离技术

膜分离技术是用半透膜作为选择障碍层，在膜的两侧存在一定量的能量差作为动力，允许某些组分透过而保留混合物中其他组分，各组分透过膜的迁移率不同，从而达到分离目的的技术。

膜是具有选择性分离功能的材料。利用膜的选择性分离实现料液的不同组分的分离、纯化、浓缩的过程称作膜分离。它与传统过滤的不同在于，膜可以在分子范围内进行分离，并且这过程是一种物理过程，不需发生相的变化和添加助剂。膜的孔径一般为微米级，依据其孔径的不同(或称为截留分子量)，可将膜分为微滤膜、超滤膜、纳滤膜和反渗透膜；根据材料的不同，可分为无机膜和有机膜，无机膜主要是微滤级别的膜，如陶瓷膜和金属膜。有机膜是由高分子材料做成的，如醋酸纤维素、芳香族聚酰胺、聚醚砜、聚氟聚合物等。

膜在大自然中，特别是在生物体内是广泛存在的，但我们人类对它的认识、利用、模拟直至现在人工合成的历史过程却是漫长而曲折的。膜分离技术是在 20 世纪初出现，20 世纪 60 年代后迅速崛起的一门分离新技术。

膜分离技术优点：第一，在常温下进行。有效成分损失极少，特别适用于热敏性物质，如抗生素等医药、果汁、酶、蛋白的分离与浓缩。第二，无相态变化。保持原有的风味，能耗极低，其费用约为蒸发浓缩或冷冻浓缩的 1/3～1/8。第三，无化学变化。典型的物理分离过程，不用化学试剂和添加剂，产品不受污染。第四，选择性好。可在分子级内进行物质分离，具有普遍滤材无法取代的卓越性能。第五，适应性强。处理规模可大可小，可以连续也可以间歇进行，工艺简单，操作方便，易于自动化。

因此，膜分离技术目前已广泛应用于食品、医药、生物、环保、化工、冶金、能源、石油、水处理、电子、仿生等领域，产生了巨大的经济效益和社会效益，已成为当今分离科学中最重要的手段之一。如，水资源再生的新技术，它已用于海水、苦咸水淡化；电厂、铁路锅炉给水预脱盐；电子、医药超纯水制备；制药车间空气净化；工业废水回收再利用等；化工过程中的物质分离、浓缩、提纯、精制等。

膜分离过程简介：

1. 反渗透

反渗透是利用反渗透膜选择性地只能透过溶剂（通常是水）的性质，对溶液施加压力，克服溶剂的渗透压，使溶剂通过反渗透膜而从溶液中分离出来的过程。反渗透可用于从水溶液中将水分离出来，海水和苦咸水的淡化是其最主要的应用，但目前其也在向其他应用领域扩展。

反渗透膜均用高分子材料制成，已从均质膜发展至非对称复合膜，膜的制备技术相对比较成熟，其应用亦十分广泛。

2. 超滤

应用孔径为 1 nm 到 20 nm 的超过滤膜来过滤含有大分子或微细粒子的溶液，使大分子或微细粒子从溶液中分离的过程称为超滤。与反渗透类似，超滤的推动力也是压差，在溶液侧加压，使溶剂透过膜。

超滤膜一般由高分子材料和无机材料制备，膜的结构均为非对称的。超滤用于从水溶液中分离高分子化合物和微细粒子，采用具有适当孔径的超滤膜，可以用超滤进行不同分子量和形状的大分子物质的分离。

3. 微滤

微滤与超滤的基本原理相同，它是利用孔径大于 20 nm 直到 10000 nm 的多孔膜来过滤含有微粒或菌体的溶液，将其从溶液中除去，微滤应用领域极其广阔，目前的销售在各类膜中占据首位。

4. 渗析

渗析是最早发现、研究和应用的一种膜分离过程，它是利用多孔膜两侧溶液的浓度差，使溶质从浓度高的一侧通过膜孔扩散到浓度低的一侧，从而得到分离的过程。目前主要用于制作人工肾，以除去血液中蛋白代谢产物、尿素和其他有毒物质。

5. 电渗析

电渗析也是较早研究和应用的一种膜分离技术，它基于离子交换膜能选择性地使阴离子或阳离子通过的性质，在直流电场的作用下使阴阳离子分别透过相应的膜以达到从溶液中分离电解质的目的，目前主要用于水溶液中除去电解质（如盐水的淡化等）、电解质与非电解质的分离和膜电解等。

6. 气体膜分离

气体膜分离是利用气体组分在膜内溶解和扩散性能的不同，即渗透速率的不同来实现分离的技术，目前高分子气体分离膜已用于氢的分离，空气中氧与氮的分离等，具有很广阔的发展前景。无机膜也已用于超纯氢制备等领域,并有可能在高温气体分离领域获得广泛的应用。

7. 渗透汽化

渗透汽化也称渗透蒸发,它是利用膜对液体混合物中组分的溶解和扩散性能的不同来实现其分离的新型膜分离过程。近二十年来,对渗透汽化过程的研究已比较广泛,用渗透汽化法分离工业酒精制取无水酒精已经实现工业化,并在其他共沸体系的分离中也展示了良好的发展前景。

8. 其他膜分离过程

其他膜分离过程尚有:膜蒸馏、膜萃取、膜分相、支撑液膜、生物膜分离等,均是新近发展起来的新过程,少量已在工业上应用,但大都处于研究开发阶段,不作详细介绍。

通过以上可以看出:膜分离技术正在被各个领域广泛应用。随着膜分离技术的不断发展和产品质量的不断提高,各行业对传统工艺改造更新的要求越来越迫切,膜分离技术有着非常广阔的应用前景。

(胡威)

附　录

附录 1　不同温度下水的饱和蒸气压

温度(℃)	kPa	温度(℃)	kPa	温度(℃)	kPa
0	0.6105	20	2.3378	60	19.916
1	0.6567	21	2.4865	65	25.05
2	0.7058	22	2.6434	70	31.15
3	0.7579	23	2.8088	75	38.54
4	0.8134	24	2.9833	80	47.343
5	0.8723	25	3.1672	85	57.80
6	0.9350	26	3.3609	90	70.08
7	1.0016	27	3.5649	91	72.79
8	1.0726	28	3.7795	92	75.58
9	1.1478	29	4.0052	93	78.46
10	1.2278	30	4.2428	94	81.43
11	1.3124	31	4.4923	95	84.50
12	1.4023	32	4.7547	96	87.66
13	1.4973	33	5.0301	97	90.92
14	1.5981	34	5.3193	98	94.30
15	1.7049	35	5.6229	99	97.74
16	1.8177	40	7.3759	100	101.325
17	1.9372	45	9.5832		
18	2.0634	50	12.334		
19	2.1967	55	15.73		

附录2 常用缓冲溶液的配制

2.1 碳酸氢钠缓冲溶液的配制

组成	pH	x/mL
50 mL 0.05 mol·L^{-1} $NaHCO_3$ + x mL 0.1 mol·L^{-1} NaOH 稀释至100 mL	9.60	5.0
	9.80	6.2
	10.00	10.7
	10.20	13.8
	10.40	16.5
	10.60	19.1
	10.80	21.2
	11.00	22.7

2.2 磷酸盐缓冲溶液的配制(25℃)

50 mL 0.1 mol·L^{-1} KH_2PO_4 + x mL 0.1 mol·L^{-1} NaOH 稀释至100 mL					
pH	x	β	pH	x	β
5.80	3.6	—	7.00	29.1	0.031
5.90	4.6	0.010	7.10	32.1	0.028
6.00	5.6	0.011	7.20	34.7	0.025
6.10	6.8	0.012	7.30	37.0	0.022
6.20	8.1	0.015	7.40	39.10	0.020
6.30	9.7	0.017	7.50	41.10	0.018
6.40	11.6	0.021	7.60	42.80	0.015
6.50	13.9	0.024	7.70	44.20	0.012
6.60	16.4	0.027	7.80	45.30	0.010
6.70	19.3	0.030	7.90	46.10	0.007
6.80	22.4	0.033	8.00	46.70	—
6.90	25.9	0.033			

2.3 常用缓冲溶液的配制

缓冲溶液组成	pKa	缓冲液 pH	缓冲溶液配制方法
氨基乙酸-HCl	2.35 (pKa_1)	2.3	取氨基乙酸 150 g 溶于 500 mL 水中,加浓 HCl 80 mL,水稀释至 1 L
一氯乙酸-NaOH	2.86	2.8	取 200 g 一氯乙酸溶于 200 mL 水中,加 NaOH 40 g 溶解后,稀释至 1 L
邻苯二甲酸氢钾-HCl	2.95 (pKa_1)	2.9	取 500 g 邻苯二甲酸氢钾溶于 500 mL 水中,加浓 HCl 80 mL,稀释至 1 L
甲酸-NaOH	3.77	3.7	取 95 g 甲酸和 NaOH 40 g 于 500 mL 水中,溶解,稀释至 1 L
NH_4Ac-HAc		4.5	取 NH_4Ac 77 g 溶于 200 mL 水中,加冰 HAc 59 mL,稀释至 1 L
NaAc-HAc	4.74	4.7	取无水 NaAc 83 g 溶于水中,加冰 HAc 60 mL 稀释至 1 L
NaAc-HAc	4.74	5.0	取无水 NaAc 160 g 溶于水中,加冰 HAc 60 mL 稀释至 1 L
六次甲基四胺-HCl	5.15	5.4	取六次甲基四胺 40 g 溶于 200 mL 水中,加浓 HCl 10 mL,稀释至 1 L
NH_4Ac-HAc		6.0	取 NH_4Ac 600 g 溶于水中,加冰 HAc 20 mL 稀释至 1 L
NaAc-H_3PO_4 盐		8.0	取无水 NaAc 50 g 和 $Na_2HPO_4 \cdot 12H_2O$ 50 g,溶于水中,稀释至 1 L
Tris-HCl (Tris 为三羟甲基氨基甲烷) $H_2NC(CH_2OH)_3$	8.21	8.2	取 25 g Tris 试剂溶于水中,加浓 HCl 18 mL,稀释至 1 L
NH_3-NH_4Cl	9.26	9.2	取 NH_4Cl 54 g 溶于水中,加浓氨水 63 mL,稀释至 1 L
NH_3-NH_4Cl	9.26	9.5	取 NH_4Cl 54 g 溶于水中,加浓氨水 126 mL,稀释至 1 L
NH_3-NH_4Cl	9.26	10.0	取 NH_4Cl 54 g 溶于水中,加浓氨水 350 mL,稀释至 1 L

注:(1)pH 值欲调节精确时,可用 pH 计调节。

(2)若需增加或减少缓冲液的缓冲容量时,可相应增加或减少共轭酸碱对物质的量,再调节之。

附录 3　常见有机化合物的物理常数

名称	相对密度	折射率	熔点	沸点	溶解度		
					水中	乙醇中	乙醚中
一氯甲烷	0.9159	1.3389	−97.73	−24.2	2.80^{16}_{mL}	3500^{20}_{mL}	4000^{20}_{mL}
氯仿	1.4832	1.4459	−63.5	61.7	0.82^{20}	∞	∞
四氯化碳	1.5940	1.4601	−22.99	76.54	难溶	s	∞
氯苯	1.1058	1.5241	−45.6	132	0.049^{20}	∞	∞,∞苯
溴苯	1.4950	1.5597	−30.8	156.4	i	s	∞,∞氯仿
苄氯	1.1002	1.5391	−39	179.3	i	∞	∞,∞氯仿
甲醛	0.815^{-20}		−92	−21	s	s	∞
乙醛	0.783_4^{18}	1.3316	−121	20.8	∞	∞	∞
正丁醛	0.817	1.3843	−99	75.7	4	∞	∞
苯甲醛	1.0415	1.5463	−26	178.1	0.3	∞	∞
丙酮	0.7899	1.3588	−95.35	56.5	∞	∞	∞
二苯甲酮	1.146(α) 1.1076(β)	1.6077^{19}(α) 1.6059^{23}(β)	48.1(α) 26.1(β)	305.9	i	6.5^{15}	15^{13}, 溶于氯仿
苯乙酮	1.0281	1.5372	20.5	202.2	i	s	s
环己酮	0.9478	1.4507	−16.4	155.65	s	s	s
苯	0.8787	1.5011	5.5	80.1	0.07^{22}	∞绝对	∞
甲苯	1.8669	1.4961	−95	110.6	i	绝对∞	∞
环己烷	0.7786	1.4266	6.55	80.74	i	∞	∞
环己烯	0.8102	1.4465	−103.5	83	极难溶解	∞	∞
甲酸	1.220	1.3714	8.4	100.8	∞	∞	∞
乙酸	1.049	1.3716	16.6	117.9	∞	∞	∞
草酸	1.90		189.5(α) 182(β)	升华 > 100	100^{20},120^{100}		
酒石酸(dl)	1.7598	1.4955	171～174	分解	139^{20}	25^{15}	0.4^{15}
苯甲酸	1.2659	1.504^{132}	122.4	249.6	$0.21^{17.5}$	46.6^{15} 绝对	66^{15}
水杨酸	1.443	1.565	159 升华	211^{20}	0.16^{4},2.6^{75}	46.6^{15} 绝对	50.5^{15}
肉桂酸(反式)	1.2475^{14}_{4}		135.6	300	0.04^{18}	24^{20} 绝对	s

（续表）

名称	相对密度	折射率	熔点	沸点	溶解度		
					水中	乙醇中	乙醚中
甲醇	0.792	1.3288	−93.9	64.96	∞	∞	∞
乙醇	0.7893	1.3611	−117.3	78.5	∞	∞	∞
正丙醇	0.8035	1.3850	−126.5	97.4	∞	∞	∞
异丙醇	0.7855	1.3776	−89.5	82.4	∞	∞	∞
正丁醇	0.8098	1.3993	−89.53	117.3	9^{15}	∞	∞
异丁醇	0.802	$1.33968^{17.5}$	−108	108.1	10^{15}	∞	∞
仲丁醇	0.8063	1.3978	−114.7	99.5	12.5^{20}	∞	∞
叔丁醇	0.7887	1.3878	25.5	82.2	∞	∞	∞
甘油	1.2613	1.4746	20	290	∞	∞	i
异戊醇	0.8092	1.4053	−117.2	128.5	2^{14}	∞	∞
正辛醇	0.8270	1.4295	−16.7	194.45	0.054^{20}	∞	∞
苯甲醇	1.0419	1.5396	−15.3	205.35	4^{17}	s	s
乙酰氯	1.105	1.3898	−112.0	50.9	分解	分解，∞苯	∞，∞氯仿
乙酸乙酯	0.9003	1.3723	−83.58	77.06	8.5^{15}	∞	∞
乙酸异戊酯	0.8670	1.4003	−78.5	142	0.25^{15}	∞	∞
苯甲酸乙酯	1.0468	1.5057	−34.6	213	i	s	∞
乙酸正丁酯	0.8825	1.3941	−77.9	126.5	0.7	∞	∞
乙酰乙酸乙酯	1.0282	1.4194	<-80	180.4	13^{17}	∞	∞，∞氯仿
丙二酸二乙酯	1.0551	1.4139	−48.9	199.3	2.08^{20}	∞	∞
乙酸酐	1.082	1.3901	−73.1	140	冷12，热分解	∞，热分解	∞
顺丁烯二酸酐	1.314^{60}		60	197～199	16.3^{30}	极难溶解	可溶氯仿
乙酰胺	1.159	1.4278^{78}	82.3	221.2	s	s	极难溶解
乙酰苯胺	1.219^{15}		114.3	304	0.56^{6}	21^{20}，46^{60}	7^{25}
N,N-二甲基甲酰胺	0.9487	1.4305	−60.48	149～156	∞	∞	∞
尿素	1.3230	1.484	132.7	分解	100^{17}，∞热	20^{20}	难溶
四氢呋喃	0.8892	1.4050	−108.56	67	s	s	s
环氧乙烷	0.8824	1.3597	−111	13.5	s	s	s

（续表）

名称	相对密度	折射率	熔点	沸点	溶解度		
					水中	乙醇中	乙醚中
乙醚	0.7138	1.3526	−116.2	34.5	7.5^{20}	∞	∞,∞氯仿
正丁醚	0.7689	1.3992	−95.3	142.2	<0.05	∞	∞
苯乙醚	0.9666	1.5076	−29.5	170	极难溶解	s	s
呋喃	0.9514	1.4214	−85.65	31.36	难溶	s	s
糠醛	1.1594	1.5261	−38.7	161.7	9.1^{13}	s	∞
d-葡萄糖	1.544^{25}		146(无水)		$82^{17.5}$	难溶解	i
苯酚	1.0576	1.5509^{21}	43	181.8	8.2^{15};∞^{63}	∞	∞
对苯二酚	1.328^{15}		173～174	285^{730}	6^{15}	s	s
β-萘酚	1.217^{4}		122～123	285～6	0.1冷，1.25热	s	溶于氯仿
甲胺	0.699^{-11}		−93.9	−6.3	959^{25}_{mL}	s	
苯胺	1.0217	1.5863	−6.3	184.1	3.6^{18}	∞	∞
对硝基苯胺	1.424		148.5	331.73	$0.08^{18.5}$	5.8^{20}	6.1^{20}
苯甲胺	0.9813	1.5401		185	∞	∞	∞
三乙胺	0.7275	1.4010	−114.7	89.3	s	s	s
N-甲基苯胺	0.9891	1.5684	−57	196.3	0.01^{25}	s	∞
N,N-二甲基苯胺	0.9557	1.5582	2.45	194.15	i	s	s
硝基苯	1.2037	1.5562	5.7	210.8	0.19^{20}	s	∞,∞苯
对甲苯磺酸			104～105	140^{20}	s	s	s
咖啡碱			235	升华178	45.6	53.2	375
丁香油	1.040～1.050	1.526～1.537		250～260			

注：1. 折射率：如未特别说明，一般表示为 n_D^{20}，即以钠光灯为灯源，20℃时所测得的 n 值。

2. 相对密度：未特别说明，一般表示为 d_4^{20}，即表示物质20℃时相对于4℃水的相对密度。气体的相对密度表明物质对空气的相对密度。

3. 沸点：如不注明压力，指常压(101.3 kPa,760 mmHg)下的沸点，140^{20} 表示在20 mmHg压力下沸点为140℃。

4. 溶解度：数字为每100份溶剂中溶解该化合物的份数。右上角的数字为摄氏温度。如气体的溶解度为 2.80^{16} mL，表明在16℃时100 g溶剂溶解该气体2.80 mL。s：可溶。i：不溶。sl：微溶。∞：混溶(可以任意比例相溶)。

附录4　常见有毒危害性有机化学物质

（低级脂肪族胺的蒸气有毒。芳胺及它们的烷氧基、卤素、硝基取代物均有毒）

名称	TLV* $(1.0\times10^{-6}\ kg/m^3)$	名称	TLV $(1.0\times10^{-6}\ kg/m^3)$
对苯二胺(及其异构体)	0.1	苯胺	5.0
甲氧苯胺	0.5	邻甲苯胺	10
对硝基苯胺(及其异构体)	1.0	二甲胺	10
N-甲基苯胺	2.0	乙胺	10
N,N-二甲基苯胺	5.0	三乙胺	25
苦味酸	0.1	硝基苯	1.0
二硝基苯酚	0.2	苯酚	5.0
二硝基甲苯酚	0.2	甲苯酚	5.0
对硝基氯苯	1.0	碘甲烷	5.0
异氰酸甲酯	0.02	四氯化碳	10
丙烯醛	0.1	苯	10
重氮甲烷	0.2	溴甲烷	15
溴仿	0.5	1,2—二溴乙烷	20
草酸和草酸盐	1.0	1,2-二氯乙烷	50
3-氯丙-1-烯	1.0	氯仿	50
2-氯乙醇	1.0	溴乙烷	200
硫酸二甲酯	1.0	甲醇	200
硫酸二乙酯	1.0	乙醚	400
四溴乙烷	1.0	二氯甲烷	500
烯丙醇	2.0	乙醇	1000
丁-2-烯醛	2.0	丙酮	1000
四氯乙烷	5.0		

* TLV(threshold limit value)，极限安全值，是指空气中含此毒物蒸气或粉尘的极限浓度。低于此限度，一般重复接触不至于受害。

附录5 常用元素的原子量表

元素		原子量	元素		原子量
符号	名称		符号	名称	
Ag	银	107.8682	Hg	汞	200.59
Al	铝	26.981538	I	碘	126.90447
As	砷	74.92160	K	钾	39.0983
B	硼	10.811	Mg	镁	24.3050
Ba	钡	137.327	Mn	锰	54.938049
Bi	铋	208.98038	N	氮	14.0067
Br	溴	79.904	Na	钠	22.989770
C	碳	12.0107	Ni	镍	58.6934
Ca	钙	40.078	O	氧	15.9994
Cd	镉	112.411	P	磷	30.973761
Cl	氯	35.453	Pb	铅	207.2
Co	钴	58.933200	S	硫	32.065
Cr	铬	51.9961	Sb	锑	121.760
Cu	铜	63.546	Si	硅	28.0855
F	氟	18.9984032	Sn	锡	118.710
Fe	铁	55.845	Sr	锶	87.62
H	氢	1.00794	Zn	锌	65.39

附录 6　常见化合物式量表(2004 年)

化学式	式量	化学式	式量
$AgBr$	187.7722	KBr	119.0023
$AgCl$	143.3212	$KBrO_3$	167.0005
Ag_2CrO_4	331.7301	KCl	74.5513
AgI	234.77267	$KClO_4$	138.5489
$AgNO_3$	169.8731	K_2CrO_4	194.1903
$AgSCN$	165.9506	$K_2Cr_2O_7$	294.1846
$AlK(SO_4)_2 \cdot 12H_2O$	474.388398	$KMnO_4$	158.033949
Al_2O_3	101.961276	KOH	56.10564
$BaCl_2 \cdot 2H_2O$	244.26356	$KSCN$	97.1807
$BaSO_4$	233.3896	KI	166.00277
$CaCO_3$	100.0869	$MgCO_3$	84.3139
CaO	56.0774	$MgNH_4PO_4 \cdot 6H_2O$	245.406501
$Ca(OH)_2$	74.09268	MgO	40.3044
CO_2	44.0095	$MgSO_4 \cdot 7H_2O$	246.47456
$CoCl_2 \cdot 6H_2O$	237.93088	MnO_2	86.936849
CuO	79.5454	NH_4Cl	53.49146
Cu_2O	143.0914	NH_4F	37.0368632
$CuSCN$	121.6284	NH_4Ac	77.08248
$CuSO_4 \cdot 5H_2O$	249.685	NH_3	17.03052
$C_2H_4O_2$(乙酸)	60.05196	$NH_3 \cdot H_2O$	35.0458
$C_6H_8O_6$(维生素 C)	176.12412	$(NH_4)_2C_2O_4 \cdot H_2O$	142.1112
$Fe(NH_4)_2(SO_4)_2 \cdot 6H_2O$	392.1408	$NaBr$	102.89377
FeO	71.8444	$Na_2B_4O_7 \cdot 10H_2O$	381.37214
Fe_2O_3	159.6882	$NaCl$	58.44277
Fe_3O_4	231.5326	$Na_2C_2O_4$	133.99854
$FeSO_4$	151.9076	Na_2CO_3	105.98844
$FeSO_4 \cdot 7H_2O$	278.01456	$NaHCO_3$	84.00661
$H_2C_4H_4O_6$(酒石酸)	150.08684	Na_2HPO_4	141.958841
$H_3C_6H_5O_7 \cdot H_2O$(柠檬酸)	210.1388	$NaKC_4H_4O_6 \cdot 4H_2O$(酒石酸钾钠)	282.22015

（续表）

化学式	式量	化学式	式量
$H_4C_{10}H_{12}O_8N_2$（乙二胺四乙酸）	292.24264	$NaOH$	39.99711
HCl	36.46094	$Na_2S_2O_3 \cdot 5H_2O$	248.18414
HNO_3	63.01284	$NaAc$	82.03379
H_2O	18.01528	$Ni(C_4H_7O_2N_2)_2$（丁二肟镍）	288.91456
H_3PO_4	97.995181	$PbSO_4$	303.2626
H_2SO_4	98.07848	$Pb(NO_2)_2$	299.211
H_2O_2	34.01468	PbO	223.1994
$H_2C_2O_4 \cdot 2H_2O$	126.06544	$HgCl_2$	271.496
$KHC_8H_4O_4$（邻苯二甲酸氢钾）	204.2212	$Na_2H_2C_{10}H_{12}O_8N_2 \cdot 2H_2O$（$Na_2H_2Y \cdot 2H_2O$）	372.23686
KH_2PO_4	136.085541	ZnO	81.3894

附录 7　常用酸碱的密度和浓度

试剂名称	相对密度($g \cdot mL^{-1}$)	含量(%)	浓度($mol \cdot L^{-1}$)
浓硫酸	1.84	95～96	18
稀硫酸	1.18	25	3
稀硫酸	1.06	9	1
浓盐酸	1.19	38	12
稀盐酸	1.10	20	6
稀盐酸	1.03	7	2
浓硝酸	1.42	69	16
稀硝酸	1.20	32	6
稀硝酸	1.07	12	2
浓磷酸	1.69	85	15
稀高氯酸	1.12	19	2
浓氢氟酸	1.13	40	23
氢溴酸	1.38	40	7
氢碘酸	1.70	57	7.5
冰醋酸	1.05	99～100	17.5
稀醋酸	1.04	35	6
稀醋酸	1.02	12	2
浓氢氧化钠	1.43	40	14
稀氢氧化钠	1.09	8	2
浓氨水	0.88	35	18
浓氨水	0.91	25	13.5
稀氨水	0.96	11	6
稀氨水	0.99	3.5	2

附录 8　弱酸弱碱在水中的解离常数(298K, I =0)

弱酸	分子式	K_a	pK_a
砷酸	H_3AsO_4	$6.5\times10^{-3}(K_{a1})$ $1.15\times10^{-7}(K_{a2})$ $3.2\times10^{-12}(K_{a3})$	2.19 6.94 11.50
亚砷酸	H_3AsO_3	6.0×10^{-10}	9.22
硼酸	H_3BO_3	5.8×10^{-10}	9.24
碳酸	$H_2CO_3(CO_2+H_2O)$	$4.2\times10^{-7}(K_{a1})$ $5.6\times10^{-11}(K_{a2})$	6.38 10.25
铬酸	H_2CrO_4	$1.8\times10^{-1}(K_{a1})$ $3.2\times10^{-7}(K_{a2})$	0.74 6.50
氢氰酸	HCN	4.9×10^{-10}	9.31
氢氟酸	HF	6.8×10^{-4}	3.17
氢硫酸	H_2S	8.9×10^{-8} 1.26×10^{-13}	7.05 12.90
磷酸	H_3PO_4	$6.92\times10^{-3}(K_{a1})$ $6.17\times10^{-8}(K_{a2})$ $4.79\times10^{-13}(K_{a3})$	2.16 7.21 12.32
偏硅酸	H_2SiO_3	$1.7\times10^{-10}(K_{a1})$ $1.58\times10^{-12}(K_{a2})$	9.77 11.80
硫酸	H_2SO_4	$1.02\times10^{-2}(K_{a2})$	1.99
亚硫酸	$H_2SO_3(SO_2+H_2O)$	$1.29\times10^{-2}(K_{a1})$ $6.31\times10^{-8}(K_{a2})$	1.90 7.20
次氯酸	$HClO$	3.98×10^{-8}	7.40
次溴酸	$HBrO$	2.82×10^{-9}	8.55
次碘酸	HIO	3.16×10^{-11}	10.50
甲酸	$HCOOH$	1.78×10^{-4}	3.74
乙酸	CH_3COOH	1.75×10^{-5}	4.76
草酸	$H_2C_2O_4$	$5.62\times10^{-2}(K_{a1})$ $5.1\times10^{-5}(K_{a2})$	1.25 4.29

（续表）

弱酸	分子式	K_a	pK_a
邻苯二甲酸	COOH COOH	$1.14\times10^{-3}(K_{a1})$ $3.91\times10^{-6}(K_{a2})$	2.94 5.41
苯酚	C_6H_5OH	1.12×10^{-10}	9.95
弱碱	**分子式**	**K_b**	**pK_b**
氨水	NH_3+H_2O	1.78×10^{-5}	4.75
羟氨	NH_2OH	9.1×10^{-9}	8.04
甲胺	CH_3NH_2	4.2×10^{-4}	3.38
乙胺	$C_2H_5NH_2$	5.6×10^{-4}	3.25
二甲胺	$(CH_2)_2NH$	1.2×10^{-4}	3.93
二乙胺	$(C_2H_5)_2NH$	1.3×10^{-3}	2.89
六亚甲基四胺	$(CH_2)_6N_4$	1.35×10^{-9}	8.87
苯胺	$C_6H_5NH_2$	4.2×10^{-10}	9.38
乙二胺	$H_2NCH_2CH_2NH_2$	$8.5\times10^{-5}(K_{b1})$ $7.1\times10^{-8}(K_{b2})$	4.07 7.15

附录9 难溶化合物的溶度积(298K)

化合物	K_{sp}	化合物	K_{sp}
AgAc	1.94×10^{-3}	$CdC_2O_4\cdot3H_2O$	1.42×10^{-8}
AgBr	5.35×10^{-13}	$Cd(OH)_2$	7.2×10^{-15}
AgCl	1.77×10^{-10}	CdS	8.0×10^{-27}
Ag_2CO_3	8.46×10^{-12}	$Co(OH)_2$	5.42×10^{-15}
Ag_2CrO_4	1.12×10^{-12}	$Co(OH)_3$	1.6×10^{-44}
$Ag_2Cr_2O_7$	2.0×10^{-7}	α-CoS	4.0×10^{-21}
AgI	8.52×10^{-17}	β-CoS	2.0×10^{-25}
AgOH	2.0×10^{-8}	$Cr(OH)_3$	6.3×10^{-31}
Ag_3PO_4	8.89×10^{-17}	CuBr	6.27×10^{-9}
Ag_2S	6.3×10^{-50}	CuI	1.27×10^{-12}
Ag_2SO_4	1.2×10^{-5}	$Cu(OH)_2$	2.2×10^{-20}
$Al(OH)_3$	1.3×10^{-33}	CuS	6.3×10^{-36}
$Au(OH)_3$	5.5×10^{-46}	Cu_2S	2.5×10^{-48}
$BaCO_3$	2.58×10^{-9}	$FeCO_3$	3.13×10^{-11}
$BaCrO_4$	1.17×10^{-10}	$FeC_2O_4\cdot2H_2O$	3.2×10^{-7}
BaF_2	1.84×10^{-7}	$Fe(OH)_2$	4.87×10^{-17}
$Ba_3(PO_4)_2$	3.4×10^{-23}	$Fe(OH)_3$	2.79×10^{-39}
$BaSO_4$	1.08×10^{-10}	FeS	1.59×10^{-19}
$CaCO_3$	3.36×10^{-9}	Hg_2Br_2	6.4×10^{-23}
$CaC_2O_4\cdot H_2O$	2.32×10^{-9}	Hg_2Cl_2	1.43×10^{-18}
$CaCrO_4$	7.1×10^{-4}	Hg_2I_2	5.2×10^{-29}
CaF_2	2.7×10^{-11}	$Hg(OH)_2$	3.2×10^{-26}
$Ca(OH)_2$	5.02×10^{-6}	Hg_2S	1.0×10^{-47}
$Ca_3(PO_4)_2$	2.07×10^{-33}	HgS(黑)	1.6×10^{-52}
$CaSO_4$	4.93×10^{-5}	HgS(红)	4.0×10^{-53}
$CdCO_3$	1.0×10^{-12}	Hg_2SO_4	6.5×10^{-7}
KIO_4	3.71×10^{-4}	$PbCrO_4$	2.8×10^{-13}
$K_2[PtCl_6]$	7.48×10^{-6}	$Pb(OH)_2$	1.43×10^{-20}
Li_2CO_3	8.15×10^{-4}	$Pb(OH)_4$	3.2×10^{-66}

（续表）

化合物	K_{sp}	化合物	K_{sp}
$MgCO_3$	6.82×10^{-6}	PbI_2	9.8×10^{-9}
$MgC_2O_4\cdot2H_2O$	4.83×10^{-6}	$PbSO_4$	2.53×10^{-8}
$Mg(OH)_2$	5.61×10^{-12}	$Sn(OH)_2$	5.45×10^{-27}
$MnCO_3$	2.24×10^{-11}	$Sn(OH)_4$	1.0×10^{-56}
$Mn(OH)_2$	2.06×10^{-13}	SnS	3.25×10^{-28}
MnS(结晶)	2.5×10^{-13}	$SrCO_3$	5.6×10^{-10}
MnS(无定形)	2.5×10^{-10}	$SrCrO_4$	2.2×10^{-5}
$NiCO_3$	1.42×10^{-7}	$SrSO_4$	3.44×10^{-7}
$Ni(OH)_2$	5.48×10^{-16}	$Ti(OH)_3$	1.0×10^{-40}
α-NiS	3.2×10^{-19}	$Zn(OH)_2$	3.1×10^{-17}
β-NiS	1.0×10^{-24}	$ZnCO_3$	1.46×10^{-10}
γ-NiS	2.0×10^{-26}	$ZnC_2O_4\cdot2H_2O$	1.38×10^{-9}
$PbBr_2$	6.6×10^{-6}	$Zn_3(PO_4)_2$	9.0×10^{-33}
$PbCl_2$	1.7×10^{-5}	α-ZnS	1.62×10^{-24}
PbC_2O_4	4.8×10^{-10}	β- ZnS	2.5×10^{-22}

附录 10　常用基准物质的干燥条件和应用

基准物质		干燥后的组成	干燥条件(℃)	标定对象
名称	分子式			
碳酸钠	$Na_2CO_3 \cdot 10H_2O$	Na_2CO_3	270～300	酸
硼砂	$Na_2B_4O_7 \cdot 10H_2O$	$Na_2B_4O_7 \cdot 10H_2O$	放在含 NaCl 和蔗糖饱和液的干燥器中	酸
草酸	$H_2C_2O_4 \cdot 2H_2O$	$H_2C_2O_4 \cdot 2H_2O$	室温空气干燥	碱或 $KMnO_4$
邻苯二甲酸氢钾	$KHC_8H_4O_4$	$KHC_8H_4O_4$	110～120	碱
重铬酸钾	$K_2Cr_2O_7$	$K_2Cr_2O_7$	140～150	还原剂
溴酸钾	$KBrO_3$	$KBrO_3$	130	还原剂
碘 酸 钾	KIO_3	KIO_3	130	还原剂
铜	Cu	Cu	室温干燥器中保存	还原剂
三氧化二砷	As_2O_3	As_2O_3	室温干燥器中保存	氧化剂
草酸钠	$Na_2C_2O_4$	$Na_2C_2O_4$	130	氧化剂
碳酸钙	$CaCO_3$	$CaCO_3$	110	EDTA
硝酸铅	$Pb(NO_3)_2$	$Pb(NO_3)_2$	室温干燥器中保存	EDTA
氧化锌	ZnO	ZnO	900～1000	EDTA
锌	Zn	Zn	室温干燥器中保存	EDTA
氯化钠	NaCl	NaCl	500～600	$AgNO_3$
氯化钾	KCl	KCl	500～600	$AgNO_3$
硝酸银	$AgNO_3$	$AgNO_3$	220～250	氯化物

附录 11　常用辞典、手册及网络信息资源

一、常用化学辞典及手册

1.《实用化学手册》,《实用化学手册》编写组,科学出版社,2003 年出版。

2.《化工词典(第 4 版)》, 王箴编,化学工业出版社出版,2000 年出版。

3.《化学试剂标准手册》,北京化学试剂公司编,化学工业出版社,2005 年出版。

4.《化学试剂标准实用手册》,关瑞宝编,中国标准出版社,2011 年出版。

5.《分析化学手册(第二版)》,于德泉、杨峻山编,化学工业出版社,1999 年出版。

6.《实用化学手册(第二版)》,李华昌、符斌编,化学工业出版社,2007 年出版。

7.《大学化学手册》,章燕豪编,上海交通大学出版社,2000 年出版。

8.《溶剂手册(第四版)》,程能林编著,化学工业出版社,2008 年出版。

9.《化学辞典(第二版)》,周公度编,化学工业出版社,2011 年出版。

10.《化学词典》,常文保主编,科学出版社,2008 年出版。

11.《有机化学手册》,(美)George W. Gokel 著,张书圣译,化学工业出版社,2006 年出版。

12.《试剂手册(第 3 版)》, 中国医药公司上海试剂采购供应站编,上海科学技术出版社,2002 年出版。

13.《实验员手册(第三版)》,夏玉宇主编,化学工业出版社,2012 年出版。

14.《现代化学试剂手册》,段长强等编,化学工业出版社,1986～1992 年出版。

15. *Handbook of Chemistry and Physics*(《化学和物理手册》),David R. Lide 主编,CRC 出版社,2010 年出版。

16. *Analytical Chemistry Handbook*(《分析化学手册》), John. A. Dean 著,世界图书出版公司,1998 年出版。

17.《化学试剂化学药品手册(第二版)》,赵天宝著,化学工业出版社,2006 年出版。

18.《兰氏化学手册(第二版)》,J. A. Dean,魏俊发著,科学出版社,2003 年出版。

19.《中国国家标准汇编》,中国标准出版社,从 1983 以来已出版 40 多个分册。

二、因特网的化学信息资源

(一)国内化学信息资源

1. 化学信息网(http://www.chinweb.com.cn)。

2. 化学在线(http://www.chemonline.net/)。

3. 北京大学化学信息中心(http://www.chem.pku.edu.cn/)。

4. 厦门大学化学化工学院化学资源(http://210.34.14.15)。

5. 中国科学院科学数据库上海有机化学研究所化学数据库(http://www. organchem. csdb. cn/default. htm)。

6. 中国化工电子商务网(原名称为化学世界)(http://www. ccecn. com/)。

7. 中国化学会(http://www. ccs. ac. cn/)。

8. 中国科学院化学物理研究所图书馆(http://www. ifc. dicp. ac. cn)。

9. 中国科学院化学研究所(http://www. iccas. ac. cn)。

10. 中国微型化学实验中心(http://www. cmlc. gxnu. edu. cn/)。

11. InfoChem(http://infochem. nctu. edu. tw/)。

12. 化学专业数据库(https://organchem. csdb. cn/scdb/default. asp)。

13. 盖德化工词典(https://china. guidechem. com/dict/casindex. html)。

14. 物竞化学品(http://www. basechem. org/)。

15. 国家科技图书文献中心(https://www. nstl. gov. cn/)。

(二)国外化学信息资源

1. Chemdex(http://www. chemdex. org)。

2. Indiana 大学的 Cheminfo (http://www. indiana. edu/~cheminfo/)。

3. UC Berkeley Chemistry Resource on the Internet (http://www. lib. berkeley. edu/chem. /net. htm)。

4. The Analytical Chemistry Springboard (http://www. anachem. umu. se/jumpstation. htm)。

5. 德国的 Chemie (http://www. chemie. de)。

6. 化学资源中心(http://www. chemcenter. org/resources. html)。

7. 美国 ISI 公司 Chemistry Server(化学信息数据库)(http://www. isiwebofknowledge. com)。

8. 美国《化学文摘》(Chemical Abstracts),简称 CA,(http://www. cas. org)。

9. 美国化学会(https://pubs. acs. org/)。

10. 德国化学会(https://en. gdch. de/)。

11. 英国皇家化学学会(https://www. rsc. org/)。

12. 日本化学会(https://www. sccj. net/en/index. html)。

13. Elsevier Science(https://www. sciencedirect. com/)。

14. Chemical class index(https://www. chemindex. com/)。

(王斌　李慧　张凤莲　郑爱丽　李文静)

参考文献

[1] HU F Q, WEI L, ZHOU Z, et al. Preparations of biocompatible magnetite nanocrystals for in vivo magnetic resonance detection of cancer [J]. Adv. Mater., 2006, 18,2553-2556.

[2] KAWAI N, ITO A, NAKAHARA Y, et al. Complete regression of experimental prostate cancer in nude mice by repeated hyperthermia using magnetite cationic liposomes and a newly developed solenoid containing a ferrite core [J]. Prostate,2006,66(7):718-727.

[3] DU Y, LIU X, LIANG Q, et al. Optimization and design of magnetic ferrite nanoparticles with uniform tumor distribution for highly sensitive MRI/MPI performance and improved magnetic hyperthermia therapy [J]. Nano Letters, 2019,19(6):3618-3626.

[4] ZHANG F, LU G, WEN X, et al. Magnetic nanoparticles coated with polyphenols for spatio-temporally controlled cancer photothermal/immunotherapy [J]. Journal of Controlled Release, 2020,326:131-139.

[5] SONVICO F, MORNET S, VASSEUR S, et al. Folate-conjugated iron oxide nanoparticles for solid tumor targeting as potential specific magnetic hyperthermia mediators : synthesis, physicochemical characterization, and in vitro experiments [J]. Bioconjugate Chemistry, 2005,16:1181-188.

[6] SUN Y,WANG Z,ZHANG P,et al. Mesoporous silica integrated with Fe_3O_4 and palmitoyl ascorbate as a new nano-Fenton reactor for amplified tumor oxidation therapy [J]. Biomaterials Science,2020,8(24):7154-7165.

[7] GAO W, JI L F, LI L, et al. Bifunctional combined Au-Fe_2O_3 nanoparticles for induction of cancer cell-specific apoptosis and real-time imaging [J]. Biomaterials, 2012, 33, 3710-3718.

[8] XIAO L, HE Z B, CAI Bo, et al. Effective capture and release of circulating tumor cells using core-shell Fe_3O_4@MnO_2 nanoparticles [J]. Chemical Physics Letters, 2017, 668:35-41.

[9] ZHAO X H, LI H B, DING A H, et al. Preparing and characterizing Fe_3O_4@cellulose nanocomposites for effective isolation of cellulose-decomposing microorganisms [J]. Materials Letters, 2016, 163:154-157.

[10] 赵慧春. 大学基础化学实验:第一版[M]. 北京:北京师范大学出版社,2008.

[11] 陈三平等. 基础化学实验:第一版[M]. 北京:科学出版社,2011.

[12] 赵全芹等. 医学基础化学实验[M]. 济南:山东大学出版社,2006.

[13] 陈锋等. 有机化学实验:第一版[M]. 北京:冶金工业出版社,2013.

[14] 唐玉海. 有机化学实验:第一版[M]. 北京:高等教育出版社,2010.

[15] 朱红军. 有机化学微型实验:第二版[M]. 北京:化学工业出版社,2007.

[16] 宋毛平,何占航. 基础化学实验与技术[M]. 北京:化学工业出版社,2008.

[17] 祁嘉义. 基础化学实验[M]. 北京:高等教育出版社,2008.

[18] 岳可芬主编. 基础化学实验:第三版[M]. 北京:科学出版社,2012.

[19] 魏庆莉等. 基础化学实验:第一版[M]. 北京:科学出版社,2008.

[20] 刘汉标等. 基础化学实验:第一版[M]. 北京:科学出版社,2008.

[21] 刘约权等. 实验化学:第二版,上册[M]. 北京:高等教育出版社,2005.

[22] 王世范. 药物合成实验:第一版[M]. 北京:中国医药科技出版社,2007.

[23] 姜璋. 化学实验技术:第一版[M]. 北京:中国石化出版社,2008.

[24] 赵建庄等. 有机化学实验:第二版[M]. 北京:高等教育出版社,2007.

[25] 罗一鸣等. 有机化学实验与指导:第一版[M]. 长沙:中南大学出版社,2005.

[26] 刘湘等. 有机化学实验:第二版[M]. 北京:化学工业出版社,2013.

[27] 刘毅敏等. 医学化学实验:第一版[M]. 北京:科学出版社,2010.

[28] 周志昆等. 药学实验指导:第一版[M]. 北京:科学出版社,2010.

[29] 赵福歧. 基础化学实验:第一版[M]. 成都:四川大学出版社,2006.

[30] 刘君等. 医学化学实验教程:第一版[M]. 北京:北京大学医学出版社,2009.

[31] 高占先. 有机化学实验:第四版[M]. 北京:高等教育出版社,2004.

[32] 李吉海. 基础化学实验(Ⅱ)有机化学实验[M]. 北京:化学工业出版社,2004.

[33] 彭成. 基础化学实验[M]. 北京:科学出版社,2008.

[34] 谢扬. 有机化学实验:第一版[M]. 北京:科学出版社,2008.

[35] 邓祥元,等. 响应面法优化微波辅助提取辣椒红色素的工艺研究[J]. 江西农业大学学报,2012,34(2):382-387.

[36] 乔瑞瑞,曾剑峰,贾巧娟,等. 磁性氧化铁纳米颗粒—通向肿瘤磁共振分子影像的重要基石[J]. 物理化学学报,2012,28(5):993-1011.

[37] 汤宇峰,李丽敏,李嘉琪. 浅谈四氧化三铁纳米粒子的制备方法与利用现状[J]. 安徽化工,2022,48(1):14-16.

[38] 朱脉勇,陈齐,童文杰,等. 四氧化三铁纳米材料的制备与应用[J]. 化学进展,2017,29(11):1366-1394.

[39] 尹婵,魏晓奕,李积华,等. 纳米四氧化三铁粒子制备方法的研究进展[J]. 四川环境,2013,32(3):123-128.

[40] 阮文静,钟民涛,黄敏. 磁性纳米颗粒在肿瘤诊疗中的应用进展[J]. 大连医科大学学报,2016,38(2):189-193.

[41] 佟千姿,吕晓成,刘喜富,等. 四氧化三铁纳米粒子在肿瘤诊疗方面的研究进展[J]. 河北师范大学学报(自然科学版),2022,46(6):614-620.

[42] 张杰,杨静,甄卫军. 聚乳酸/Fe_3O_4 载阿奇霉素微球的制备及其体外释药特性的研究[J]. 精细石油化工进展,2012,13(1):51-54.

[43] 宋新峰,孙汉文,吴静,等. 超顺磁性 Fe_3O_4 纳米粒子化学合成及生物医学应用进展[J]. 应用化工,2015,44(4):711-715.

[44] 赵惠丰,康瑞芳,朱孜璇,等. 磁性介孔二氧化硅的合成及其在肿瘤治疗中的应用[J]. 上海师范大学学报(自然科学版),2022,51(5):643-649.

[45] 彭诗珍,黄启同,甘滔,等. 四氧化三铁基复合材料在生物磁分离中的应用[J]. 赣南医学院学报,2022,42(4):389-395.